Abb. 1 Eugen Schuhmacher auf Madagaskar mit einem Hapalemuren (Halbaffe)

Eugen Schuhmacher

EUGEN SCHUHMACHER

Begegnungen und Erlebnisse
mit dem großen Tierfreund

EUGEN SCHUHMACHER

Begegnungen und Erlebnisse mit dem großen Tierfreund

Mit 70 Abbildungen

Herausgegeben von Dr. Hermann Gerstner

HOHENLOHER DRUCK- UND VERLAGSHAUS
GERABRONN UND CRAILSHEIM

Gestaltung und Ausstattung: Rolf Wankmüller

ISBN 3-87354-0444

Herstellung: Hohenloher Druck- und Verlagshaus, Gerabronn
Klischee: Fritz Speidel, Heilbronn/Neckar
Printed in Germany West

Inhalt

Zum Geleit

The World Wildlife Fund

Soestdijk Palace, 31. August 1973

Diesem Gedenkband ein Geleitwort mitzugeben, ist für mich persönliches Anliegen und Ehrenpflicht.
Mit Eugen Schuhmacher ist ein Vollblut-Naturschützer dahingegangen, dem die Welt viel verdankt und der ihr und uns allen noch viel zu geben gehabt hätte. Das Schicksal hat es ihm nicht vergönnt, sein Lebenswerk selber zu Ende zu führen. Und doch: Was hat er nicht alles geschaffen und uns nun als bleibendes Vermächtnis hinterlassen!
Eugen Schuhmacher war seiner Zeit voraus. Als einer der ersten hat er die mit der unkontrollierten demographischen und wirtschaftlichen Entwicklung unserer Zeit verbundene Bedrohung der Natur und Tierwelt vorausgespürt und mit seinem Alarmruf „Natur in Gefahr" Mitbürger und Behörden zu ihrem Schutz, zur Erhaltung der „Letzten Paradiese" aufgerufen. Doch ist er nicht bei den Anliegen des konventionellen Naturschutzes stehengeblieben, sondern hat in seinem Werk schon frühzeitig den Weg zu einem umfassenden Schutz der natürlichen Umwelt aufgezeigt und ist es nicht müde geworden, uns alle immer wieder zu vermehrten Anstrengungen im Umweltschutz anzuspornen. Dafür zeugen Vorträge, Bildberichte und Bücher, und nun sein nachgelassenes Werk „Europas Paradiese", sein eigentliches naturschützerisches Testament.
Für sein ganzes Werk und seinen unermüdlichen Einsatz im Dienste des Natur- und Umweltschutzes schulden wir Eugen Schuhmacher unseren Dank. Im Namen des World Wildlife Fund, mit dem er über alle die Jahre so eng verbunden war, möchten wir unsere Dankbarkeit dadurch zum Ausdruck bringen, daß wir Eugen Schuhmachers Namen unter den ersten auf die in diesem Jahr neugeschaffene Ehrenliste des Weltnaturschutzes aufnehmen.

Der Prinz der Niederlande
Präsident des World Wildlife Fund

Vorwort

Eugen Schuhmacher wurde am 4. August 1906 als Sohn eines Försters in Stuttgart geboren. Durch den Beruf des Vaters erlebte er frühzeitig die Nähe der Tiere. In den zwanziger Jahren, da in Deutschland die Arbeitslosigkeit viele Schicksale bestimmte, schlug er sich in verschiedenen Berufen durch, so auch als Funker bei der Polizei. Ein Glücksfall war es für den gebürtigen Schwaben, daß er dann in München unter den Professoren Krieg und Frisch zoologische Studien betreiben konnte. Ein Jahrzehnt war er an der zoologischen Staatssammlung in München tätig.
In den Jahren 1931/32 unternahm er mit seinem Chef Professor Krieg eine Expedition nach Südamerika. Schuhmacher sollte dort Tiere präparieren, sowie Eingeborene, Tiere und Pflanzen fotografieren. Bei dieser Arbeit fand er seinen eigenen Lebensweg, seine eigene Aufgabe. Es entstanden seine ersten Filmstreifen „Zu den Gran-Chaco-Indianern" und „Land und Tiere im Gran Chaco". Auch in der deutschen Landschaft ging er dann seiner Liebhaberei nach, beobachtete und erforschte die Vögel der Nordseeküste und erarbeitete den Kulturfilm „Unter Säbelschnäblern und Seeschwalben" und ein gleichnamiges Buch (1937).
Bereits 1937/38 zog es Schuhmacher wieder mit seiner Kamera in die Ferne, er ging mit Professor Krieg abermals nach Südamerika. Er drang tief in das Innere des Kontinents ein, der ihn mit seinen weiten unberührten Naturgebieten magisch anzog. Diesmal brachte er von seinen Streifzügen durch das Land seinen ersten abendfüllenden Kulturfilm heim, der den wegweisenden Titel „Tiergarten Südamerika" trug.
Der Krieg 1939 unterbrach seine Arbeit. Als ausgebildeter Funker wurde er zu einer Münchner Nachrichten-Abteilung eingezogen und nahm mit dieser Abteilung am Frankreichfeldzug 1940 teil. Danach konnte er in Geiselgasteig für die Bavaria-Filmgesellschaft

wieder biologische Kulturfilme herstellen. Da Forschungsreisen in die Ferne damals natürlich nicht möglich waren, durchwanderte er die oberbayerische Landschaft und die nahe gelegenen Berge. Er belauerte dabei die Tiere genau, so daß auch aus dem scheinbar Alltäglichen mit einemmal das Erstaunliche wuchs.
So entstanden z. B. in den vierziger Jahren eine Reihe von Kurzfilmen, die in den Kinotheatern als Beiprogramm der Spielfilme liefen. Oft waren diese Kurzfilme durch ihren inneren Wert gewichtiger als die sogenannten Hauptfilme. Wir erinnern an die Titel „Salmo die Forelle", „Gefiederte Baumeister", „Vorsicht Kreuzottern", „Netz aus Seide", „Im Reich der Wichtelmännchen", „Antilopen der Berge" und „Schnurf die Igelin". Samt und sonders erhielten sie das Prädikat künstlerisch oder kulturell wertvoll. Es waren kleine Kunstwerke, die den Blick für das Leben der Tiere in unserer Heimat eröffneten.
Diese Kulturfilm-Arbeit setzte Schuhmacher nach dem Krieg in seinem näheren Umkreis fort, da sich die Grenzen zur Welt hin ja erst allmählich wieder öffneten. So betrachtete er mit seiner Kamera die „kleinen Nachtgespenster", die Fledermäuse, holte auf seine Bildstreifen die „gefiederten Gäste am Rand der Stadt", fotografierte die Reiher als „graue Zeugen aus dem Mittelalter", schilderte den „gelben Dom" eines Getreidefeldes und erspähte die „Heimlichkeiten im Moor".
Er hatte nun endgültig seinen Weg gefunden und schrieb darüber in dem Buch „Meine Filmtiere" (1951): „Ich habe mich entschlossen, über jene Tiere zu erzählen, die seit rund zwanzig Jahren in einer Reihe von Tierfilmen meine ‚Hauptdarsteller' oder auch ‚Komparsen' waren. Es war mir eine Leichtigkeit und eine Freude dazu, ein ganzes Buch über sie zu schreiben, denn sie sind mir alle in bleibender Erinnerung geblieben wie gute Freunde und treue Helfer. Sie haben dies auch verdient, denn ohne sie wären die Filme nicht zustande gekommen, über die hier geplaudert wird. Meine Liebe zum Tier führte mich zum Kulturfilm, und zwar zum biologischen Kulturfilm, zum Tierfilm. Ihm habe ich meine Lebensarbeit gewidmet."
So klar sah Schuhmacher Anfang der fünfziger Jahre seinen Weg. Während er damals die nachbarliche Umgebung durchstreifte und

dabei auch hier das Schöpfungswunder erkannte, verurteilte er mehr und mehr die verhänignisvolle Entwicklung, die unsere Zivilisation nahm. Er sah, wie unsere natürliche Umwelt von Gedankenlosigkeit, Profitgier und Raubbau bedroht war, und schuf den alarmierenden Film „Natur in Gefahr" (1952).

Als endlich wieder Reisen in die Ferne möglich wurden, zog es Schuhmacher erneut über das Meer, abermals nach Südamerika, das mit der Fülle seiner Tiere, mit den unerschlossenen Landschaften, dem bunten Völkergemisch und dem Zauber der untergegangenen Kulturen einen besonderen Reiz ausübte. Es entstanden 1953 neben kleineren Streifen wieder zwei große, abendfüllende Filme „Unterwegs nach Feuerland" und „Auf den Spuren der Inkas".

Mittlerweile hatte sich Schuhmacher mit seiner Frau Maria in Grünwald bei München ein Eigenheim erbaut. Von hier aus startete er immer wieder zu seinen Reisen in alle Kontinente. Hierher kam er wie in ein Refugium immer wieder zurück, um in seinem Schneideraum die in der Ferne aufgenommenen Streifen vorführungsreif zu machen. Oft begleitete ihn seine Frau bei den großen Reisen.

Mittlerweile hatte auch der Film technisch erhebliche Fortschritte gemacht. Der Farbfilm verdrängte die Schwarz-Weiß-Aufnahmen, und da man zugleich die Originalstimmen der Tiere auf Band festhalten konnte, war nun ein Dreifaches möglich: man konnte die Tiere in ihrer Bewegung und Farbe zeigen, man konnte ihre Stimme einfangen und wiedergeben. So war vom Film aus ein Blick in diese Tierwelt möglich, der sich nahezu mit der Wirklichkeit deckte.

Schon die bisherigen Filme Schuhmachers waren als „wertvoll" gekennzeichnet worden und hatten mehrfach Festspielpreise errungen. Den internationalen Durchbruch brachte ihm dann 1955 der bei einer Himalaja-Expedition entstandene Farbfilm „Im Schatten des Karakorum". Er erhielt Preise bei den Festspielen von Berlin und Trient sowie das „Filmband in Gold". Ebenso große Anerkennung fand auch der Farbfilm „Kanada — Land der schwarzen Bären" (1958): dieses nordamerikanische Land mit seinen weiten Flächen, mit der kraftvollen Fauna und Flora lockte einen

Mann wie Schuhmacher, der sich am wohlsten dort fühlte, wo sich unser Erdenstern noch am ursprünglichsten zeigte.
Darum trieb es ihn auch immer wieder in die reine Bergluft und so widmete er den Bergtieren, die ihm in den Alpen, den Anden, den Rocky Mountains, im Himalaja und im Karakorum begegnet waren, ein besonderes Buch unter dem Titel „Der Berg lebt" (1958): »Die Berge fordern zu hartem Daseinskampf heraus", schrieb Schuhmacher, „nirgends anderswo sind Tiere so urwüchsig und lebensstark wie in den Bergen. Von den traumdunklen Tälern bis hinauf zu den lichtesten Höhen hausen sie: In Wäldern, auf Matten, im Fels, Eis und ewigem Schnee. Und noch in den Lüften darüber, in blauschimmernder Endlosigkeit. Über dieses Leben will ich erzählen. Über Selbstgeschautes und Selbsterlebtes mit Bergtieren."
Genauso wie in dieser kühlen, reinen Höhenluft war der Unermüdliche aber auch im tropischen Dschungel unterwegs und schuf dort den Farbfilm „Geisterland der Südsee" (1960), der neben anderen Anerkennungen den Preis der Nationen bei den Festspielen in Trient erhielt. Von den Regenwäldern und abgelegenen Bergen Neuguineas lockte es dann den Weltenfahrer wieder einmal in den entgegengesetzten Norden. Hier gestaltete er (in Gemeinschaftsproduktion mit Freimut Kalden) den großartigen Farbfilm „Alaska, Wildnis am Rand der Welt" (1966).
Mit all diesen Filmen erwies sich Eugen Schuhmacher als Tierkenner hohen Grades und als Meister an der Kamera. Inzwischen hatte er sich als Höhepunkt seines Schaffens eine besondere, über Jahre hinreichende Aufgabe gestellt. Er hatte auf seinen Wanderungen erkannt, daß immer mehr Tierarten von der unersättlichen menschlichen Industriegesellschaft bedroht waren. Sein innerstes Anliegen wurde es nun, die gefährdete Tierwelt zu schützen und den Menschen von der Vernichtung ganzer Tierarten, von einem sündhaften Eingriff in die Schöpfung abzuhalten. Da er aber zugleich fürchtete, den Untergang einzelner Arten nicht mehr aufhalten zu können, wollte er wenigstens die selten gewordenen Tiere überall dort, wo sie in der freien Natur noch existierten, dokumentarisch mit seinen Filmen festhalten. Für alle Zeiten wollte er damit ein bleibendes Zeugnis schaffen. Der Farbfilm, der sich

inzwischen technisch exzellent entwickelt hatte, bot dafür die besten Voraussetzungen, wenn eine meisterliche Hand die Apparate bediente.

Mit einer Zähigkeit ohnegleichen, ja besessen von seiner Idee, durchzog nun Schuhmacher entlegene Winkel dieser Erde und holte als sensibler Beobachter, als mutiger Forscher, als Könner ersten Ranges die scheuesten Tiere, die wunderbarsten Landschaften in das Blickfeld seiner Kamera. Zwischen seinen Kundfahrten berichtete er in etwa hundert Fernsehsendungen, namentlich in der Reihe „Auf den Spuren seltener Tiere", vor Millionen von Fernsehzuschauern über das Ergebnis seiner rastlosen Fahrten rings um die Erde.

Er krönte diese Arbeit, die sich über viele Jahre hinzog, mit dem Farbfilm „Die letzten Paradiese" (1967), der von hinreißender Schönheit erfüllt war und einhellig als „besonders wertvoll" bezeichnet wurde. An dem abschließenden Farbfilm „Europas Paradiese" arbeitete er dann bis in seine letzten Lebenstage (Uraufführung 1973). Ergänzt wurden diese beiden Filme durch gleichnamige Bücher, die mit farbenprächtigen Bildern ausgestattet sind. In dem Werk „Ich filmte 1000 Tiere – Erlebnisse auf allen Kontinenten" faßte Eugen Schuhmacher 1970 noch einmal seine Lebensarbeit zusammen.

Auf seinen weltweiten Expeditionen hatte Schuhmacher erkannt, daß nicht nur die Tiere, sondern auch die Menschen von der fortschreitenden Technisierung bedroht waren. So erhob er in den Jahren, da man noch kaum etwas von den künftigen Problemen des „Umweltschutzes" ahnte, seine Stimme und warnte die Menschen davor, die harmonische Ordnung der Schöpfung zu gefährden, Flüsse zu verschmutzen, Meere zu verseuchen, Waldgebiete zu veröden und die Luft zu verpesten. Immer lauter, immer eindringlicher wurde auf zahllosen Vorträgen seine Stimme, wir sollten nicht selber unsere Erdenheimat in eine ausgebeutete, seelenlose Wüste verwandeln.

Am 8. Januar 1973 vollendete sich nach einem unerbittlichen Leiden in München das Leben dieses Mannes, der ein einträchtiges Zusammensein zwischen Mensch, Tier und Pflanze auf unserem Stern so leidenschaftlich ersehnt hatte.

Viele fragen: was war das für ein Mensch, dieser Eugen Schuhmacher, der Hunderttausende mit seinen Büchern, Millionen mit seinen Filmen und Fernsehsendungen ansprach und begeisterte? Nun — dieser Mensch Eugen Schuhmacher war nicht nur ein Freund der Tiere. Er hatte selber auch viele Freunde unter den Menschen, die seinen Weg kreuzten oder begleiteten. Etwa sechzig dieser Freunde und Mitarbeiter haben sich in dem vorliegenden Buch zusammengefunden, Professoren und schlichte Leute aus dem Volk, Zoologen, Botaniker und Naturschützer, Missionare und Ärzte, Journalisten und Leute von Funk, Film und Fernsehen, Männer und Frauen aus den verschiedensten Berufen. Sie erzählen hier von ihren Erlebnissen und Abenteuern mit Eugen Schuhmacher, sie folgen ihm auf den Fahrten rings um den Globus. Und da steht auf einmal vor uns in lebensvoller Deutlichkeit der Mann, der von seiner Arbeit für die Welt der Tiere erfüllt war, der auf seiner bunten Lebensfahrt aber zugleich all den Menschen, die ihm nahe kamen, mit einer ergreifenden Herzlichkeit begegnete.
Bei der Vielfalt der Mitarbeiter mag sich manches Detail wiederholen. Aber von verschiedenen Seiten beleuchtet gibt auch das wieder Glanzlichter auf einem echt männlichen Porträt, das eigenwillig der Mechanisierung des 20. Jahrhunderts widerstehen wollte. Wir legen das Buch mit seinen Originalberichten in die Hand all derer, die sich an Werk und Wirken Eugen Schuhmachers erfreuten, vertrauen es zugleich der Jugend an — als Zeugnis für ein Leben, das die Schöpfung mit all ihrem göttlichen Glanz bewahren wollte.

Hermann Gerstner

REINER AICHELE

Im Nürnberger Umkreis

Eugen Schuhmacher kannte nicht nur die weite Welt mit den letzten Paradiesen der Erde, er liebte auch seine deutsche Heimat und sorgte sich um die Erhaltung ihrer nach so mancher Not und Zerstörung verbliebenen Schönheiten. So weilte er auch noch in den letzten Jahren seines Lebens wiederholt in der alten ehemals Freien Reichsstadt Nürnberg zu Füßen der ehrwürdigen Kaiserburg in froher Runde unter Tierfreunden, suchte im nahen Reichswald die dort wieder ausgesetzten Biber auf und eilte zu den altertümlichen Wasserschöpfrädern an die Regnitz bei Erlangen.
Als ich Eugen Schuhmacher im Herbst 1970 hier in meiner Wahlheimat Nürnberg als Festredner auf der Jahreshauptversammlung der Arbeitsgemeinschaft Deutscher Tierschutz kennenlernte, begegneten sich wieder einmal zwei Schwaben in der Fremde, was nur von Stammesgenossen richtig verstanden und sonst gerne belächelt wird. Immerhin erwuchs daraus eine recht gute Freundschaft; denn wir waren ja beide gewissermaßen gleichen Glaubens in der bangen Sorge um den Fortbestand der Erde und in unserer Verehrung des Göttlichen nicht allein im Menschen, sondern auch in unseren Mitgeschöpfen, den Tieren und Pflanzen.
Beim Betreten unserer Behausung meinte Eugen Schuhmacher einmal angesichts des hier recht üppig wuchernden Topfpflanzendschungels, in welchem er unseren Dackel am Fenster entdeckt hatte, er mache sich dort bildlich recht gut in der Landschaft! — Das Hundsvieh fraß dem großen Tierfilmer deshalb später beim Abendessen aber trotzdem keinen Spargel aus der Hand, als es solchen mit anderen einheimischen Gemüsen zu den begehrten, nicht ganz daumengroßen Nürnberger Rostbratwürsten vom offenen Holzfeuer zu speisen und fränkisches Bier zu trinken gab.
Den im felsigen Lorenzer Reichswald einmalig schön und weiträumig gelegenen Nürnberger Tiergarten kannte Eugen Schuhmacher bereits, als er im Frühjahr 1971 den Bibern im Sebalder

Reichswald seine besondere Aufmerksamkeit schenkte. Diese vielerorts ausgerotteten Tiere hatte hier der Bund Naturschutz mit Erfolg an der Gründlach ausgesetzt. – Für Ortsunkundige darf ich einfügen, daß Nürnberg halbkreisförmig von Wald umschlossen durch die Pegnitz quergeteilt ist und die beiden Stadtseiten und Waldhälften nach den jeweiligen Hauptkirchen Sankt Sebald im Norden und Sankt Lorenz im Süden benannt sind. – Ich hatte den ehrenvollen Auftrag, die Verbindung zu dem für die Biber zuständigen Forstamt Nürnberg-Nord herzustellen und Eugen Schuhmacher bei Forstdirektor Peter Link anzumelden. Schon wenige Tage später filmte der durch die weite Welt gereiste Naturfilmregisseur hier dicht vor den Toren einer deutschen Großstadt die Dammbauten, die Nagespuren und die Burg der selten gewordenen vierbeinigen Holzfäller, Flößer und Wasserbauer. Die Aufnahmen waren für einen Film über die Gefährdung und Erhaltung unserer Umwelt vorgesehen. Die Aussetzung der Biber hier an der Gründlach wäre nicht möglich gewesen, wenn man nicht einige Jahre vorher auf Drängen des Forstamts und des Fischereiverbandes im bachaufwärts gelegenen Heroldsberg Kläranlagen zur Wasserreinhaltung errichtet hätte.

Früher glaubte man oft, die Biber seien schädliche Forstfrevler. Wurden sie dann bejagt, so steckten nicht selten menschliche Eitelkeit und Gier nach dem Biberpelz dahinter. Gewiß fallen den scharfen Biberzähnen allerhand Weichgehölze an den betreffenden Wasserläufen zum Opfer, die hier aber auch viel rascher als anderswo nachwachsen. Um größere gefällte Stämme leichter befördern zu können, bauen die fleißigen Nager außer ihren höhlenartigen Burgen in die Bachläufe kunstvoll aus Zweigen gefügte Staudämme, womit sie die Wasserfläche durch den Rückstau erweitern und größere Bereiche davon flößbar machen. Auch diese Art von Wasserrückhaltung kann, neben der Speicherung in den Wäldern, mitunter von beträchtlichem Nutzen sein und ökologisch ausgleichend wirken. Zahlreiche Ortsnamen wie Biberach, Biberbach, Biberberg, Bibergau und Bibersfeld lassen auf ein früher häufigeres Vorkommen der Biber, vor allem in Süddeutschland schließen. Nach dem flachen und halbrund endenden Biberschwanz ist übrigens der seit dem Mittelalter gebräuchliche, ebenso geformte und schuppenartig deckende, tönerne Dachziegel benannt.

Abb. 3 Das Heim in Grünwald

Abb. 4 Beim Füttern der Fische im Garten

Abb. 5 Der Dreijährige als Jagdbegleiter mit zwei erlegten Hühnerhabichten

Abb. 6 Eugen und Maria Schuhmacher 1952 auf dem Wendelstein, wo sie 20 Jahre davor getraut wurden

Abb. 7 Frankreichfeldzug 1940 bei Kolmar

Abb. 8 Als junger Jägersmann im Revier

Im Sommer des gleichen Jahres machte Eugen Schuhmacher dann für den bereits erwähnten Umweltfilm weitere Aufnahmen hier in der Gegend, und zwar von einem der alten hölzernen Wasserschöpfräder an der Regnitz inmitten einer von Albrecht Dürer einst mehrfach gemalten Landschaft. Verantwortungsbewußte Heimatpfleger beschützen heute die letzten noch vorhandenen Schöpfräder, die der Wiesenbewässerung dienen und wegen der Zerstörungsgefahr durch Hochwasser und Treibeis über den Winter abgebaut werden müssen. Im Gegensatz zu den tief am Flußgrund ansaugenden neuzeitlichen Kreiselpumpen schöpfen die vom fließenden Wasser selbst angetriebenen Räder die wärmeren Fluten an der Oberfläche ab. Etwa zur gleichen Zeit entstanden auch die Filmaufnahmen von der Mühle bei Kleinziegenfeld in der Fränkischen Schweiz, nach langer vorausgegangener Suche nach einem noch betriebsfähigen Wasserrad. Das große Rad der Oberen Mühle in Happurg bei Hersbruck war leider für solche Aufnahmen zu eng umbaut. Der Müller hatte uns das ganze Mühlenwerk und zum Schluß sein stattliches Wohnzimmer mit dem in seiner Größe dazu passenden Fernsehgerät gezeigt und sich dann auf gut fränkisch mit den Worten verabschiedet: „Also Herr Schuhmacher, leben S' wohl! Mir seh'n uns dann bald wieder –, Sie mich ja zwar net, aber ich Sie in mei'm Fernseher!"
Als wir damals in der Hersbrucker Alb unterwegs waren, pirschten sich in Gasthöfen und Kaffeehäusern immer wieder neugierige Wirte, Kellnerinnen und Gäste mit der möglichst unauffällig im Flüsterton vorgetragenen Frage an mich heran, ob der Herr an meinem Tisch denn nicht der bekannte Tierfilmberichter Eugen Schuhmacher vom Fernsehen sei? – Hatte unser Freund das Getuschel bemerkt, dann antwortete er stets mit einem freundlichen Lächeln in kargem Schwäbisch: „Ja, er isch's!" Und das ist er für mich auch in dankbarer Erinnerung geblieben.

HELMUT BARTH

Fünf Jahre Filmarbeit

Fünf Jahre durfte ich Eugen Schuhmacher als Assistent und Kameramann, als Packesel, Chauffeur und Aushilfskoch für seinen Weltnaturschutzfilm „Die letzten Paradiese" um den Erdball begleiten. Eindrücke aus 26 Ländern in sechs Kontinenten, Fremdsprachen, und vieles mehr verdanke ich Schuhmacher, von dem ich das Filmhandwerk erlernte. Durch Schuhmachers Liebe zur Kreatur, die er in vorbildlicher Weise weitervermittelte, wurde ich zum Tierfilmer. Mein Dank gilt an dieser Stelle meinem viel zu früh verstorbenen Freund.

Mit ruhigem Gewissen kann ich sagen, daß wir gut zusammenpaßten; denn in all den Jahren gab es nie eine Prügelei. Dabei war der Chef keineswegs zimperlich, wenn es darum ging, seinem Kamera-Assistenten zu zeigen, wie man mit feuchtem Holz in der Einöde Spitzbergens ein Feuer macht. Seine schwäbisch-bayerische Ausdrucksweise ließ in solchen Situationen keine Zweifel offen: „So etwas will ein Mannsbild sein und hat nicht mal ein Taschenmesser im Sack!" Mit leicht vorgeschobener Unterlippe hörte ich ihn noch murmeln: „Wenn er wenigstens Tarock spielen könnt'!" Am Anfang unserer Bekanntschaft trafen mich derartige Vorwürfe ziemlich hart und insgeheim fragte ich mich, was hat dies alles mit der Filmerei zu tun. Erst nach einiger Zeit begriff ich, daß eine Art Beschäftigungstherapie besonders in der Einsamkeit von großer Wichtigkeit sein kann und daß ein Mann von seiner geballten Energie und Schaffenskraft manchmal so außer sich geraten mußte. Schon bald lernte ich eine Eigenschaft Schuhmachers besonders zu schätzen: er war nicht nachtragend und konnte nach einigen Minuten wieder ein scherzhaftes Gespräch beginnen.

Eugen Schuhmacher war ein sehr starker Pfeifenraucher und selbst bei schwierigen Filmszenen konnte er auf seinen „Meerschaumkolben" nicht verzichten. Wenn er rauchte, war für ihn die Welt so einigermaßen in Ordnung. Das Filmlicht stimmte und die gesuchten seltenen Tiere agierten nach Wunsch. Es gehörte auch zu meinen Aufgaben, die Pfeife in Betrieb zu halten. Fortan waren die wichtigsten Requisiten, die ich als Assistent mitzuführen hatte, eine Schachtel Streichhölzer und in Ermangelung eines Messers eine Nagelschere.

An einem Sommertag 1970 in Lappland war die Moskitoplage fast unerträglich. Wir hatten ein Fläschchen „Finnöl" gekauft, um die Plagegeister zu vertreiben. Doch Schuhmacher vertraute auf seine Wald- und Wiesenmischung und qualmte wie ein kaputter Ofen. Als die obligate Nudelsuppe auf den Tisch kam, ersäuften sich darin fünf Dutzend Moskitos. Als ich trotz der Hitze in das Zelt lief, um die Biester heraus zu fischen, rief er mir nach:

„Was hast du bloß, es ist doch auch Fleisch. In Neuguinea haben wir Engerlinge und Raupen gegessen!"

Zu meinem Glück war er nicht heikel und verdrückte mit Todesverachtung meine Spezialitäten. An besagtem Sommerabend in Lappland kramte er nach dem Essen seine kleine handliche Mundharmonika hervor und spielte eine Art Polka. Auch bei späteren Reisen fehlte sie nicht im Filmgepäck, aber die Lagerfeuer-Romantik in Kanada oder im indonesischen Dschungel wich mehr und mehr einer immer anstrengender werdenden Routinearbeit, da die Fertigstellung des Films drängte.

Man überlege sich einmal das finanzielle Risiko, das Schuhmacher für sich und seine Familie mit der Produktion seines Werkes „Die letzten Paradiese" eingegangen war. Mit eigenen Ersparnissen, ohne fremde Geldmittel hatte er dieses jahrelange Vorhaben begonnen. Für die Verwirklichung seiner Pläne kam ihm allerdings das Medium Fernsehen zu Hilfe. Mit dem Erlös einer Sendung konnte die nächste Reise unternommen, konnten Flugkarten, Gepäcktransport und ein mehrmonatiger Aufenthalt im Drehgebiet bestritten werden. Da Schuhmacher ein wirklicher Pionier war und bei der Suche nach seltenen Tieren meistens filmisches Neuland betrat, begleitete uns ständig die Frage: Wie lange wird es dauern, bis wir den Aufnahmeort erreichen und das gesuchte Tier finden?

Auf eine Sache verstand er sich vorzüglich: er konnte die maßgebenden Leute für seine Ideen begeistern und er verstand es wie kaum ein anderer fanatisch und überzeugend für den Tier- und

Landschaftsschutz zu kämpfen. Viele seiner Befürchtungen, die auch mir vor Jahren als zu extrem erschienen, sind inzwischen leider Wirklichkeit geworden und waren keine Schwarzmalerei. Er kämpfte mit allen Mitteln und setzte dabei rigoros seine Gesundheit aufs Spiel.

Es war in der ersten Februarwoche 1961, als wir beide in Südafrika, in der Kalahariwüste, im Sand steckten. Wir hatten die Nacht zuvor in einem Provinzstädtchen übernachtet. Es war unverschämt teuer. Schuhmacher sagte dies dem Besitzer und erklärte, daß wir nie wiederkommen würden. Wir zogen mißmutig ab. Vier Meilen hinter Kuruman war die Straße zu Ende, ich fuhr jetzt in einem ausgetrockneten Flußbett. Es sei gleich gesagt, daß wir uns den ganzen Tag ärgerten, nicht nur wegen der Hotelrechnung, die war bald vergessen. Aber wir schimpften über das, was sich Straße nannte.

„Ich würde am liebsten umkehren, es war bestimmt mein größter Blödsinn, den ich je machte", hieß es. Die nächsten 60 Kilometer fuhren wir mit einem Schnitt von 25 Kilometern. Plötzlich riß dem Chef die Geduld: „Keinen Meter mehr weiter", sagte Schuhmacher. Als wir nach einem guten Abendessen in den Schlafsack krochen, ging es uns wieder besser. Ohne Diskussion setzten wir in den frühen Morgenstunden die Fahrt fort, bis ich an einer Steigung im hohen Sand stecken blieb. Mit vorwurfsvollen Blicken drückte mir Schuhmacher den Spaten in die Hand und begann selbst mit den Armen den Sand beiseite zu schieben. Ich wartete auf einen Temperamentsausbruch, der auch spontan erfolgte, sich zu meiner Überraschung aber gegen den Auspuff richtete. Regungslos verharrte er einige Sekunden und da sah ich auch schon, daß er sich den Arm am Auspuff verbrannt hatte. Nachdem die Wunde notdürftig verarztet und auf Wunsch mit Speiseöl bestrichen war, kamen wir wieder flott und erreichten gegen Abend das Buschmann-Reservat. Die folgenden Tage beobachteten wir mit der Kamera Oryx-Antilopen sowie die Buschmänner bei ihrer Jagd mit Pfeil und Bogen.

Als wir dann die Rückreise nach Johannesburg antreten wollten, mußten wir entsetzt feststellen, daß am Differential das Öl ausgelaufen war. Durch die ständige Erschütterung des Wagens mußte sich alles gelockert haben. „Komm Helmut, nimm das restliche

Speiseöl! Was für meinen Arm gut genug war, kann auch dem Getriebe nicht schaden."

Unsere Abfahrt wurde nochmals verzögert, denn wir sollten einen jungen Löwen für den Zoo in Pretoria mitnehmen. Wir besahen das Raubtier in seinem primitiven Holzgestell. Es fauchte wütend und Schuhmacher zögerte keine Sekunde mit der Antwort: „Was, Löwentransport in einen Zoo, aus der Sache wird nichts! Laßt den armen Kerl laufen!"

Am Abend des nächsten Tages bekam Schuhmacher Fieber und Schüttelfrost. „Diese verdammte Malaria, die ich mir in Neuguinea geholt habe, kommt halt immer wieder!" Da half nur eine Überdosis Resochin! Ich war sehr in Sorge über seinen Zustand, denn bis zur nächsten Ansiedlung waren es 160 Kilometer und unser Speiseöl war längst zur Neige gegangen. Statt Öl war vermutlich Sand im Getriebe. Doch schon am nächsten Tag konnten wir die Fahrt fortsetzen, nachdem sich Schuhmachers Zustand überraschend schnell gebessert hatte. Abends erreichten wir Kuruman und tranken in der ersten Kneipe in kurzer Zeit jeder fünf halbe Bier. Anschließend badeten wir wie die Eingeborenen splitternackt in der Stadtquelle und legten uns schlafen. Am nächsten Tag fühlte sich Eugen Schuhmacher nach dieser Roßkur wie neugeboren, der Malaria-Anfall war vorüber. Auch das Differential wurde hier repariert und weiter ging die Fahrt zurück nach Johannesburg. Wieder in der Großstadt, schwärmte Schuhmacher begeistert von den roten Sanddünen der Kalahari, vom Leben der anspruchslosen Buschleute und von den Filmeinstellungen.

Schuhmacher hatte eine ausgesprochene Abneigung gegen Großstädte. „Komm, laß uns so schnell wie möglich aus dieser entsetzlichen Betonwüste mit ihren stinkenden Blechbüchsen (so nannte er die Autos) verschwinden und nach Ostafrika reisen." Doch da waren noch die „Zeitungsfritzen", wie er sie in aller Welt nannte, auf die er auch nicht gerade erpicht war. Begann ein Interview mit der Frage: „Von welchem Tier wurden Sie angegriffen?" dann war es mit seiner Geduld schnell zu Ende. Schuhmacher haßte Sensationsmache und war auch mit wenigen Ausnahmen von Empfängen und Festlichkeiten zu seiner Ehre nicht sonderlich angetan. Man mußte ja bei solchen Gelegenheiten auch immer einen Schlips tragen!

Sommer und Herbst 1961 verbrachten wir in Nordamerika. Unser Zelt stand am Iglucamp im Mt. Mc Kinley Park. Wie ein bunter Teppich breitete sich die Tundra vor uns aus: Zwergbirken, Kriechweiden, Tümpel und viele blühende Polster, eingerahmt von Vier- und Fünftausendern der Brookskette. Ein wichtiges Ereignis hatte begonnen, die alljährliche Rentierwanderung Ende Juni. So faszinierend der Blick von der Paßstraße auf die ziehende Herde auch war, Eugen Schuhmachers Gesicht sah nicht gerade glücklich aus. Er war zwar froh, daß uns ein amerikanischer Wissenschaftler in seinem Jeep mitgenommen hatte, doch traute er dessen Fahrkünsten nicht. Auf schmaler Schotterstraße führte unser Weg an gefährlich steilen Abhängen entlang. Jedesmal, wenn Dr. Murie eine enge Kurve anschnitt, fürchtete ich, Schuhmacher würde die Beherrschung verlieren. Der Gelehrte schaltete grundsätzlich zu spät und würgte an jeder stärkeren Steigung den Motor ab. Schuhmacher mochte unseren hilfsbereiten und liebenswürdigen Chauffeur gerne, aber der gute Mann war ohne Zweifel als Wissenschaftler besser denn als Autofahrer. Schuhmachers Angebot, ihn am Steuer ablösen zu dürfen, wurde mit Höflichkeit pariert, denn wir waren ja die Gäste.
Ähnliche Situationen habe ich häufig miterlebt, auch bei Piloten. Immer dann, wenn Schuhmacher als Beisitzer zur Untätigkeit verbannt war, plagte ihn sichtlich das Mißtrauen. Seit ich ihn kannte, strebte er in allem Perfektion an und war selbst in praktischen Dingen äußerst begabt. Die vielen Reisen und Expeditionen hatten ihm Erfahrungen aller Art verschafft. Doch sein Mißtrauen gegenüber neuen Bekanntschaften war zu ausgeprägt und manchmal gewiß überflüssig. Wir überlebten auch die Bergfahrt in Alaska, aber seine Worte am Säbelpaß werde ich nie vergesen: „Wenn ich von dieser Autofahrt heil zurückkomme, mache ich eine Wallfahrt nach Altötting."
Als Chauffeur mußte auch ich mir manche Kritik gefallen lassen. Dabei fällt mir eine Episode in Kanada ein. Wir hatten in der Stadt Edmonton in einem Supermarkt Proviant für die nächsten Wochen eingekauft und in offenen Pappschachteln im Fond des VW-Kombi verstaut. Ganz im Sinn Schuhmachers dachte ich mir: jetzt aber nichts wie raus aus der Stadt! Ich fuhr im 40 Kilometertempo auf eine Kreuzung zu, deren Ampel grünes Licht zeigte. Als ich gelb

sah und bremste, sah Schuhmacher rot, denn die Kartons auf der erhöhten Ablage hatten ihren Inhalt an Flaschen, Corned beef und Spaghetti zwischen der Kameraausrüstung verteilt. Es war nicht gerade schmeichelhaft, was ich da hörte, und möchte nur den entschärften Schluß wiedergeben: „Fahr halt nicht so schnell, dann kann so etwas nicht passieren." Es ist mir noch heute unerklärlich, warum wir die Schachteln erneut auf dem rückwärtigen Teil des Wagens ähnlich wie zuvor verstauten. Bevor ich noch etwas zu meiner Entschuldigung vorbringen konnte, übernahm Schuhmacher das Steuer, und da passierte es auch schon an einer engen Brücke. Ein dicker Laster kam uns entgegen, der Chef mußte stark abbremsen. Ein bereits bekanntes Geräusch — und der vertraute Geruch von Ketchup machte sich im Wageninnern breit. Dort blieb alles bis zum Abend liegen. Es dauerte lange, bis die Schweigeminuten durch Schuhmacher mit folgenden Worten beendet wurden: „Eines mußt du dir merken, der Chef hat immer recht."

Aber es wurde nicht nur getadelt. Für gute Assistenz bei der Filmarbeit wurde so manches Lob gezollt oder eine extra Flasche Bier spendiert.

Wandern wir noch einmal nach Alaska! Dort hatten uns einmal die wachsamen Augen von Schwaneneltern entdeckt und schwammen auf den See hinaus. Voraus Papa Trompeterschwan, in Kiellinie vier ganz kleine Trompeter und hinterher die Mama dieser musikalischen Familie. Sie hielten auf eine kleine Insel zu und verschwanden alsbald unserem Blickfeld. An der engsten Seestelle versteckten wir uns mit der Kamera und hofften, daß die Tiere nach Stunden wieder zum Vorschein kämen. Es wurde Nachmittag und wir sahen unsere Chancen dahinschwinden. Vorsichtig ging ich im Schutz der Bäume an das andere Ende des Sees und machte mich dort bemerkbar, in der Hoffnung, daß die Schwäne die Insel verlassen und sich in die ruhige enge Bucht zurückziehen würden, wo Schuhmacher im Versteck lauerte. Es war ein Fehlschlag, die Tiere fühlten sich absolut sicher auf der Insel. Na wartet, euch werd' ich helfen! Trotz der Kälte, die mir fast die Luft nahm, hielt ich Kurs auf die Schwaneninsel. Ich wußte, daß nun Schuhmacher mit erstauntem Gesicht sein Glas auf das seltene Amphibientier richten würde. Ich schwamm, so schnell ich konnte, und hörte nach einigen Minuten zum erstenmal einen Trompeterschwan trompeten. Es klang sehr kurz und erschrocken, und noch bevor ich die Insel erreichte, ruderte der Schwan mit Gefolge in der gewünschten Richtung davon. Im Schwimmen waren mir sogar die Kleinen überlegen, aber es gelang mir durch Kreuzen sie direkt vor das Kameraversteck zu bringen. In Gedanken sah ich das zufriedene Gesicht Schuhmachers vor mir und schwamm an Land. Er strahlte und empfing mich mit den Worten: „Erkälte dich bloß nicht, hier nimm meine Jacke! Dafür gibt's eine extra Halbe mit einem Whisky. Ich traute meinen Augen nicht, als ich dich im Wasser sah." Noch oft haben wir über diese feuchtfröhliche Geschichte mit den Trompeterschwänen gelacht.

Das Lachen verging uns wenige Tage später am Mc Neil Fluß, wo wir fischende Kodiakbären filmen wollten und keine Kameras dabei hatten.

Jeder Ausländer war hier in Alaska verpflichtet, für Jagd- oder Filmunternehmungen einen lizenzierten Jagdführer mitzunehmen. Auch in der Wildnis Alaskas kann man solche Gesetze nicht umgehen. Ein solcher „Guide" kostete zwischen 200,– und 400,– DM am Tag, bei freier Logis und Verpflegung. Zuerst wollten wir dies gar nicht glauben, aber dann stellte uns Herr Branson einen Jäger vor, der bereit war, uns ausnahmsweise für 160,– DM pro Tag zu führen, unter der Bedingung allerdings, auch filmen zu dürfen. Branson kannte auch einen Piloten, der schon eine Landung am Mc Neil River riskiert hatte. Bud Lofstedt, unser Pilot, begann zu rechnen. Es dauerte lange, bis er schließlich Herrn Schuhmacher die runde Summe von 900,– DM nannte. Er sagte: „Wir starten morgen früh gegen sieben Uhr. Auf der Sandbank kann ich nur bei Ebbe bis Mittag landen." „Wenn ich Sie richtig verstehe", meinte Schuhmacher, „dann ist die Landestelle bei Flut unter Wasser." „Ja, ganz recht, aber bei Ebbe trocknet die Sandbank schnell ab und die Wettervorhersage ist auch gut."

Bud Lofstedt kam zur verabredeten Zeit mit einem alten Lastwagen vorgefahren. Kamerakoffer, Objektivkoffer, Proviantkisten, Stative, Rucksäcke, der Haufen unserer notwendigsten Utensilien wurde immer größer, das Gesicht unseres Piloten immer länger.

„Das alles soll in die Maschine? Unmöglich!“ Bud schüttelte den Kopf. Der Chef murrte: „Das fängt heute ja wieder gut an.“ In gedrückter Stimmung fuhren wir zum Flugplatz und versuchten, unser Gepäck in der bereitstehenden Cessna 180 unterzubringen. Wir mußten aber einsehen, daß dies unmöglich war. Es war kurz vor sieben Uhr. Von Dick, unserem Jagdführer, war nichts zu sehen. Der einzige Ausweg schien uns eine größere Maschine zu sein. „Unmöglich“, sagte Lofstedt, „auf der kurzen Sandbank kann ein größeres Flugzeug nicht landen.“

Da wurde unsere Diskussion durch die Ankunft von Dick unterbrochen. Er hatte auch nicht gerade wenig dabei: sein eigenes Zelt, eine 16 mm Filmkamera und seinen Bärentöter, mit dem er in der Gegend herumfuchtelte, wohl um seiner Würde als „Guide“ Nachdruck zu verleihen. Schweren Herzens erklärte sich Schuhmacher mit zwei Flügen einverstanden und prompt bestätigte uns Bud die doppelte Summe in Höhe von 1 800,– DM.

Wir flogen nun alle die erste Route und nahmen das Wichtigste, Zelt, Luftmatratzen, Schlafsäcke und Proviant mit. Obwohl Bud sehr tief flog, konnten wir vorerst keine Bären sehen. Ich war auch viel zu erregt, um genauer Ausschau halten zu können; denn zu beiden Seiten huschten jetzt Felswände und Schneefelder vorbei. Links kam wieder ein Abhang auf uns zu, eine lässige Bewegung Buds am Steuerknüppel und die Cessna neigte sich zur Seite, gewann etwas an Höhe und strich in geringem Abstand über einen Felsgrat hinweg. Sofort drückte der Pilot die Maschine wieder nach unten. Ich fragte nach dem Grund.

„Zweihundert Meter über uns ist eine geschlossene Wolkendecke und ich kenne diese Berge und Täler sehr genau.“ Vor lauter Begeisterung für die Flugkünste unseres Piloten hatte ich die Wolken über uns gar nicht beachtet. Bis heute wußte ich nicht, daß ein derartiges Fliegen zwischen Felswänden überhaupt möglich war. Unter uns lag wieder das Meer. Wir flogen die Buchten entlang, wo als ununterbrochenes helles Band gestrandetes Treibholz die Ufer begrenzte. „Wir müssen bald am Ziel sein, eine Stunde und zwanzig Minuten sind wir schon in der Luft.“ Bud ging noch tiefer und da sahen wir auch schon die Stromschnellen des Mc Neil Flusses.

Dort ist ein Bär, noch einer, drei, vier Bären können wir zählen!

Bud flog eine Schleife – und für Sekunden hatten wir nochmals Gelegenheit, uns zu überzeugen, daß die braunen Punkte keine Einbildung, sondern wirklich Bären sind. In überschwenglicher Freude vergaßen wir für einen Moment, daß wir noch in der Luft waren. Mit gedrosseltem Motor kurvte Bud über der Bucht und suchte nach einer Landemöglichkeit. „Zuviel Treibholz, die Sandbank kommt nicht in Frage." Wir flogen über eine Kiesbank, an deren Ende ein rotes Ruderboot lag. Nur knapp strichen die Räder darüber hinweg, Bud zog in eine Linkskurve und fragte uns: „Angeschnallt?" Schuhmacher und ich tauschten fragende Blicke, der will hier landen! „Mensch Helmut, wenn das gut geht." Das Gesicht von Bud konnte ich im Moment nicht sehen, ich hörte, wie er das Gas wegnahm, ich bemerkte eine Veränderung an der Tragfläche, die Räder berührten knirschend den Kies. Sekunden der Spannung, schon dachte ich, das Aufsetzen ging ja fabelhaft, als mir bewußt wurde, daß wir sehr viel Tempo hatten und die Kiesbank gleich zu Ende war. Oh Schreck, das Boot vor uns! In meine Gedanken mischte sich das plötzliche Aufheulen des Motors und Bruchteile später wischte links unter der Tragfläche ein roter Fleck vorbei – wir waren wieder in der Luft. „Alles in Ordnung", sagte Bud, „die Kiesbank ist trocken, wir können landen." Unser Buschpilot hatte mit den Rädern den Untergrund geprüft. Wieder flogen wir die Kiesbank an, noch tiefer und langsamer als vorher. Schon knirschte es wieder und es holperte gewaltig, aber wir wurden langsamer und kamen in beträchtlicher Entfernung des Ruderbootes zum Stehen. Anerkennend klopfte Schuhmacher dem Piloten auf die Schulter, lachend quittierte der Flieger unsere Danksagung. Bud hatte es eilig! Er mußte den Hin- und Rückflug in spätestens drei Stunden geschafft haben. Wenn die Flut einsetzte, verschwand die Kiesbank wieder im Wasser.
Nun sahen wir im feuchten Sand des Flußufers überall Bärenspuren und auf der anderen Flußseite entdeckten wir drei Zelte. Unser Guide meinte, es sei das Sicherste, ebenfalls dort zu kampieren. Denn nur einige Meter vom Zeltplatz entfernt war eine Felshöhle, die bei längerem Regen einen idealen Schutz bot. Am liebsten wären wir gleich zu den zwei Kilometer entfernten Stromschnellen aufgebrochen, wo wir die fischenden Bären vermuteten. Aber wir brauchten ja erst unsere Kameras. Ungeduldig hockten

wir am Lagerfeuer und warteten auf die Rückkehr von Bud. Nach drei Stunden begann das Wasser zu steigen. Unsere Hoffnung, noch heute in den Besitz unserer Filmausrüstung zu gelangen, sank auf den Nullpunkt.

Da kamen vier Gestalten auf die Höhle zu. Sie trugen Gummistiefel bis zur Hüfte, so hatten sie trockenen Fußes den Fluß durchqueren können. „Hallo, mein Name ist Sven Gillsäter aus Schweden, das ist meine Tochter Pia, mein Jagdführer Waddel und dessen Sohn Billy.“ Wir ließen uns wieder am Lagerfeuer nieder und begannen zu plaudern. Als wir Sven unser Mißgeschick mit den Filmgeräten erzählten, meinte er: „Da haben Sie nun ein Dach überm Kopf, und zu essen — als ob das wichtig wäre — aber keine Kameras.“ Damit traf er bei Schuhmacher genau ins Schwarze, wir kamen uns vor wie Anfänger.

Die Morgensonne zauberte helle Flecke auf die Zeltwand. Ich war etwas überrascht, noch am Leben zu sein, nachdem ich die ganze Nacht in meinen Träumen mit Bären gekämpft hatte. Mit saurer Miene verfolgten wir den Aufbruch Gillsäters. Das Stativ geschultert, mit Kameras und Flinten, verschwand die kleine Gruppe an der Flußbiegung. Wir hatten die Hoffnung schon aufgegeben, als endlich gegen Mittag Motorengeräusch hörbar wurde. Es war Bud, er wackelte zum Gruß mit der Maschine, kreiste zweimal und setzte zur Landung an. „Tut mir leid, Freunde, ich konnte gestern und heute vormittag nicht starten. Die Wolken hingen zu tief. Wir hatten Regen und Sturm.“ Beim Anblick der Gerätekoffer vergaßen wir schnell die kameralose Wartezeit. Als Bud die Kabine schloß, rief er nochmals: „In Ordnung, ich hole euch in vier Tagen wieder ab, sofern wir Flugwetter haben.“ —

Aus einem anderen Erdteil: Eugen Schuhmacher war nie verlegen, wenn es sich um Einfälle handelte, um zu den geplanten Aufnahmen zu kommen. Einmal suchten wir tagelang im indischen „Gir Forest“ vergeblich nach dem asiatischen Löwen. Da wurde auf Schuhmachers Vorschlag hin ein Ziegenbock als Lockmittel organisiert. Es war im Februar 1963. Meckernd saß der Vierbeiner zwischen uns im Jeep. Da es ohnehin schon sehr eng war, konnte man nur mit Mühe seinem Hinterteil ausweichen. Es dauerte nicht lange, bis die ersten Bohnen auf den Kamerakoffer prasselten. Wir nannten unseren Begleiter Hannibal und verziehen ihm seine

schlechten Manieren, schließlich hatte er vorher gemeckert. Als er kurze Zeit darauf wieder zu meckern begann, konnte unser Fahrer Abraham nicht schnell genug bremsen. Es war diesmal kein Prasseln, sondern ein Plätschern! Zur Strafe mußte Hannibal mit einem unserer Jäger zu Fuß weitergehen. Nach wenigen hundert Metern stoppten wir an einer Lichtung. Hier wurde Hannibal angebunden und begann jämmerlich zu schreien. Schuhmacher war sich mit den Jagdführern einig: „Das wird die Löwen bestimmt anlocken". Ich setzte eher auf den Gestank Hannibals. Mit zwei Filmkameras lauerten wir nun in den Büschen, jeder hatte seinen Wächter mit einem altmodischen Schießprügel zur Seite. Natürlich wollten wir Hannibal nicht den Löwen opfern; denn er stand ja auf unserem eigenen Speisezettel. Den ganzen Tag meckerte er in den Wald, ohne einen Löwen anzulocken. Am späten Nachmittag des darauffolgenden Tages näherte sich ein alter Mähnenlöwe, genauer gesagt, die Annäherung bemerkten wir in dem dichten Gestrüpp sehr spät. Es ging alles in Sekundenschnelle vor sich. Schuhmacher stand gerade am Fotoapparat, ich an der Filmkamera, als wir gleichzeitig zwischen den Bäumen das Gesicht des Löwen ausmachten. Ich fing sofort zu drehen an und es war keine Sekunde zu früh, aber einige Sekunden zu spät, um Hannibal vor seinem Schicksal zu bewahren. Es war, als ob eine Katze eine Maus fängt. An den Gesichtern unserer Jagdführer konnten wir es ablesen: Wie gut hättest du auch uns geschmeckt!
Später beteiligte sich eine ganze Löwenfamilie an dem Festschmaus. Die Safari hatte für uns so erfolgreich und für Hannibal so traurig geendet. Schuhmacher war über diesen unvorhergesehenen Ausgang nicht glücklich und meinte: „Lieber würde ich nochmals in dem klapprigen Taxi über die Salzwüste der „Run of Cutch" jagen, um galoppierende Wildesel zu filmen, als einen lebenden Köder zu benutzen." —
Ein anderes indisches Erlebnis von 1963: Mit einem uralten Taxi fuhren wir in die Landschaft hinaus, denn wir konnten nirgends einen Jeep ausfindig machen. Der Schrotthaufen — Taxi genannt — war der einzige fahrbare Untersatz in dieser verlassenen Gegend Nordindiens. Sollte das Unternehmen „Wildesel" nicht scheitern, so hatten wir das Risiko auf uns zu nehmen. Man hätte unser Vehikel auch ein Spritzenauto nennen können, denn wir führten

gefüllte Wasserbehälter mit, nicht etwa für unseren eigenen Durst, sondern für die Wasserkühlung des Motors. An den Chauffeur wurden weniger große Anforderungen gestellt, da in der Salzwüste keine Straße vorhanden und kein Gegenverkehr zu erwarten war. Querfeldein, auf glatter Piste, setzten wir die Suche nach den Eseln fort. Das ging nun schon vier Stunden so zu und alle zwanzig Minuten entstand eine größere Pause. Sie war nötig, um den Motor auskühlen zu lassen und um Wasser nachzufüllen. Es schien so, als ob w i r diesmal die Esel sein würden.

Wie schon mehrmals am Tag, sahen wir da am Horizont einen flachen See, aber diesmal mit vielen kleinen Punkten am Ufer, die rasch größer wurden. Der See entpuppte sich wieder als Fata Morgana, aber die Wildesel waren Wirklichkeit. Die Luft flimmerte stark wegen der großen Hitze, wir mußten näher herankommen. Aber jedesmal, wenn wir zu Fuß oder mit dem Wagen den Abstand verringerten, setzte sich der Leitbulle in Trab und die Herde folgte ihm nach. Es sei die einzige Möglichkeit, meinte Schuhmacher, aus dem fahrenden Wagen zu arbeiten. Das Taxi bekam noch einen kühlen Trunk und dann begann das Wettrennen. Als wir mit der Herde auf gleicher Höhe waren und dasselbe Tempo hielten, zeigte der Meilenmesser die Zahl 34 an. Wer würde das Rennen zuerst aufgeben? Unser Wagen oder die Esel? Fohlen waren auch bei der Herde und hielten das höllische Tempo mit. Sie sahen gut genährt und kräftig aus, die Hetzjagd schien sie gar nicht zu ermüden.

Das also war die Stammform u n s e r e s geduldigen Vierbeiners, der in Italien oder sonstigen südlichen Gefilden schwach und abgemagert die Herzen der Fotoamateure entzückt. Welch ein Unterschied, die Esel hier so ursprünglich und wild dahinstürmen zu sehen. Schuhmacher drückte immer wieder vor Begeisterung auf den Auslöser. Plötzlich aber hatte ich das bestimmte Gefühl, daß das Rennen seinem Höhepunkt zuging. Nach den Erfahrungen der vergangenen Stunden hätte wohl jeder die Wette zu Gunsten der Esel abgeschlossen. Der Dampf, welcher jetzt zischend unter der Motorhaube zum Vorschein kam, zeigte uns an, daß wir wieder eine Etappe von zwanzig Minuten hinter uns hatten, erfolgreiche 20 Minuten. Unser Stahlroß lag nun aber in den letzten Zügen und gab seinen Geist auf, während die siegreichen Gewinner sich mit geräuschvollem Hufegetrappel entfernten. Sie schienen jedoch auch müde zu sein, in sicherer Entfernung blieben sie stehen und ließen die Köpfe hängen.

Nachdem sich unser asthmatisches Schnauferl erholt hatte, begann für uns die wohlbekannte, etappenreiche Rückfahrt. Als wir mehr als die Hälfte des Rückweges geschafft hatten, ging das Wasser zur Neige. „Hineinspucken" meinte scherzhaft unser Fahrer, aber unsere Kehlen waren auch trocken. Wir wußten, daß uns ein halbstündiger Fußmarsch auch ans Ziel bringen konnte, und waren daher guter Dinge.

Es herrschte eine Abendstimmung, wie man sie nur am Meer oder in der Wüste erlebt. Der große rote Feuerball näherte sich dem Horizont, davor hob sich auf einer Düne die Silhouette einer Palmengruppe ab. In dieses Idyll platzte ein Kameltreiber, der des Weges kam. Er war in jeder Hinsicht willkommen, und da die Sonne am Untergehen war, mußten wir blitzschnell handeln. Während Schuhmacher die Kamera herrichtete, überfielen der Chauffeur und ich den Kameltreiber wie Banditen. „Schnell absitzen, für Erklärungen bleibt keine Zeit!"

Der Treiber war ein ganz kleines altes Männlein, er war völlig verdattert.

Ich schwang mich in den Kamelsattel, in einer Hand die Kamera, und ohne Aufforderung hob sich das Wüstenschiff in die Höhe. Das Viech zeigte mehr Verständnis für unsere Eile als der Kameltreiber. „Er bekommt ein gutes Bakschisch, wenn er das Kamel über die Sanddüne führt", erklärte ich unserem Dolmetscher. Schuhmacher dauerte die Übersetzung schon zu lange, aber „Bakschisch" begriff mein Mann dann doch sehr schnell. Ich war etwas aufgeregt, denn wir mußten auf der Düne im richtigen Moment zum Stehen kommen. Im Davonschaukeln erfuhr ich noch rechtzeitig das Kommandowort „Rock" der Hindisprache. Unser Männlein mußte anscheinend einen langen Ritt hinter sich haben, seine Beine waren steif und er drohte jeden Moment schlapp zu machen. In Abständen murmelte ich leise mein einziges Wort in Hindi vor mich hin, obwohl ich ja nur „Rock" im Gedächtnis behalten mußte. Schleppend langsam bewegten wir uns über die Düne, gleich mußte der richtige Moment gekommen sein und ich schrie mein „Rock" dem Kamel ins Ohr. Es blieb wohl vor Schreck stehen, und mein Blick war dorthin gerichtet, wo der glühende Sonnenball eben den Horizont berührte. Ich fürchtete aber, es sei doch irgend etwas schief gelaufen. Zu meiner Überraschung hörte ich von Schuhmacher das Gegenteil. „Ihr seid so müde, so echt und natürlich oben angelangt; und an der richtigen Stelle zum Stehen gekommen. Das ist wirklich eine Filmszene, wie man sie nur alle Schaltjahr vor die Kamera bekommt." Zwischen dem Kamelreiter und Chauffeur entspann sich nun ein heftiges Palaver auf Hindi, bei dem wir nicht schlau wurden, ob der Kameltreiber sich über die Art der Behandlung beschwerte oder ein enormes Bakschisch ergattern wollte. Schuhmacher raffte sein Kleingeld zusammen und ließ es in die runzligen, zitternden Hände gleiten. Der dankbare Blick des Alten sagte uns, daß er sehr zufrieden war und wohl weiterhin gerne für den Film tätig wäre. Mit einer Schnelligkeit, die ich dem Alten nicht zugetraut hätte, schwang er sich nun in den Reitsattel und machte sich aus dem Staub. Lachend und kopfschüttelnd gab uns der Fahrer eine Erklärung für die stattgefundene Debatte. „Der Monat Februar ist für alle Moslems der Fastenmonat. Das bedeutet, daß unser Mann von Sonnenaufgang bis zum Sonnenuntergang weder Wasser noch Speise zu sich nehmen durfte. Kein Wunder, daß er schwach auf den Beinen war und wenig Sinn für Romantik zeigte."

Ein gemeinsames Reitererlebnis hatten wir in den kanadischen Rocky Montains, wobei sich herausstellte, daß Schuhmacher mit seiner Reitkunst zu bluffen verstand. Die Suche nach Schneeziegen sollte hoch zu Roß erfolgen, zusammen mit einem Wildhüter und seinem Sohn. Schuhmacher erzählte mir, daß er bei früheren Expeditionen öfters geritten sei, und ich hatte in vergangenen Jahren unseren Ackergaul am Zügel geführt, als ich zehn Jahre und der Gaul doppelt so alt war. Ich weiß noch, wie Schuhmacher auf sein Pferd stieg. Er stellte vorsichtig einen Fuß in den Steigbügel, drückte sich vom Boden ab und da hatte auch schon das Pferd die Führung übernommen. Mir ging es noch schlechter, das Tier galoppierte mit mir davon, noch ehe ich richtig im Sattel saß. Mit einer Hand griff ich nach einem Knauf am Sattel, der glücklicherweise an der richtigen Stelle lag, mit der anderen versuchte ich das wilde Biest zu zügeln. Vor mir hörte ich vertraute Laute wie „brrr" und „stop", es war Schuhmacher, der mir zurief, langsamer zu reiten. Ich zog die Zügel an, aber mein Brauner legte die Ohren noch weiter zurück. Glücklicherweise ging es bergauf und unseren Bestien ging die Puste aus, sie verfielen in Schritt-Tempo und beim Loslassen der Zügel blieben sie endlich vollends stehen. Wir versuchten beide den Eindruck zu erwecken, als habe die Sache uns großen Spaß gemacht. Schuhmacher erzählte mir mit überlegener Sachkenntnis, daß kanadische Pferde nur mit einer Hand geritten werden. „Man drückt den Zügel des Pferdes auf die rechte Halsseite, wenn es sich nach links bewegen soll." Inzwischen hatten uns der Wildhüter und sein Sohn eingeholt und Schuhmacher fragte sie: „Wo bleibt ihr denn", worauf sie ein erstauntes Gesicht machten.

Im Jahr 1965 gründete ich auf den Rat Eugen Schuhmachers meine eigene kleine Filmproduktion. Er half auch bei der Vermittlung meines ersten Auftrags und sagte noch: „Blamiere ja die Schuhmacher-Innung nicht, zeig, was du gelernt hast". Die Tatsache, daß ich dem Tierfilm treu geblieben war, erfüllte ihn bis zuletzt mit großer Freude und Genugtuung. Als ich im Herbst 1972 von einer viermonatigen Afrikadurchquerung zurückkam, lächelte Schuhmacher müde, als ich ihm Farbdias von wilden Berggorillas zeigte. Eine letzte Bitte konnte ich ihm noch erfüllen. Für seinen Film „Europas Paradiese" fehlten noch die Seehunde der Nordseeküste. Er selbst konnte unsere bedrohte Tierwelt nicht mehr beobachten und belauschen. Dabei war er ja immer ein Optimist gewesen und schwärmte noch bei meinem letzten Besuch von einer gemeinsamen Reise in das Königreich Sikkim, sobald er wieder gesund sei. Ich darf mich glücklich schätzen, auf so viele gemeinsame Erlebnisse mit Eugen Schuhmacher zurückblicken zu können. Mit ihm haben seine Verehrer einen großen Idealisten verloren, ich einen Freund und großartigen Lehrmeister.

Abb. 9 *Im Alter von 63 Jahren mit der geliebten Pfeife*

Abb. 10 *Maria Schuhmacher bei Aufnahmen freilebender Affen in Gibraltar*

Abb. 11 Mit Frau Maria am Schneidetisch

Abb. 12 Mit Freund Fritz Höser (rechts) 1930 bei einer Exkursion am Lech

WOLFGANG BELL

Auf Film-Safari in Ostafrika

1. IN NAIROBI

Nairobi, die Hauptstadt Kenias, war seit gut sechs Jahren meine Wahlheimat, als ich zum ersten Male den Namen Eugen Schuhmacher hörte, oder vielmehr las.

Die Weltfirma AGFA aus Leverkusen hatte uns, der Firma JOS. HANSEN & SÖHNE (E. A.) LTD., mitgeteilt, daß demnächst ein Herr Schuhmacher bei uns vorbeikommen würde, um sich die uns in Kürze zugehenden 35-mm-Agfacolor-Negativfilme abzuholen. Das hatte mich sehr beeindruckt.

Nicht etwa, weil mir der Name Schuhmacher etwas bedeutet hätte, sondern weil es die erste größere Lieferung dieses Film-Materials nach Ostafrika war.

Ich konnte zu dieser Zeit noch nicht ahnen, daß mich Eugen Schuhmacher als Mensch bald viel mehr interessieren und begeistern würde als der erste Großabnehmer des genannten Filmmaterials in Ostafrika.

Die Filme und Herr Schuhmacher kamen wie avisiert, und ich muß heute gestehen, daß ich gar nicht mehr genau weiß, wie die erste Begegnung mit Eugen Schuhmacher verlief, und erst beim Schreiben dieser Erinnerungen wird mir bewußt, woran das liegt. Den Menschen Eugen Schuhmacher lernte ich nämlich erst am Abend dieses Tages bei einem gemeinsamen Dinner in einem Restaurant der Innenstadt Nairobis kennen.

Wer Ostafrika, den wohl schönsten Teil ganz Afrikas, kennt, wird sich vorstellen können, daß an diesem Abend nicht viel über Filmlieferungen gesprochen wurde. Ich hatte gerade noch Gelegenheit, die für meine Vorstellungen traumhafte Fotoausrüstung Eugen Schuhmachers zu bewundern, dann entdeckten wir unsere gemeinsame Begeisterung für Ostafrika und seinen immer noch unermeßlich reichen Wildbestand.

Eugen Schuhmacher kam von der Zoologie, und wie ich bald erfuhr, hatte er es sich zur Aufgabe gemacht, besonders die durch die Menschen vom Aussterben bedrohten Tierarten durch seine Filme und Vorträge uns und unseren Nachfahren zu erhalten.
Damals war ich zwar etwas skeptisch, wie ein einzelner auch noch so tüchtiger Mann etwas gegen die Unvernunft und die Gewinnsucht der Menschen ausrichten wollte, die es in Ostafrika fertiggebracht hatten, in nicht viel mehr als einem halben Jahrhundert annähernd 90 Prozent des Tierreichtums dieses Landes zu vernichten. Aber es leuchtete mir ein, daß etwas zum Schutz der Tiere getan werden mußte. Zunächst einmal erfuhr ich, daß in Kenia einige Tierarten existierten, die es nur oder nur noch in diesem Teil Afrikas gab und denen Eugen Schuhmachers spezielles Interesse auf dieser Reise galt. Es waren dies die Giraffengazellen, die Netzgiraffen, die schmalgestreiften Grevy-Zebras und eine besondere Art des Perlhuhns. Wenn ich vorher über Eugen Schuhmachers und meine gemeinsame Begeisterung für das schöne Ostafrika sprach, muß ich das noch etwas näher erklären.
Da ist zunächst einmal das vielgestaltige Nairobi mit seinem gesunden, nie zu heißen Hochlandklima, den scharf umrissenen weißen Wolken am azurblauen Himmel und den farbenprächtigen, sehr kurzen Sonnenuntergängen, die wegen der Nähe des Äquators das ganze Jahr über zeitlich mit einer Schwankung von nicht viel mehr als einer Viertelstunde um 19 Uhr herum liegen.
Nairobi war um die Jahrhundertwende kaum mehr als ein beim Bau der ostafrikanischen Eisenbahn benutztes Lager, aus dem sich die heutige Weltstadt mit ihrer supermodernen Skyline, aber auch den noch im ursprünglichen Stil erhaltenen Bazarvierteln entwickelt hat.
Hier starten die meisten „Safaris", wenn man davon absieht, daß dieser Ausdruck in Ostafrika auch für jede Geschäfts- und sonstige Reise benutzt wird.
Von Nairobi aus kann man bei klarem Wetter von höhergelegenen Standpunkten aus auf der einen Seite den von ewigem Schnee bedeckten Gipfel des Kilimandscharo, auf der anderen Seite den des Mount-Kenia sehen. Wenn man dann durch die Blütenpracht der großen Alleen und der meist parkähnlichen Wohnviertel fährt, könnte man glauben, man befinde sich im Paradies.

Besonders interessant ist auch das friedliche Nebeneinanderleben der unterschiedlichsten Menschen in Ostafrika. In Nairobi leben die intelligenten, arbeitsamen Kikujus neben den Massai-Nomaden, die Europäer neben den Asiaten, und die christlichen Kirchen stehen nicht weit von orientalisch-exotisch aussehenden Tempeln der großen asiatischen Religionen. Und wer weiß schon, daß in Ostafrika die Ismaeliten am zahlreichsten sind und hier ihren Aga Khan in Gold aufgewogen haben? Sprachlich kommt man in Ostafrika mit dem einfachen Suaheli am weitesten, nämlich von der Insel Sansibar bis zum ehemaligen Stanleyville im belgischen Kongo. Zweite offizielle Landessprache ist das Englisch.

Damit komme ich zu Eugen Schuhmacher zurück, der ein recht gutes Englisch sprach und von dem ich weiß, daß er fast perfekt Spanisch konnte. Wir waren also gleichermaßen von Ostafrika, dem Land und seiner Fauna und Flora begeistert, und so war es nicht weiter verwunderlich, wenn wir am Ende dieses langen Abends trotz unserer jungen Bekanntschaft beschlossen, gemeinsam eine Safari in die Nordprovinz Kenias zu machen, wo Eugen Schuhmacher die zuvor genannten seltenen Tierarten zu finden hoffte. Am nächsten Tag bereiteten wir uns auf diese Safari vor, wobei auch schon Kontakte für weitere Safaris bei Tierschutz- und Jagdbehörden geknüpft wurden.

Ich konnte an diesem Tag Eugen Schuhmachers große Erfahrung in fremden Ländern bewundern. Er kam gleichermaßen gut mit Behörden, Geschäftsleuten, Hotelpersonal und den Afrikanern zurecht und buchte seine Anschlußflüge mit der gleichen Routine, mit der er Sera gegen Schlangenbiß in der Apotheke kaufte.

In den Andenkenläden fand er nicht nur mit sicherem Blick die Rarität aus dem Berg der Massenware für den Touristen heraus, sondern hatte auch das Gespür für den richtigen Preis, wenn ein Händler allzu hohe Forderungen stellte.

Wir fanden noch die Zeit zu einem gemeinsamen Besuch des Nairobi Coryndon Museums mit seinem großen Schlangenpark, bevor es wie an jedem Tag des Jahres um 19 Uhr herum innerhalb kürzester Zeit dunkel wurde. Am Abend sprachen wir dann wieder über unsere Safari und die vom Aussterben bedrohten Tierarten und kamen dabei auch auf die Zukunft des Menschen zu sprechen.

Das Thema Umweltschutz war damals zumindest in Nairobi noch gar nicht populär, und so prägte sich mir besonders im Gedächtnis ein, wie Eugen Schuhmacher unsere Zukunft sah.
Er verglich unsere Atmosphäre mit einer Luftglocke, unter der wir leben, die sich durch unkontrollierte Luftverschmutzung, z. B. durch unsere Autos und Ölheizungen, ständig verkleinere und dabei in durchaus absehbarer Frist zu akutem Sauerstoffmangel, wenn nicht gar zum Aussterben menschlichen Lebens auf der Erde führen werde, falls nicht rechtzeitig geeignete Gegenmaßnahmen ergriffen würden.
Eugen Schuhmachers Bild der Zukunft, die heute teilweise schon Gegenwart geworden ist, umfaßte auch noch das Absterben unserer Flüsse und des Meeres, das Roden der Urwälder mit einhergehender Klimaveränderung, die Erosion des Bodens sowie das Entstehen weiterer Wüsten, den Landverlust durch Bebauung und das Problem der Müllbeseitigung. Ein nicht gerade erfreuliches Bild, dem wir aber unsere volle Aufmerksamkeit schenken müssen. Und was geschieht, wenn eines Tages die fossilen Energievorräte unserer Erde erschöpft sind?
Aber Eugen Schuhmacher war trotz alledem kein Pessimist, seine humorvolle Art ließ es auch bei ernsten Gesprächen nicht zu, daß uns die Freude an der Natur und in diesem Falle meine Freude auf den nächsten Tag getrübt wurde.

2. IN KENIAS NORDPROVINZ

Im Morgengrauen des nächsten Tages begann unsere Safari, die uns auf zunächst guten Straßen vorbei an Kaffee-, Sisal- und Ananas-Plantagen nach Thika brachte.
Unser DKW war für die von uns erwarteten Straßenverhältnisse nicht gerade das ideale Fahrzeug, aber nachdem ich mit ihm schon Afrika von Dakar nach Mombasa durchquert hatte, störte es uns kaum, daß wir kein Fahrzeug mit Vierradantrieb hatten.
In Thika machten wir einen kurzen Abstecher zu den Fourteen Falls, den „14 Wasserfällen", einer malerisch schönen Miniatur-Ausgabe der berühmten Victoriafälle. Zum Filmen reichten weder Zeit noch Tageslicht. Vorbei an den ebenfalls imposanten Wasser-

fällen von Thika, den „Thika Falls“, die nicht so breit wie die Fourteen Falls, aber sehr viel tiefer bzw. höher sind, fuhren wir weiter nach Nyeri.

Wir näherten uns bei bester Fernsicht dem zerklüfteten Mount-Kenia, in dessen Gletschern schon mancher Bergsteiger tödlich verunglückt ist. Da veranlaßte mich Eugen Schuhmacher plötzlich zu einer Vollbremsung. Ich war achtlos an einem offensichtlich von einem anderen Fahrzeug überfahrenen Tier vorbeigefahren, das er als einen Serval erkannt hatte. Das katzenartige Raubtier befand sich noch in der Todesstarre, war also noch nicht in Verwesung übergegangen. Wir luden es in den Wagen, Eugen Schuhmacher hat es später enthäutet und das Fell als Andenken mitgenommen.

Unser Gefährt war voll von Foto- und Filmausrüstung. Damit waren wir auf alles vorbereitet. Der erste Einsatz sollte auch gleich kommen. Auf einer eingezäunten Weide sahen wir einen großen Schwarm der wunderschönen Kronenkraniche, die das Wahrzeichen Ugandas sind. Mit der schweren Filmausrüstung stiegen wir wie Schuljungen über den Zaun, was gar nicht so einfach war, aber uns großen Spaß machte. Ich betätigte mich danach als Batterieträger und mußte wegen der Kabellänge immer ganz in der Nähe der Kamera bleiben, was später noch von einiger Bedeutung sein sollte.

Die Kronenkraniche ließen uns recht nah herankommen, und bald surrte zum ersten Male die Kamera.

Wir konnten mit diesem nicht eingeplanten Beginn unserer Film-Expedition sehr zufrieden sein. Fast tat es mir leid, den Schwarm aufscheuchen zu müssen, aber das majestätische Auffliegen der Kraniche wollten wir ja auch filmen.

Die Landschaft wurde jetzt immer schöner. Der schneebedeckte Mount-Kenia war wunderbar klar zu erkennen. Obwohl wir nur vereinzelte Gazellen sahen, waren wir in bester Stimmung. Weiter ging es durch landwirtschaftlich genutztes und relativ dicht besiedeltes Gebiet. Wir befanden uns auf der Hauptstraße von Nyeri nach Nanyuki.

Über diese Straße verläuft auch der Äquator, den wir auf dieser Reise zweimal passierten.

Bereits vor Nanyuki mußten wir von der Hauptstraße abbiegen.

Jetzt ging es mitten in die Savanne, wo die Straße nicht mehr so gut befestigt war. Dafür sahen wir mehr und mehr Wild. Gazellen, Giraffen, Warzenschweine, Zebras, Gnus, Kuhantilopen und viele Vogelarten. Eine Straußenfamilie mit zahlreichen Jungen verschwand so rechtzeitig im Busch, daß wir nicht mehr zum Fotografieren oder gar Filmen kamen. Nun das war nicht schlimm. Strauße sind in Ostafrika nicht gerade seltene Tiere. Und auf die hatten wir es ja besonders abgesehen.

Aber dann erblickten wir plötzlich eine größere Gruppe der schmal-gestreiften, nur hier vorkommenden Grevy-Zebras. Es waren die ersten, die mir in freier Wildbahn begegneten.

Die Rollenverteilung klappte schon vorzüglich. Eugen Schuhmacher nahm das Stativ mit der montierten Filmkamera, und ich hielt mich mit dem Batteriekasten dicht neben ihm.

Die Grevy-Zebras ließen uns verhältnismäßig nah herankommen. Sicherheitshalber filmten wir sie aus immer kürzer werdenden Entfernungen, da wir ja nicht wußten, ob sie uns davonlaufen würden. Aber bald merkten wir, daß die Zebras einen ganz bestimmten Abstand zu uns einhielten und dabei keinerlei Unruhe zeigten, auch wenn sie nach einem unserer Vorstöße den Sicherheitsabstand wiederherstellen mußten.

Mit den bisher gefilmten Szenen konnten wir sehr zufrieden sein. Aber es sollten bald noch bessere kommen.

Das Gelände wurde immer hügeliger und die Akazienbüsche immer dichter. In den dazwischen stehenden Schirmakazien hingen Hunderte der kunstvoll geknüpften Webervögelnester.

Da sahen wir plötzlich über eine freie Lichtung hinweg die ersten Netzgiraffen, die es auch nur in dieser Gegend auf der ganzen Welt gibt. Es war gleich eine größere Gruppe von 15 bis 20 Tieren, die sich bei unserem Anblick leider in den Busch zurückzuziehen begannen.

Da wir wohl kaum wieder eine solch große Gruppe dieser Giraffen finden würden, beschlossen wir, sie zu umgehen und auf die Lichtung zurückzutreiben.

Eugen Schuhmacher brachte seine Kamera in Stellung, und ich versuchte, hinter die Herde zu kommen, was bei dem dichten Busch gar nicht so einfach war. Das Knacken um mich herum und die in diesem Moment nicht identifizierbaren Tierstimmen beunruhigten mich zwar ein wenig, denn leicht konnte hier ein Nashorn oder ein Löwe auftauchen, aber bald war ich so dicht an der Herde, daß ich all diese Gedanken vergaß und selber mit meiner Kamera fotografierte.

Es gelang mir, die Netzgiraffen in aller Ruhe zur Lichtung zurückzutreiben, wo sie Eugen Schuhmacher unter einigen Schirmakazien ganz besonders fotogen filmen konnte. Ein solches Glück schon vor Erreichen unseres eigentlichen Ziels, des Uaso-Nyiro-Reservates, hatten wir nicht einmal zu hoffen gewagt.

Mit jeder Meile, die wir jetzt weiter gen Norden fuhren, wurde die Vegetation spärlicher, obwohl der Wildreichtum dafür um so größer wurde. Wir sahen einige verloren wirkende, fast kreisrunde Hügel aus der jetzt flachen Landschaft ragen, was fast ein wenig unnatürlich wirkte. Hier gab es auch Palmen, ich glaube, es waren Ölpalmen. Und natürlich immer noch Akazienbüsche, in deren eigentümlichen braunen Verdickungen an den Zweigenden Ameisen leben.

Obwohl ich kein Botaniker bin und auch keine wissenschaftliche Aussage machen kann, möchte ich doch erwähnen, daß es die uns Europäern als die Palme bekannte Kokospalme nur an der Küste und an solchen Stellen gibt, wo angeblich der Seewind noch hinweht. Es gibt sie also nicht „in ganz Afrika", was ich früher immer geglaubt hatte.

Zur Abwechslung waren wir dann plötzlich von einer riesigen Kamelherde umringt, die es in Kenia auch nur hier im Norden gab. Obwohl es weder wilde noch seltene Tiere waren, machte ich ein paar Aufnahmen. Dabei kam ich einem Kamel wohl etwas zu nahe, denn es schnappte nach mir.

Die die Herde begleitenden Hirten waren hochgewachsene Nomaden, wahrscheinlich Somalis, die kein Suaheli zu verstehen schienen.

Gleich danach waren wir am Eingang zum Uaso-Nyiro-Reservat, zu der Zeit Kenias jüngstem Nationalpark.

Ein afrikanischer Ranger in seiner schmucken Khaki-Uniform begleitete uns zunächst einmal zur Lodge, dem Hotel, das malerisch schön an einen Fluß gestellt worden ist. Wir bekamen eine kleine im afrikanischen Stil erbaute Banda mit zwei Zimmern, Bad und überdachtem Auto-Abstellplatz zugewiesen, wo wir erst einmal

den feinen Staub von uns herunterwaschen konnten, der auch bei geschlossenen Autofenstern in das Wageninnere dringt.
Wie uns gesagt wurde, konnte man von der Veranda des Hotels aus abends gewöhnlich Elefanten beim Baden sehen, aber an diesem Tage kamen sie nicht. Am nächsten Morgen hatte Eugen Schuhmacher schon ganz früh Kameras und Belichtungsmesser überprüft, denn wie leicht konnte der Staub ihre Funktionsfähigkeit beeinträchtigen, und dann wären in Deutschland womöglich falsch oder gar nicht belichtete Filme aus der Entwicklungsanstalt zurückgekommen!
Bald fuhren wir wieder mit dem obligatorischen Ranger im Park herum und stießen auf eine Elefantenherde von etwa 15 Tieren, die zum Fluß hinunterzogen. Wir folgten ihnen, soweit es ging, aber dann kamen wir mit dem Wagen beim besten Willen nicht mehr weiter.
Um die Elefanten beim Baden filmen zu können, mußten wir ihnen zu Fuß folgen. Und das war strikt verboten; denn das Verlassen des Wagens war zu gefährlich. Aber, was ich nicht für möglich gehalten hatte: Eugen Schuhmacher schaffte es, den braven Ranger, der kaum Englisch verstand, zu einer Pflichtverletzung zu überreden, so daß er schließlich doch einwilligte, mit uns die Elefanten zu Fuß in das Dickicht hinein zu verfolgen.
Mir selber war aufgrund früherer Erfahrungen mit Elefanten nicht ganz wohl bei dieser Verfolgung, aber zurückbleiben konnte ich ja wohl kaum. Außerdem mußte der Batteriekasten getragen werden, und das war mit der auf dem Stativ befestigten Kamera für einen zu viel. Ein kleiner Trost war, daß der Ranger ein Gewehr mithatte, aber genau darüber nachdenken durfte man nicht.
Bald hatten wir den Anschluß an die Elefanten wiedergefunden und sahen sie die Böschung hinab in den Fluß waten. Außerdem konnten wir sie nicht nur deutlich hören, sondern auch riechen!
Wir waren jetzt so nah, daß ich wirklich Angst hatte. Zu allem Überfluß hatten uns die Elefanten gleich entdeckt und wurden unruhig. Ein alter Bulle drehte sich uns zu, stellte die Ohren weit nach außen und trompetete uns mit hocherhobenem Rüssel an. Ohne Batteriekasten wäre ich längst auf der Flucht gewesen, aber Eugen Schuhmacher schien zu wissen, daß dies noch kein eigentlicher Angriff war.

Und jetzt verließ uns das Glück, das wir am Vortage gehabt hatten. Wir waren nämlich den Elefanten so nah gekommen, daß Eugen Schuhmacher mit dem auf der Kamera montierten Teleobjektiv nichts machen konnte. Ein schwacher Trost für mich war, daß ich wenigstens mit meiner Leica einige Male zum Schuß kam, bevor die Elefanten ihr soeben erst begonnenes Bad abbrachen und auf uns zu die Böschung hochkamen.
Jetzt blieb auch Eugen Schuhmacher nichts weiter übrig, als so schnell wie möglich zum Wagen zurückzulaufen. Ein zweites Mal kamen wir leider nicht mehr an die Herde heran.
Aber wir wurden doch etwas für den Verlust dieser Szene entschädigt. Aus allernächster Nähe konnten wir einige Gerenuks, die zierlichen Giraffengazellen, beim Äsen filmen. Sie können minutenlang auf ihren Hinterläufen stehen, wobei sie sich nur gelegentlich mit den Vorderläufen etwas auf einen schwankenden Zweig aufstützen. So kommen sie an das saftige Grün, das ihren Artgenossen ohne lange Hälse und ohne die Fähigkeit, sich aufzurichten, versagt bleibt.
Nun fehlte an unserem Plansoll nur noch die besondere Art des Perlhuhns, obwohl einzelne Exemplare zwischendurch schon unseren Weg gekreuzt hatten.
Auch hier kam uns wieder das Glück zu Hilfe, so daß wir auf dem Rückweg Zeit hatten, uns noch die teils ansehnlich großen Herden „gewöhnlicher" wilder Tiere anzusehen, wobei ich statt „wild" lieber „frei lebend" sagen sollte.
Als Besonderheit trafen wir noch einige gemischte Zebra-Herden, Säbel- und Elen-Antilopen, sowie zwei Hyänen, die vergeblich versuchten, eine größere Anzahl Geier von einem Tierkadaver zu vertreiben. Als ihnen dies nicht gelang, zogen sie mit einem fast abgenagten Knochen bzw. einem Fellstück unverrichteter Dinge ab. Die Geier waren den Hyänen nur bei direkten Angriffen ausgewichen, dabei aber nicht einmal aufgeflogen.
Ohne weitere Zwischenfälle konnten wir von dieser erfolgreichen Film-Safari nach Nairobi zurückkehren.

3. AM MAGADI-SEE

Eugen Schuhmacher war zum zweiten Male in Ostafrika.

In Nairobi wollte er diesmal vor allen Dingen versuchen, den scheuen Gepard zu filmen, was ihm auch gelang.

Er hatte sich schon vor seiner Ankunft von mir einen VW-Kombi besorgen lassen, der hinterher wieder verkauft werden sollte. Da Eugen Schuhmacher alle seine Film-Expeditionen selber finanzieren mußte, war dies die günstigste Lösung des Transportproblems.

Zu dem Wagen hatte ich ihm noch einen afrikanischen Fahrer besorgt, der ihn auf einigen Reisen begleiten sollte. Dieser Fahrer hatte Eugen Schuhmacher in der kurzen Zeit so liebgewonnen, daß er todunglücklich war, wenn er einmal nicht gebraucht wurde, und Eugen Schuhmacher erzählte mir noch Jahre danach, daß ihm dieser Afrikaner sogar nach Deutschland geschrieben hat und so seine Anhänglichkeit auch noch dann bewiesen hat, als es nicht mehr um die gut bezahlte Stelle ging. Sicher hatte es dem Eingeborenen auch das allzeit lustige und gerechte Wesen Eugen Schuhmachers angetan.

Ich selber hatte zu dieser Zeit einige Tage lang einen Landrover zur Verfügung, eines jener vierradgetriebenen Fahrzeuge, mit denen man nicht auf Straßen angewiesen war. Mit ihm wollte ich Eugen Schuhmacher zum Magadi-See fahren, wo gerade wieder einmal eine besonders große Anzahl von Flamingos sein sollten.

Es war ein Tag flimmernder Hitze, die sich gleich außerhalb Nairobis in der Savanne bemerkbar machte.

Unser Weg führte zunächst durch die von Nairobi aus sichtbaren Ngong-Berge, wo etwa eine gedachte Grenze zwischen dem Massai- und dem Kikuju-Land verläuft. Dabei gehört Nairobi noch zum Kikuju-Land, die Ngong-Berge und der Magadi-See dagegen zu den Massais, dem hochgewachsenen, stolzen Hirtenvolk, bei dem die von uns Europäern nach Ostafrika gebrachte Zivilisation auch heute noch nicht viel ausgerichtet hat.

Hier in den Ngong-Bergen sahen wir nur einige Giraffen, Thomson-Gazellen und Warzenschweine. Also nichts zum Filmen.

Noch gab uns der Fahrtwind etwas Kühlung, aber die Hitze war buchstäblich zu sehen.

Wir erreichten das Ende der Ngong-Berge und hatten nun die endlose Weite des afrikanischen Grabens vor uns. Ein unbeschreiblich erhebender Anblick! So muß es hier schon vor Hunderttausenden von Jahren ausgesehen haben. Genau so friedlich! Nichts schien sich zu regen.

Unten in der Ebene zeigte es sich dann, daß wir nicht die einzigen Lebewesen in diesem Gebiet waren.

Hier und da sahen wir einzelne Tiere, manchmal auch zwei oder drei. Es schien, als ob die Trockenheit keine größeren Herden ernähren könnte. Sie waren sicher auf bessere Futterplätze ausgewichen und warteten auf die Regenzeit, um zurückkommen zu können.

Bald waren wir bei der Industrie-Ansiedlung am Magadi-See, wo Soda gewonnen wird. Auch hier schien alles in der brütenden Hitze zu schlafen. In diese Einsamkeit fährt eine eigens dafür gebaute Eisenbahn, um das in Magadi gewonnene Soda abzutransportieren.

Nicht viel weiter sahen wir dann die große Fläche des riesigen, teilweise verlandeten Magadi-Sees über und über bedeckt mit Flamingos. Das zarte Rosa ihrer Federn war die überwiegende Farbe auf großen Flächen, und die Luft war erfüllt vom Lärm dieser schönen Vögel.

Wir mußten unseren Landrover stehenlassen und mit der Filmausrüstung eine steile Böschung hinunterklettern. Nur so konnten wir den optimalen Ausschnitt aus dieser einmaligen Szenerie am besten komponieren.

Vor uns mündete ein breites Süßwasser-Gerinnsel in den See. Hier stand ein riesiger Keil von Flamingos, der bei unserer Annäherung unter Verstärkung des ohnehin nicht überhörbaren Lärmes etwas zurückwich.

Wir bauten unsere Kamera im Schutze einiger Büsche auf und warteten nun geduldig darauf, daß die Flamingos zu ihrem vorherigen Standpunkt zurückkehrten.

Das Seeufer war nicht wie bei den ostafrikanischen Süßwasserseen von einem Papyrusgürtel umgeben, so daß wir die Flamingos bei ihrer gemächlichen Rückkehr genau beobachten konnten.

Dabei blieb uns Zeit, unser mitgebrachtes Picknick zu verzehren, wobei uns die Hitze und die Windstille sehr zu schaffen machten.

Trotzdem waren wir guter Dinge; denn der Anblick dieser vielen Hunderttausende, wenn nicht gar Millionen Flamingos entschädigte uns für alle Strapazen.
Hin und wieder erhoben sich riesige Schwärme von Flamingos, um sich kurz darauf an einer anderen Stelle erneut niederzulassen. Das Rauschen ihrer Flügel war dann trotz des bereits bestehenden Lärmes deutlich bis zu uns herüber zu hören.
Die Metallteile der Filmausrüstung waren inzwischen so heiß geworden, daß man sie kaum noch mit bloßer Hand berühren konnte. Eugen Schuhmacher hatte aber zum Glück einige schwarze Tücher dabei, mit denen wir Kamera und Batteriekasten abdecken konnten. Für sich selber erfand er ebenfalls einen Sonnenschutz. Ein Knoten an jedem Ende des Taschentuches ergab eine sehr zweckmäßige Kopfbedeckung, und ich bedauere heute noch, daß ich damals nur eine Dia-Aufnahme davon gemacht habe, die ich später Eugen Schuhmacher überließ. Sie gab unsere seinerzeitige Stimmung so richtig wieder. Wir sprachen zwar nur in gedämpftem Ton, aber es langte sogar zu einem kurzen Unterricht in Schwäbisch, der Muttersprache des Wahlbayern Eugen Schuhmacher. Ich war recht stolz, daß ich wußte, was eine „Guck" war, aber trotzdem war die Tüte zu klein, um für mich eine Kopfbedeckung abzugeben. Wir hatten viel zu lachen!
Inzwischen waren aber auch unsere Flamingos dort, wo wir sie haben wollten, und jetzt kamen wir zu einigen sehr schönen Szenen, die die unwirtliche Reise hierher wirklich wert gewesen waren.
Als wir dann zu unserem Wagen zurückkamen, entdeckten wir ganz dicht dabei eine frische Löwenspur, die vorher noch nicht dagewesen war. Verständlicherweise hatten wir aber keine Lust, ihr nachzugehen, sondern machten, daß wir unsere Ausrüstung in den Wagen bekamen und abfahren konnten.
Von dieser Fahrt nahm Eugen Schuhmacher eine so große Begeisterung für den Landrover mit, daß er sich später für seine Filmexpeditionen in die Alpen ebenfalls ein solches Fahrzeug anschaffte.

4. HEIMKEHR NACH BAYERN

Bei meiner Rückkehr aus Afrika nach Hamburg wollte ich einer Einladung Eugen Schuhmachers folgen und einige Tage bei ihm in Grünwald bei München Station machen.
Ich konnte nicht ahnen, daß er gerade zu dem Zeitpunkt, als ich mit meiner Familie bei seiner Gattin eintraf, wieder in Nairobi weilen würde, von wo aus er diesmal zu den Schimpansen wollte.
Trotzdem blieben wir einige Tage bei Frau Schuhmacher, die auch uns vorher schon einmal in Nairobi besucht hatte, und verlebten einige wunderschöne Tage in Eugen Schuhmachers idyllisch gelegenem Haus, das mit vielen Andenken aus der ganzen Welt so richtig nach meinem Geschmack eingerichtet war.
Indirekt verhalf mir Eugen Schuhmacher mit diesem Aufenthalt sogar zu einem neuen beruflichen Start in Deutschland; denn ich fand damals durch Zufall eine Stelle im Münchener Raum, wo ich einige Jahre tätig blieb. Da war dann ein Besuch bei dem mittlerweile in ganz Deutschland bekannten und beliebten Kultur-Film-Regisseur jedesmal ein Ereignis.
Immer gab es etwas Neues über Reisen und Filme zu hören, und am schönsten war es, wenn wir in Eugen Schuhmachers eigenem Ton- und Filmstudio einige seiner Filme ansehen durften.
Seine Verbundenheit zur Tierwelt zeigte sich sogar in seinem Hobby, dem Briefmarkensammeln. Ich habe nie wieder eine solch wunderbar geordnete und umfangreiche Tiermarkensammlung gesehen, wie bei Eugen Schuhmacher. Ich bin überzeugt, daß sein Schaffen nicht nur in mir das rechte Verständnis für die Notwendigkeit der Erhaltung der Natur geweckt hat.

HANNS BELSTLER

Ein Meister des biologischen Unterrichtsfilms

Im Sommer 1950 lernte ich Eugen Schuhmacher im Institut für den Unterrichtsfilm, München, kennen. Schon die erste Begegnung mit diesem Manne, dessen rustikale, aufrechte Erscheinung mit den buschigen Augenbrauen und dem klaren, offenen Blick mich an einen Förster erinnerte, erweckte in mir Vertrauen und Sympathie. Unser erstes Gespräch ging um praktische Probleme: Übernahme und Bearbeitung seines 1950 hergestellten Kulturfilms „Gefiederte Gäste am Rande der Stadt", der aus dem Wasservogelparadies am Ismaninger Stausee im Osten Münchens interessante Bilder aus dem Leben vieler hier brütender, durchziehender und gastierender Sumpf- und Wasservögel zusammengestellt hatte. Dieses lebenswahre Naturdokument eignete sich bestens für einen Unterrichtsfilm. Er sollte unter dem Titel „Vogelleben der Uferzone" für den Biologieunterricht Verhaltensweisen und Lebensgewohnheiten verschiedener Vogelarten in der „Uferzone" aufzeigen, das biologische Interesse wecken und das Nachdenken und Suchen nach Zusammenhängen und Gesetzmäßigkeiten fördern. Das erforderte eine gewisse Überarbeitung in der Auswahl und im Filmschnitt des dokumentarischen Materials und eine neue Gestaltung des erläuternden Filmkommentars. Bei unserer gemeinsamen Arbeit, die immer gewürzt war mit Anekdoten und Erlebnissen Schuhmachers bei seiner Aufnahmetätigkeit, zeigte sich stets eine erfreuliche Übereinstimmung sowohl für die filmische Gestaltung als auch für die pädagogischen Belange eines biologischen Unterrichtsfilms. An dem Dokumentarfilm, der dem Unterrichtsfilm zugrunde liegt, hatte Schuhmacher über zwei Jahre gearbeitet. Er mußte transportable Versteckzelte bauen, die er immer dorthin bringen konnte, wo eine günstige und zeitbedingte Aufnahme notwendig war. Eine bunte Vogelschar, Brachvögel, Uferschnepfen, Wasserläufer, Strandläufer, Bekassinen und Reiher passierten während der langen Aufnahmezeit mindestens einmal die Stelle, wo Schuhmacher sie dann aus seinem Versteck „abschießen“ konnte. Durch das wochenlange tägliche Beisammensein mit diesen völlig wild lebenden Tieren entstanden auch nachbarliche Freundschaften mit einzelnen Vögeln. An heißen Tagen kamen Junge ins Zelt geschlüpft, weil es hier angenehm schattig war. Sie gingen erst wieder, wenn die Vogeleltern mit einem Fischlein im Schnabel ankamen und die Jungen fortlockten. An solchen Zutraulichkeiten konnte sich Schuhmacher ungemein erfreuen; sie ließen ihn die viele Mühe und Geduld, die bei solchen Unternehmungen nötig sind, leicht ertragen.

Filme, die mit soviel Anstrengungen, Behutsamkeit und Tierliebe erarbeitet wurden, vermögen auch im Schüler das Staunen und Stutzen zu wecken, das Beobachten zu üben und zu schärfen, das Bewundern wachzurufen und Fragen zu stellen. Es geht beim Unterrichtsfilm nicht in erster Linie um ein passives, unterhaltsames Erleben, sondern vor allem um die Aktivierung der Denkkräfte, um das Gewinnen allgemeiner biologischer Grundvorstellungen und das Erkennen von Gesetzmäßigkeiten und Zusammenhängen im Leben der Tiere und Pflanzen. Und dazu eignen sich die Filme Schuhmachers im besonderen Maße.

Schuhmacher und auch viele seiner Kollegen haben mir wiederholt versichert, daß ein moderner Unterrichtsfilm weit schwieriger und langwieriger herzustellen sei als ein für das breite Publikum bestimmter, unterhaltender „Kulturfilm“. Beim Unterrichtsfilm soll möglichst jede Einstellung aus der vorhergehenden bildlich und logisch hervorgehen. Bildsprünge kann man sich da nicht so leisten wie im populär-wissenschaftlichen Film, in dem sich durch einen geschickten Kommentar oder mit einer untermalenden Musik Lücken überbrücken lassen. Schwierige Szenen erfordern oft wochen- und monatelanges Warten, bis der entsprechende Vorgang geschieht und „geschossen“ werden kann. Ärger und bittere Enttäuschung mischen sich bei solchen Tierfilmen immer wieder in die Freude und das Glück des Gelingens. Darüber könnte „Salmo, die Forelle“, ein Liebling der Filmtiere Schuhmachers, allerhand Schreckliches erzählen.

Schuhmacher hatte in mühevoller Kleinarbeit für „Salmo“ ein großes Aquarium auf der Dachterrasse seines Ateliers gebaut. „Salmos“ Lebensraum wurde mit allem Drum und Dran seines eigent-

lichen Standplatzes nachgestaltet. „Salmo" fühlte sich auch in seinem neuen Revier sehr wohl, denn Tag und Nacht strömte frisches Wasser ein und aus.
Hier konnte nun Schuhmacher die Forelle täglich ungestört beobachten und Aufnahmen machen. Alles ging wie am Schnürchen. Da überfiel ihn ein niederschmetternder Schreck, als er eines Morgens nach „Salmo" schaute. Das Becken war leer und die Forelle verschwunden. Was war da passiert? Die ganze Arbeit schien vernichtet zu sein. Tagelang suchte er die Forelle, aber sie blieb verschwunden. Da hörte er ein seltsames Geräusch im Abflußrohr. Jetzt durchfuhr ihn der rettende Gedanke, daß der Fisch dort unten, wo das Abflußrohr ins Erdreich führte, stecken könnte. Tatsächlich hatte „Salmo" in der engen Abflußröhre den tagelangen Kopfstand glücklich überlebt. Bald schwamm die Forelle in gewohnter Frische und Eleganz wieder in ihrem Dachgartensee. Eines Tages bekam Salmo eine Frau ins Becken, und es begann tagelang ein herrliches Spiel zwischen den beiden. Schöner und deutlicher als je im Freiwasser konnten nun Nah- und Großaufnahmen vom Liebesspiel und der Eiablage gemacht werden.
Eugen Schuhmacher suchte bei seinen Kamerajagden mit Vorliebe das Schwierige, das Seltene, das Verborgene. So hat er in monatelanger, anstrengender Lauerarbeit einen Film über das Leben einer Brutkolonie der Fischreiher gedreht. Im Tal der Jagst lagen damals noch über 70 Reiherhorste in den Baumkronen. Es ist nicht so einfach, diese scheuen Großvögel bei ihren verborgenen Verhaltensweisen zu filmen. Der Kameramann muß ein guter Kenner der Lebensweisen dieser Vögel und vor allem ein erfahrener und geschickter Aufnahmetechniker sein. Schuhmacher mußte überlegen, wo und wie er die Tiere am besten in den Baumkronen mit seiner Kamera erreichen konnte, ohne von ihnen gesehen und gehört zu werden. Dann mußte auch der Aufnahmeplatz stabil genug sein, um Stürmen und Wetter standzuhalten. Deshalb begann Schuhmacher seine Vorbereitungsarbeiten schon Wochen, bevor die Reiher im Frühjahr zurückkamen und ihre alten Horste bezogen.
Für den biologischen Unterricht gibt dieser Film vielerlei Anregung zur exemplarischen Behandlung eines geschlossenen Lebensbildes einer Tierart.
„Der Film bietet Gelegenheit, über das Problem der sog. nützlichen

Abb. 13 Mit Tochter Annemarie: Empfang nach der Rückkehr von Neuguinea

Abb. 14 Im Kreis der Enkelkinder

Abb. 15 „Wasti" begrüßt auf dem Flughafen seinen Herrn

Abb. 16 Abflug von Neuseeland in die Antarktis 1963

Abb. 17 Mit Hajo Bopst (rechts) beim „Jahr des Naturschutzes"

Abb. 18 Mit Journalist Werner Koep (links in der „Deutschen Wildstraße" (Eifel)

und schädlichen Tiere zu sprechen und zu erkennen, daß das Zusammenspiel der verschiedenen Tierarten, die Wechselbeziehungen zu Pflanzen und zur unbelebten Natur so ineinandergreifend ist, daß der Mensch oft mehr Unheil anrichtet als beseitigt, wenn er ohne Kenntnis dieser reinen Zusammenhänge mit groben Fingern eingreift und das Getriebe stört." (Dr. Gerd Diesselhorst in der vorzüglichen Beschreibung und Erläuterung im Beiheft zum Unterrichtsfilm „In einer Fischreiherkolonie" F 454, Heering-Verlag, München.)

Eines Tages hat sich Schuhmacher für ein besonders heikles Thema entschlossen. Er wollte einen Film über den Netzbau und die Lebensweise der Kreuzspinne machen. Einen ganzen Sommer und Herbst nahm ihn diese fesselnde Arbeit in Anspruch.

Tag für Tag fuhr Schuhmacher hinaus in den frühen Morgen, um die zarten, seidig glänzenden Fangnetze mit den blitzenden Tautropfen im Glanz der Morgensonne aufzunehmen. Da er sich ausschließlich auf Kreuzspinnen-Netze festgelegt hatte, mußte er beim Aufsuchen solcher Gespinste schon wählerisch sein. Wenn dann Sonne und Wind die Tautropfen abgetrocknet hatten, fing die Spinne mit der Arbeit an. Und auch für Schuhmacher begann nun die mühevolle, zeitraubende Aufnahmetätigkeit. Mit biologischem Scharfblick und sicherer filmtechnischer Handhabung verfolgte er, oft nur wenige Zentimeter von der Spinne entfernt, den Verlauf dieses kunstvollen Netzbaus. Die acht langen Spinnenbeine mit den gezackten Spitzen leisteten beim „Weben" gute Dienste. Ein Mikro-Objektiv zeigte um ein Vielfaches vergrößert, wie die Spinne mit den Hinterbeinen den Faden aus der Spinndrüse zog. Viele Meter Film und viele Meter Seide von der Spinne waren nötig, bis das Netz dicht gewoben war. Sie brauchte dazu nicht viel mehr als eine Stunde, während die Aufnahmen Tage anstrengender Arbeit erforderten.

Als der Netzbau glücklich abgedreht war, mußte man natürlich auch dessen Verwendung sehen.

In einem Schlupfwinkel abseits vom Netz lauert die Fallenstellerin auf ihre Beute. Noch einmal schauen wir in das „Gesicht" mit den großen Augen und den mächtigen Kiefern. In den Spitzen der Vorderbeine hält sie den Signalfaden. Gerät ein Insekt ins Netz, so wird der Signalfaden erschüttert und blitzschnell schießt die

Spinne herbei, tötet die Beute und umwickelt sie mit Seidenfäden. Dann wird das Päckchen in einen Schlupfwinkel gebracht.
In stiller und zäher Arbeit hat Schuhmacher die vielgestaltige Tierwelt erforscht und mit seiner Kamera in einzigartigen Naturdokumenten und biologischen Unterrichtsfilmen festgehalten. Ob es Tiere unserer Heimat oder ferner Länder waren, ob er die Lebensgemeinschaft eines Getreidefeldes oder der Savanne, ob er Tiere der Bergwelt, wie Gemsen, Adler, Murmeltiere oder Kreuzottern, Fledermäuse und Spinnen filmte, sie alle erzählen in fesselnder, lebendiger Bildsprache von den Geheimnissen und Rätseln, von der Schönheit und Lebensfülle der Schöpfung.
Schuhmacher war nicht nur ein Meister des Films, sondern auch ein hervorragender Photograph von Pflanzen, Tieren und Landschaften. Zu allen seinen Unterrichtsfilmen hat er ergänzende Lichtbildreihen hergestellt, die ausdrucksstarke Tierporträts, bedeutsame Situationen und Augenblicke lebenswichtiger Ereignisse im Tierleben festhalten, biologische Grundvorstellungen klären und Begriffe mit Leben füllen.
Was immer aus den Händen Schuhmachers kam, ob Film oder Foto, immer waren es Meisterwerke. Sie haben den Biologieunterricht der Schulen belebt, bereichert und interessant gemacht und haben das Staunen und die Ehrfurcht vor der Natur und Schöpfung erweckt. Durch sein Werk und seine Persönlichkeit bleibt Eugen Schuhmacher über seinen Tod hinaus einer der großen Meister des biologischen Unterrichtsfilms.

HANS-JOACHIM BOPST

Bei den Flamingos in der Camargue

In den letzten zwölf Jahren hatte ich die Aufgabe gehabt, über mein Büro, die Atlantik-Luft-Reederei in München, alle Reisevorhaben und Expeditionen meines Freundes Eugen Schuhmacher mitzuplanen und entsprechend vorzubereiten.
Solche Besprechungen waren oft langwierig und hinsichtlich der Zeitplanungen auch kompliziert. Alle mir zur Verfügung stehenden Luftkursbücher der großen Internationalen Fluggesellschaften wurden gewälzt, ich zog hierbei stets eine meiner bestens geschulten Mitarbeiterinnen hinzu. Die Aufenthalte an den einzelnen Plätzen mußten abgestimmt werden mit den jeweils verkehrenden Maschinen. Eugen Schuhmacher lehnte es ab, mit Chartermaschinen zu fliegen. Ein genauer „Flugplan" wurde allmählich erstellt, der jeden Tag auswies und Anschlüsse, sei es mit dem Flugzeug oder einem gemieteten Wagen, minuziös nach der Uhrzeit festhielt. Nicht einfach, weil oft sehr zeitraubend, waren die verschiedenen Visa-Beschaffungen. Aber auch hier hatte Eugen lange im voraus mit den zuständigen Naturschutzstellen der einzelnen Länder korrespondiert. Entsprechende Referenzschreiben lagen dann vor und erleichterten uns die Eintragung der Visa. Die Flugbuchungen, Quartierbelegungen und schließlich die Ausstellung der umfangreichen Reiseunterlagen mit den dazu gehörenden Bestätigungen, waren dann ebenso meine, bzw. meines Büros Angelegenheit, wie der Voraus-Versand von unhandlichen Gepäck- oder Ausrüstungsstücken durch meine Fracht-Abteilung. Es hat, soweit ich mich erinnern kann, zu keinem Zeitpunkt wesentliche Beanstandungen gegeben.
Solche Vorbereitungen, bei denen wir beide stets die gleiche Begeisterung für die Welt des Tierreiches hatten, führten schließlich dazu, daß ich selbst an mehr als einem halben Dutzend Reisen bis in die Arktis teilgenommen habe. Hierbei kam ich mit dem Menschen und Naturschützer Eugen Schuhmacher in engsten Kontakt.

Eine echte Freundschaft und ein großer Respekt vor einem unermüdlichen Forscher und klugen Regisseur waren das Ergebnis dieser Begegnungen, die für mich unvergessen bleiben . . .
Eines Tages, es war im Frühsommer 1970, kam Eugen Schuhmacher ganz aufgeregt in mein Büro. Er teilte mir mit, daß eine ausgedehnte Brutkolonie von Flamingos in der südlichen Camargue ausgemacht worden sei und er entsprechende Nachrichten von seinen französischen Freunden erhalten habe. Es war schon lange sein ganz besonderer Wunsch gewesen, Leben und Gewohnheiten der Flamingos bei der Aufzucht, noch dazu auf europäischem Boden, zu filmen. Alte und junge Flamingos in einer Brutkolonie vor die Kamera zu holen, war nicht alltäglich. Eile war geboten, mit dem Flugzeug ergaben sich einige Probleme. So schlug ich Eugen vor, mit ihm zusammen in meinem Wagen in die Camargue zu fahren; denn es kam auch darauf an, das über Südfrankreich liegende Hoch zu nutzen und an Ort und Stelle weitgehend unabhängig zu sein. Eugen stimmte ohne zu zögern zu.
Knapp 24 Stunden später stand ich am frühen Morgen in Grünwald vor Eugens Haus. Maria, seine Frau und treue Begleiterin auf mancher seiner weiträumigen Expeditionen, begrüßte mich und reichte uns eine große Tüte mit Reiseproviant. Verschmitzt schaute mich Eugen an und meinte: „Das muß bis heute abend reichen! Wir fahren durch, um 20 Uhr habe ich bereits eine Besprechung mit dem Leiter der dortigen Naturschutz-Behörde." Ein bis zwei weitere Assistenten, die uns den Weg in das Naturschutzgebiet zeigen sollten, hielten sich schon für den nächsten Tag bereit. Quartiere waren ebenfalls reserviert.
Für mich bedeutete das eine Gesamtstrecke von rund 1200 Kilometern, die bis zum Abend zu absolvieren waren. Für einen Sportfahrer kein unüberwindliches Hindernis! Um sieben Uhr waren wir unterwegs. Eugen verließ sich auf meine Fahrkünste. Eine wunderschöne Fahrt durch das südliche Elsaß hindurch über Dijon-Chalon-Mâcon nach Lyon, entlang dem Saône-Rhonetal bis nach Valence. Es waren alles gut angelegte Schnellstraßen, die keiner Geschwindigkeitsbegrenzung unterlagen. Eugen war ein hervorragender „Beifahrer". Mit netten Geschichten aus vergangener Zeit, mit Witzen aus seiner württembergischen Heimat würzte er die schnelle Fahrt, wir lachten viel miteinander. Es war Mittags-

zeit, im Wagen war es sehr heiß. Für zwei Stunden schaltete Eugen ab, kurbelte seinen Sitz nach hinten und schlief ein. Ein glattes Stück Autobahn machte ihm das Einschlummern leicht und so konnte ich, konzentriert auf die vorgesehene Terminisierung, zügig und in scharfem Tempo den Weg in die Camargue fortsetzen. Eugen schlief fest, nicht einmal ein kurzer Stop konnte seinen tiefen Schlaf unterbrechen.

Als Eugen aufwachte, waren wir bereits südlich von Avignon. Es war inzwischen 16 Uhr geworden. Abgesehen von zwei Unterbrechungen fürs Tanken hatten wir lediglich einmal um die Mittagszeit eine kleine Kaffeepause von einer halben Stunde eingelegt. „Mensch, Hajo! Das ist ja pfundig, in zwei Stunden können wir schon am Ziel sein!", waren seine ersten Worte. „Ja", erwiderte ich und war ganz stolz darauf, seinem Vorhaben zum Erfolg zu verhelfen. Das Wetter zeigte sich von der schönsten Seite, aber es war drückend heiß. Eugen hatte sich eine Pfeife angesteckt. Er mischte sich selbst stets auf Vorrat eine besondere Tabakmischung zusammen, bestehend aus gleichen Teilen Feinschnitt und Virginia-Grobschnitt. Die jeweilige Tagesration füllte er in eine uralte, flache Blechbüchse ab.

Eugen schüttelte den Kopf und konnte es nicht begreifen, daß wir schon so weit vorangekommen waren. Später hatte er von dieser Fahrt stets gesagt, es sei die schnellste Fahrt gewesen, der reinste „Tiefflug", wie er sich ausdrückte.

Um 18.30 Uhr waren wir am Ziel angelangt. Nun suchte man nicht etwa erst die Quartiere auf, sondern traf sich sogleich mit dem Leiter der dortigen Naturschutz-Station, um das Programm für den nächsten Tag durchzusprechen.

Keine Müdigkeit war möglich. Eugen führte bereits Regie. Wir beide verstanden uns und waren in dieser Beziehung gleich hart im Nehmen. Die Film-Geräte, einschließlich einem schweren, einmalig zu diesem Zeitpunkt existierendem Teleobjektiv von 1000 mm für seine Arri-Flex, hergestellt von der Firma Zeiss, waren kurz überprüft worden. Sie blieben im Wagen. Nach einem kleinen Abendessen, währenddessen auch ein französischer Forstaufseher kurz zu einer letzten Besprechung und Orientierung hinzukam, gingen wir, schließlich sehr müde, schlafen.

Am nächsten Morgen um sieben Uhr rüttelte mich Eugen wach und meinte: „Du, Hajo, wunderbares Wetter draußen, laß uns rausgehen, damit wir uns rechtzeitig der glühenden Mittagshitze entziehen können." Eugen kannte das Gebiet gut. Salzige Luft und trockene Schwüle konnten einem das Leben zur Qual machen. Tagesproviant gab es in unserem einfachen Quartier nicht. So standen wir nur mit unserer Filmausrüstung um acht Uhr am Wagen und fuhren unter der Führung eines französischen Kollegen in den vorgesehenen Flamingo-Abschnitt. Aus den Gesprächen am Abend vorher waren Eugen der genaue „Standplatz" und die Fahrmöglichkeiten bekanntgegeben worden.

Wir hatten ein kleines, ca. eineinhalb Quadratmeter bedeckendes Zelt bei uns, es sollte unser getarnter Ansitz sein. Mit diesem Zelt hatten wir die Möglichkeit, bis auf eine Entfernung von 30 Metern an die Brutkolonie der Flamingos heranzukommen. Diese Brutkolonie wurde auf ca. 100—150 Tiere geschätzt, es waren Jungtiere verschiedener Altersklassen ausgemacht worden, teilweise brüteten Flamingos noch auf ihrem Gelege. All das paßte Eugen wunderbar in sein filmisches Konzept hinein. Drehbuch brauchte er nicht, er hatte den Ablauf klar im Kopf.

Um nun dorthin zu kommen, mußten wir uns wasserdichte Hosen anziehen, da wir in seichtem, knietiefem Wasser, in gebückter pirschender Haltung noch einen Weg von ca. 500 Metern zu durchwaten hatten. Jegliche Unterhaltung war „verboten", hektische Bewegungen mußten unterbleiben, um nicht unnötig die wunderbar rötlich gezeichneten Stelzvögel aufzuschrecken. Wir hatten viel Glück; jeder von uns — wir waren ja zu viert — war mit einem Teil der für uns beide notwendigen Ausrüstung beladen. Eine kleine Karawane „lief" in brütender Sonne einer vorgelagerten Landzunge entgegen.

Hier wurde alles vorsichtig und lautlos abgelegt und als erstes das winzige Zelt mit einer Höhe von nicht mehr als 1,5 Metern aufgestellt. Die beiden französischen Helfer wurden verabschiedet und zur Abholung gegen 15 Uhr bestellt. Sie wateten zurück — wir waren nun allein und hatten für Stunden keine Verbindung mehr, wir waren uns und der Hitze überlassen.

Eugen war ganz auf seine Kamera eingestellt, gemeinsam hatten wir sie schnell aufgebaut, es sollte keine Minute verloren gehen. Für die Kamera war ein großer Schlitz in Richtung Flamingos geschaffen worden, die Ersatzfilme und die Kiste mit dem schweren Tele-Objektiv wurden verstaut. Und dann sollten schließlich wir beide auch noch hinein. Wir waren schon ganz schön von der Sonne verbrannt, Eugen arbeitete schnell, weil auch er sich von dem aufgestellten Zelt den ersehnten Sonnenschutz erhoffte. Mit Präzision, Ruhe und akrobatischer Gelenkigkeit hatten wir endlich unseren Platz im Zelt ausgemacht. Viel Bewegungsfreiheit gab es nicht. Statt der erhofften und Erleichterung bringenden Kühlung mußten wir nach ganz kurzer Zeit feststellen, daß die Enge und eine heißtrockene Stickigkeit die Aussichten auf eine erfolgreiche längere Sitzung zunichte machen könnten. Aber wir wollten nicht nachgeben, wir mußten unser Ziel erreichen.

Eugen hatte seine Kamera eingestellt, draußen zeigten sich uns nun die Flamingos, zwischen den großen waren geschlüpfte junge Tiere im grauen Federkleid. Dann sahen wir wieder Muttertiere, wie sie auf den Eiern brüteten, beobachteten andere im schlickigen, salzigen Wasser. Sie standen auf langen Stelz-Beinen, schlürften mit ihrem eigenartig gebogenen Schnabel das Wasser unter lautem Geplätscher und suchten es auf Nahrung ab. Es war ein großartiger Anblick – Eugen war glücklich. Immer wieder schaute er durch seine Kamera und hielt besondere Szenen fest. Er verfolgte genau das Leben in der Natur und konnte sich beim Anblick seiner Tierwelt nicht beruhigen, wenn er auf gewisse „brutale" Handlungsweisen der Menschheit gegen die Tierwelt zu sprechen kam. Er war ein echter Naturschützer, in seiner Gegenwart gab es keinen Pardon.

Er sprach deutlich und unmißverständlich das aus, was er meinte, und bemängelte oft die völlig unzureichenden Maßnahmen der Regierung in dieser Hinsicht. Tagelang haben wir beide über diesen Fragenkomplex diskutiert, Eugen hatte ganz klare Vorstellungen und entschloß sich gerade in jenen Tagen, allen seinen Filmen und Dia-Vorträgen von nun an Beiträge und Beispiele über die Verschmutzungen und Umweltvergiftungen in Wort und Bild anzufügen. Er war ein Heger und Pfleger in des Wortes wahrster Bedeutung.

So saßen wir stumm und beengt in unserem Zelt. Eugen war von einer erstaunlichen Vitalität. Es entging ihm keine Bewegung der Flamingos, er ließ sich Zeit und wußte ganz genau, wann sich die

wirkungsvollsten Aufnahmen in Bezug auf Licht und Motiv ergeben würden. Fast 38° C Hitze war es im winzigen Zelt — wir bekamen Durst. In zwei Stunden sollten wir erst abgeholt werden. Nun mußte das Objektiv gewechselt werden, das Tausender-Tele sollte erstmals zu seinem Recht kommen. Es war überhaupt das erste Mal, daß Eugen mit dieser Tele-Ausrüstung gestartet war. Wir waren beide sehr gespannt. Dieses „Riesenfernrohr" war immerhin fast 23 Kilogramm schwer. In erstaunlich kurzer Zeit war trotz unserer Enge das Teleobjektiv montiert und nun strahlte Eugen, als er zum ersten Male in voller Bildgröße einen jungen Flamingo, zum Greifen nahe, genau beobachten und filmen konnte. „Weißt du, Hajo", sagte er, „jetzt kann ich den Menschen und insbesondere der Jugend die Vorgänge in der Natur, ohne perspektivische Verzerrungen, ganz nahe bringen. Wer weiß, wann diese wunderschönen Vögel ein Opfer der ständig fortschreitenden Umweltvergiftung werden? Wieviele Tiere gibt es schon nicht mehr in der Vorstellungswelt der heutigen Jugend, die noch zu erleben waren, als ich begann, die ‚Letzten Tierparadiese' zu filmen und ‚Auf den Spuren seltener Tiere' zu wandeln?"
In der Brutkolonie der Flamingos war nun ein ständiges Schreiten, Füttern und Kämpfen festzustellen, das Rosa des Gefieders ergab mit dem Schwarz der äußeren Schwingenfedern und dem Azurblau des Himmels ein farbenprächtiges Bild. Eugen war ununterbrochen am Filmen, ich selbst filmte mit der Schmalfilmkamera unmittelbar am Zeltrand nistende Brandsee-Schwalben, wobei ich das Ausschlüpfen eines Schwalbenkükens aus nur 70 cm Entfernung miterleben konnte.
Es war inzwischen 15.30 Uhr geworden. Unsere französischen Kameraden zeigten sich aber noch immer nicht. Im Grunde waren wir für den ersten Tag fertig. Wir waren vor Hitze und Hunger müde. Aber Eugen ließ sich davon nichts anmerken, an einen Abbau der Kamera dachte er nach mehr als siebenstündigem „Ansitzen" noch immer nicht. Endlich um 17 Uhr sahen wir, wie sich unsere Helfer dem Zeltplatz näherten. Sie kamen mit zweistündiger Verspätung. Auch Eugen war jetzt gerne zum Aufbruch bereit. Ganz beiläufig bemerkte er, daß das Zelt morgen früh nochmals um zehn Meter näher an die Flamingo-Gruppe herangerückt werden müßte.

Es gab für ihn niemals Schwierigkeiten, wenn es darum ging, das Tier in all seinen Gewohnheiten zu erleben. Das war in Norwegen so, in Spitzbergen, in Alaska, in Madagaskar, das war das Geheimnis von Eugen Schuhmachers Regieführung und seiner brillanten Tieraufnahmen. Er führte überall sein Tagebuch, um beim Schneiden seiner Filme und bei der Vertonung alle Bewegungen, Begebenheiten oder Geräusche so echt wie möglich zur Darstellung und Wirkung zu bringen. Er ordnete alles peinlich genau und ließ nach Rückkehr von einer Expedition keine Zeit ungenützt verstreichen. Wie ein „Kind" wartete er auf die Ergebnisse seiner Ausbeute und saß dann stundenlang in seinem „Studio" daheim vor seinem Schneidetisch. Kaum waren die Flamingo-Filme von der Entwicklungsanstalt zurück, rief er mich an — und nun begann im freundschaftlichen, selbstkritischen und humorvollen Gespräch ein Rückblick auf diese Reise, bei dem ich wieder mal feststellen konnte, wieviel mehr Eugen beobachtet hatte und mit welcher Sach- und Fachkenntnis er Einzelheiten über die Flamingos erzählen konnte.
Eugen Schuhmacher hat mir in zwölf Jahren aufrechter Freundschaft ein großes Maß an Sachkenntnis vermittelt. Mit seiner Einfachheit als Mensch sowie seiner großen Liebe zur Natur und Umwelt hat er mir die schönsten Stunden in meinem bisherigen Leben geschenkt. Sein herzlicher, schwäbischer Humor, seine zielstrebige Beharrlichkeit, seine menschliche Wärme, aber auch seine unerbittliche Härte und rauhe Schale, sein klares Auge für die Beobachtungen in Natur und Tierwelt und seine absolute Treue haben ihn für mich zu einem selten gewordenen Vorbild und Mahner der heutigen Zeit gestempelt.

HEINZ BRÜLL

Die letzten deutschen Seeadler

Nehmen wir das Werk dieses begnadeten Menschen „Europas Paradiese" zur Hand! Da lesen wir seine Ausführungen über die letzten deutschen Seeadler, auf deren Spuren ich mit Eugen Schuhmacher zusammenkam. Am 23. 12. 1968 trafen sich die Herren Kesteloot (Brüssel), Dr. Bijleveld (Holland) und George Waterston (Schottland) in der „Forschungsstation Wild, Wald und Flur" zu Hartenholm/Schleswig-Holstein. Das WWF-„Seeadlerschutzprojekt No. 341", das auch alle übrigen Greifvögel umfaßte, sollte aus der Taufe gehoben werden. Im Jahre 1969 schritten WWF-International, Eurel und WWF-Deutschland von unserer Station aus zur Tat.

Es konnte kein Zweifel darüber bestehen, daß für die Dokumentation dieser Bemühungen nur *ein* Mann als hervorragender Sachkenner und Kameramann in Frage kam, eben Eugen Schuhmacher. Wir nahmen 1969 mit ihm Verbindung auf. Ich konnte ihm nach Lage der Dinge keine großen Hoffnungen machen, da die Situation der Seeadler in der BRD auf Grund all der menschlichen Verhaltensweisen als katastrophal anzusehen ist. Schuhmacher hat dies in dem oben zitierten Buch ausführlich dargelegt.

Wir packten aber unsere Aufgabe an im Sinne des Grußwortes, das Goethe an Schiller zu Neujahr 1795 gerichtet hat: „Wenn sich die Gleichgesinnten nicht anfassen, was soll aus der Gesellschaft und der Geselligkeit werden!" So kam es auch bei uns zu beglükkenden Begegnungen von Gleichgesinnten.

Schuhmacher hielt es niemals lange mit seinem Landrover auf dem Hof der Forschungsstation. Möglichst umgehend strebte er in die Horstbiotope (Lebensräume) der Seeadler, um zu versuchen, sie auf den Film zu bannen. Mit dieser Arbeit wollte er die deutsche Öffentlichkeit nachdrücklich auf die Bedeutung dieser international getragenen Schutzbemühungen hinweisen.

Später verfolgte er noch von seinem Krankenlager aus den Plan, eine ausführliche Dokumentation über die Biologie der Seeadler zu erarbeiten. Begeistert berichtete er von seinen Erlebnissen in Norwegen, wo ihm mehr als zehn Seeadler an einem Ort begegnet waren und ihm etliche Mauserfedern in die Hand gegeben hatten. Das Bestreben Schuhmachers, das seine Dokumentationen aus den letzten natürlichen Lebensräumen der Welt bestimmte, war das Bewußtmachen einer gegebenen Ordnung, die dem Zusammenspiel der Lebewesen zugrunde liegt. Immer wieder wies er mit Nachdruck auf die verhängnisvollen Folgen hin, die das sorglose Umgehen des Menschen mit dieser über ihm stehenden Ordnung für den Menschen selbst hat. Bei all diesen Bestrebungen kämpfte Schuhmacher um die „letzten Paradiese", aber nicht um „Safariparks"! In diesem Sinne sollten wir die Fackel, die er entzündete, weitertragen.

WOLFGANG E. BURHENNE

Die gemeinsame Sache

Wenn man für die Erhaltung der Natur tätig ist, kennt man sich, auch — oder manchmal gerade — wenn sich die Art und Weise des Einsatzes voneinander unterscheiden. Ein Gegeneinander-Arbeiten auf diesem Gebiet war lange Zeit gar nicht möglich, weil alle — es war eine übersehbare Gruppe — ein gemeinsames Ziel vor Augen hatten. Heute, da endlich viele die Dringlichkeit der Aufgabe erkannt haben, die Umwelt, so gut es geht, zu sanieren und zu erhalten, gibt es natürlich — und das ist berechtigt — verschiedene Zielgruppen. Eugen Schuhmacher half mit dem Bild, dem Film — lange schwarz-weiß, dann bunt. Dem Betrachter sowohl die noch intakte als auch die gefährdete Natur vor Augen zu führen, machte er sich nicht leicht. Unsere mehr als 20jährige Korrespondenz gibt darüber Aufschluß. Schuhmacher wußte, was er wollte, und scheute weder großen persönlichen noch finanziellen Einsatz. So schrieb er mir einmal: „Bis der Film vorführfertig ist, brauche ich sowieso noch etwa 60 000 Mark, dann bin ich pleite, aber restlos.“ In einer anderen Passage heißt es: „Ich sitze pausenlos im Schneideraum, meine Haut wird schon ganz durchsichtig, weil ich nicht mehr ans Licht komme.“ Ein Aspekt des Filmemachens, der dem Laien kaum bekannt ist und an den man in Anbetracht der farbenprächtigen Schuhmacher-Filme und des stets sonnengebräunten Filmregisseurs kaum dachte.

Wenn man viele Jahre hindurch miteinander gleiche Ziele anstrebt und gemeinsam Enttäuschungen erlebt, wird man direkt. Schuhmacher und ich wurden es, vielleicht auch, weil die Zusammenarbeit zwischen ihm und der Internationalen Union für die Erhaltung der Natur und der natürlichen Hilfsquellen (IUCN) für ihn, insbesondere aber für die gemeinsame Sache so fruchtbar war. Ich weiß noch, wie wir zu einer Zeit, als Auslandsreisen infolge der Nachkriegssituation für Deutsche noch etwas Besonderes waren, zusammen zum Generalsekretariat der IUCN nach Brüssel fuhren.

Schuhmacher brauchte die Unterstützung der IUCN in vieler Hinsicht, u. a., um in streng gehüteten Schutzgebieten filmen zu können. Andererseits sah sich diese und dann hauptsächlich auch die internationale Stiftung WWF, die mehr in und mit der Öffentlichkeit arbeitet als die wissenschaftlich ausgerichtete IUCN (International Union for Conservation of Nature and Natural Resources), durch die Arbeiten des Regisseurs unterstützt.

So ist es kein Wunder, daß ich oft erfolgreich für Schuhmacher das Notwendige einleiten konnte. Manchmal freilich auch ohne Erfolg: Zwei Reisen platzten, eine in die UdSSR, wo er den sibirischen Tiger und den mandschurischen Hirsch, die Wasservögel im Wolga-Delta, die Flamingos des Aralsees, den mongolischen Wildesel und den sibirischen Steinbock in ihren Lebensräumen filmen wollte, und die andere nach China, für die ich wegen des dort lebenden Pandas gute Drähte gespannt hatte. Die Zeit war noch nicht reif, aber für Schuhmacher habe ich es jedenfalls versucht.

Vor welchen Reisen oder bei welchen Aufnahmen ich ihm erfolgreich behilflich sein konnte, ist hier nicht von Interesse. Beglückender ist auch für mich immer wieder, in den Büchern Schuhmachers zu blättern, um bei den guten Aufnahmen Erinnerungen wach werden zu lassen. Nicht selten war es auch eine dem WWF (World Wildlife Fund) gehörende Filmkamera, die zusätzlich oder als Reserve mit auf diese weiten Reisen ging.

Übrigens: Viele kennen die WWF-Aktion „Natur in Gefahr", von der die notwendigen Gelder für die vordringlichsten Schutzprojekte gesammelt werden. Wer erinnert sich aber noch, daß Schuhmacher es war, der dieses Motto nach dem Titel seines gleichnamigen Filmes aus den Jahren 1951/52 überlassen hat? Dem WWF half dieser einprägsame Slogan für seine Aktion — wir fanden, bevor der Begriff „Umwelt" sich durchsetzte, keinen besseren — sehr viel.

Aber auch bei Einzelaktionen war Schuhmacher zur Stelle. Wir gehörten 1948 zu den Gründern der Schutzgemeinschaft „Deutsches Wild", die sich als eine der ersten deutschen Organisationen um internationale Mitarbeit bemühte. Schuhmacher setzte sich hier für einzelne Maßnahmen ein, als diese Probleme noch gar nicht aktuell zu sein schienen. Er hatte seine Augen offen und meldete sich sofort und eindringlich, wenn er auf seinen Reisen oder in der Heimat Mißstände sah. Weitsichtig wie er war, brachte er interne

Diskussionen immer wieder auf die stark in ihrem Bestand abnehmenden Tiere. Heute sind viele der von Schuhmacher früh aufgezeigten Probleme auch in das Bewußtsein einer breiten Öffentlichkeit eingegangen.

Daß Schuhmacher seine Operation 1971 recht gut überstanden hatte, schrieb er mir nicht nur direkt (z. B. „. . . auch ich habe mich von einer Operation im Oktober wieder so ziemlich erholt."), ich konnte es auch sonst feststellen: Er wurde wieder energisch, wenn er sich ärgerte. Wir konnten nach dieser Zwangspause wieder mit seiner Hilfe für die Belange des WWF-Deutschland rechnen. In einer seiner letzten Zeilen an mich schrieb er noch: „Natürlich bin ich grundsätzlich bereit, Ihnen die gewünschten Farbaufnahmen zur Verfügung zu stellen, wenn Sie glauben, einige davon gebrauchen zu können. Ich würde Sie deshalb bitten, mein neues Buch ‚Europas Paradiese' . . . zur Hand zu nehmen und darin sich die Umweltaufnahmen anzusehen, die Sie glauben, verwenden zu können . . ."

Ein Vierteljahrhundert telefonierten oder schrieben oder sahen wir uns in Abständen. In manchen Punkten so unterschiedlich, ergänzten wir uns in vieler Hinsicht so gut, daß ich eigentlich noch heute bei Entscheidungen, die sein Gebiet berühren, denke, „was würde Eugen Schuhmacher dazu raten?"

HERTHA CLOUTH

Leuchtet's lange noch zurück

Es war ein in Sonne getauchter Sommertag, der mir meine erste Begegnung mit Eugen Schuhmacher schenkte. Wie oft hatte ich mich an seinen herrlichen Tierfilmen erfreut, wie sympathisch war mir dieser Schriftsteller mit dem gütigen klugen Gesicht, der die Tiere liebte wie ich und ihre Lebensweisen erfaßte, wie kaum ein anderer. So ging ich in großer Erwartung auf das Kennenlernen dieser starken Persönlichkeit zu seinem Heim im Münchner Vorort Grünwald. Mein Weg führte durch weite, bunt blühende Felder, hin zum Waldrand, wo sein Haus, in Bäumen versteckt, lag. Auf mein Klingeln erscholl lautstark eifriges Hundegebell. Wastl, der bodenständig bayerische Rauhhaardackel, empfing mich als erster an der Gartenpforte. Ihm folgte der Herr des Hauses, Eugen Schuhmacher. Stattlich anzusehen im zünftigen Trachtenjanker, den quirlig aufgeregten Vierbeiner besänftigend, reichte er mir die Hand. Die gute tiefe Stimme Schuhmachers war mein allererster persönlicher Eindruck von ihm, doch blieb sie mir in steter Erinnerung, weil sie den starken Zug seines Wesens, die Güte, so eindringlich ausstrahlte.

Der Grund meines Besuches im Hause Schuhmacher war ein von mir erbetenes Interview, das ich als Feuilleton-Redakteurin einer Münchner Tierzeitschrift mit ihm führen wollte. Wir schritten durch den reich blühenden Vorgarten zum Haus und da tat sich plötzlich eine fremde ferne Welt auf, die aber aufs glücklichste eingefügt war in die Ruhe der schönen Umgebung. So und nicht anders mußte ein Eugen Schuhmacher leben, verbunden dem Boden der Wahlheimat und doch umgeben vom Erinnerungshauch der erlebten weiten Welt jenseits der Meere. Vom weiträumigen Arbeitszimmer glitt mein Blick zum phantastisch gestalteten Wintergarten mit seiner fast bizarren Fülle tropischer Gewächse. Da bildeten mannshohe Gummibäume eine dschungelartige Kulisse für die vielfältig bunten Blüten der anmutigen exotischen Pflanzen aus südlichen Breiten. Blitzschnell huschte ein flinker Gecko, der sich soeben noch auf einer geheimnisvoll blickenden Steinfigur aus dem Inkareich gesonnt hatte, ins schützende Blättergrün zurück. Smaragdfarbene, behende Eidechsen flüchteten eiligst unter Farne ins sichere Versteck. Leise fielen sprühende Wasserstrahlen ins klare Steinbecken. Man hätte eine Weile ganz still verharren mögen, um diesen Zauber auszukosten.

Mein Gesprächspartner und ich nahmen in tiefen Sesseln Platz, dabei fiel mein Blick auf einen so märchenhaft schönen Teppich, daß ich ihn einfach bestaunen mußte. Auf weißem Grund waren fremdartig bunte Vögel so künstlerisch eingewebt, daß sie wie phantastische Blüten wirkten. Der Teppich war das wahrhaft fürstliche Geschenk des Königs vom Hunzaland, eines geheimnisvollen Reiches im Schatten des Karakorum. Eugen Schuhmacher hatte ihn im Palast seines königlichen Gastgebers, in dessen Reich er gefilmt hatte, entzückt bewundert, worauf dieser ihn fragte: „You like it?" und als sein Gast bejahte, bestimmte der König gelassen: „It's Yours". Eine reizende kleine Episode, deren sich Schuhmacher gern erinnerte. Die kostbaren Wandbehänge, Handarbeiten der Eingeborenen des schwarzen Erdteils, zogen meine Aufmerksamkeit magisch an. Sie waren, wie auch ein Büschel herrlich schimmernder Paradiesreiherfedern, Gastgeschenke jener fernen Völkerstämme, deren unbekannte, geheimnisvolle Welt der Kulturfilmregisseur Schuhmacher für uns mit seiner Kamera eingefangen hatte. Fast verwirrend die Fülle der mitgebrachten, teils ganz primitiven Waffen, wie auch der vielfältigen aparten Schnitzereien vornehmlich aus Neuguinea und Australien. Wie verzaubert hätte ich fast vergessen, daß ich ja zu einem Interview gekommen war. Mit liebenswürdiger Bereitwilligkeit gab mir Schuhmacher geduldig Antwort auf meine vielen, uns alle interessierenden Fragen. Seine Forschungsreisen führten ihn tatsächlich über den ganzen Erdball, so filmte er auch am „Ende der Welt" im eisigen Alaska. Bei Temperaturen bis zu 45 Grad unter dem Gefrierpunkt. Die Kamera hielt das jeweils nur 30 Minuten aus, dann mußte eine Auftau-Pause eingelegt werden, weil die Apparate einfach streikten. Doch die Männer hielten durch, bei diesen Aufnahmen wurde wirklich eiserne Arbeitsdisziplin bewiesen. Die Mühe war nur vergleichbar den unvorstellbaren Plagen durch

ɔb. 19 Bei der Arbeit für den Film „Gefiederte Baumeister" mit Aufhellern und Schein-
ɜrfern am Mehlschwalbennest

ɔb. 20 Zigarettenpause in einer Almhütte 1943 bei den Aufnahmen von Gemsen; von links:
nn Wilhelm Wechs, Eugen Schuhmacher, Filmassistent Max Rieger

Abb. 21 Steinadler mit zwei fast flüggen Jungen im Horst

Abb. 22 Bachforelle und Krebs aus dem Schuhmacher-Film „Salmo, die Forelle"

die Myriaden Insekten im feuchtheißen Dschungel bei den Dreharbeiten in den Tropen. Als ich dann nach einem „Zwischenfall" fragte, der bei Tieraufnahmen in der Wildnis bestimmt vorgekommen sei, berichtete mir Schuhmacher, noch in der Erinnerung lachend, von einer Bären-Attacke in den kanadischen Rocky Mountains. Dort filmte er gerade mit Hingabe drei in einem Baum spielende Teddybärkinder, die von ihrer Mama abgesetzt worden waren, als sie selber zur Futtersuche wegtraben mußte. Bärenmütter betrachten nämlich Bäume als ideale „Kinderhorte" für ihre Jungen. Kameramann Schuhmacher war so begeistert und vertieft in seine Filmarbeit, daß er nicht bemerkte, wie hinter ihm die riesige Bärin gereizt auftauchte und ihm dann mit einem einzigen Prankenhieb den Hosenboden herunterfetzte. Sein Entsetzensschrei ob dieses Überfalls klang wohl so überzeugend erschreckend, daß die Bärin tatsächlich wenige Schritte brummend zurückging, und so konnte der Überfallene schleunigst das Weite suchen. Aber, so fügte er stolz hinzu, die niedlichen Teddykinder hatte ich doch auf meinen Film bekommen, sie wurden eine meiner schönsten Tierkinderaufnahmen. Ich wollte noch wissen, wie man denn solche Strapazen allein in klimatischer Hinsicht durchhalten könne; denn der Wechsel von einem Erdteil zum andern, mal im hohen Norden, mal im tiefsten Süden sei doch unvorstellbar. Dazu meinte Schuhmacher, natürlich stellten Expeditionen größte körperliche Anstrengungen dar, aber die Vorbereitungen zu einer Forschungsreise forderten einen noch höheren Zoll an Nervenkraft. Doch wiege der Erfolg seiner Arbeit alle Beschwernis reichlich auf. Er sah seine Aufgabe darin, durch Kulturfilme und Bücher die Menschheit und ganz besonders die Jugend aufzurufen, der Bedrohung für die Tierwelt Einhalt zu gebieten und ihre Ausrottung in letzter Minute zu bremsen. Mit welch unendlicher Geduld und Mühe belauschte er das Eigenleben der Kreatur, um es für die Umwelt aufzuzeichnen! Sein ganzes Werk diente diesem Ideal, der Erhaltung aller Geschöpfe, ob er es nun in seinen faszinierenden Filmen oder in den großartigen Bildbänden den Mitmenschen eindringlichst vor Augen führte.

Zu meiner zweiten Begegnung mit Eugen Schuhmacher kam es bei der Welt-Uraufführung seines Farbfilmes: „Die letzten Paradiese", die am 28. Februar 1967 stattfand. Das größte Filmtheater Münchens konnte kaum die Anzahl der Gäste fassen, die zu dem festlichen Anlaß geladen waren. Bei dieser Gelegenheit konnte ich beobachten, wie bescheiden das Auftreten Schuhmachers in der Öffentlichkeit war, wie wenig Aufhebens er von seiner Person machte, obwohl er doch an diesem Abend der absolute Star hätte sein können. Im festlichen Rahmen lief das Programm ab. Als der Präsident der Internationalen Vereinigung „World Wildlife Fund" Prinz Bernhard der Niederlande in Begleitung Schuhmachers sowie des Präsidenten des Deutschen Bundestages und vieler anderer prominenter Persönlichkeiten eintrat, erscholl von den Hörnern der angetretenen Waidmänner ein Willkommensgruß. Dann ergriff der Schöpfer dieses Filmes Eugen Schuhmacher das Wort zur Uraufführung, das ein Ereignis in der Geschichte der Kulturfilme bedeutete. In atemloser Spannung erlebten die Zuschauer, unter denen sich auch die in Bonn akkreditierten Missions-Chefs der Länder befanden, in denen Schuhmacher seinen Film gedreht hatte, die unerhört schönen Bilder aus allen Gebieten der Erde. Mit unvergeßlichen Worten warb Schuhmacher um die tätige Mithilfe aller, die immer drohender werdende Gefahr für Leben und Lebensraum der Tiere abzuwenden und die so selten gewordenen Tierarten in freier Wildbahn zu erhalten. Unverantwortliche Pelzjagd, sensationslüsterne Großwildjäger, wie auch die sich lawinengleich ausbreitende Industrialisierung, selbst in den fernsten Erdteilen, sind für die Tierschützer durch die aufrüttelnden Worte Schuhmachers zu einem Menetekel geworden. Ebenso eindringlich warb sein Bildband „Die letzten Paradiese" für die Rettung der gejagten Tierwelt. Man kann dieses Buch nur ergriffen aus der Hand legen, vermittelt es doch überragendes Wissen und zugleich innige Liebe zur Kreatur.

So ist das schönste Denkmal für Eugen Schuhmacher nicht aus Marmor zu errichten, sondern diese lebendig bleibende starke Persönlichkeit verlangt ein Bekenntnis zum Schutz und zur Erhaltung seiner geliebten Tiere auf der Erde.

Über Eugen Schuhmachers Leben und Wirken stehen für uns Tierfreunde die Worte:

Was vergangen kehrt nicht wieder
Aber ging es leuchtend nieder
Leuchtet's lange noch zurück ...

GERD DIESSELHORST

Die Bienenfresser

Wir hatten eine sensationelle Entdeckung gemacht. Bienenfresser! Sie hausten an einer einsamen, wild verwachsenen Kiesgrube in den Lechauen nicht weit von Augsburg. Eugen war alarmiert. Das mußte er haben: bayerische Bienenfresser!

Dazu muß man wissen: es kommt in Jahrzehnten nur einmal vor, daß ein vereinzeltes Paar dieser tropisch bunten Vögel sich nördlich der Alpen irgendwo zum Brüten niederläßt, an weit voneinander entfernten Punkten, wie es der Zufall will, einmal hier und einmal in Holland. Manchmal geschieht das sicher ganz unbemerkt von irgendeinem Kenner. Zuweilen aber findet sie jemand, der weiß, um was es sich handelt.

So war es hier gewesen. Der Augsburger Tierpräparator Müller hatte auf einer Exkursion am Lech einen Bienenfresser gesehen. Er teilte die nicht alltägliche Beobachtung seiner rabenschwarzen Tochter Eleonore mit, damals als tüchtige Tierpräparatorin an der Zoologischen Staatssammlung in München beschäftigt, auf einem Posten, den Eugen in seiner Jugend selbst einmal eingenommen hatte. Frau Pohlers, die rabenschwarze Eleonore, dachte sich, das könne vielleicht auch mich interessieren: „Sie, Herr Doktor", meinte sie am nächsten Morgen. Und dann entwickelte sich alles sehr schnell. Am folgenden Tage fuhren wir gemeinsam nach Augsburg, überraschten Vater Müller und veranlaßten ihn, uns umgehend an die fragliche Stelle zu führen, was er mit nachsichtigem Verständnis und großer Freundlichkeit auch tat. Na, und da waren sie denn tatsächlich noch da, mindestens zwei, vielleicht sogar drei, und, sakra sakra, es sah geradezu so aus, als handele es sich um ein Brutpaar.

Auf der Rückfahrt über die Autobahn wollte ich Frau Pohlers zum Dank zu einer Tasse Kaffee im Rasthaus am Autobahnsee einladen. Doch wie es so an schönen Maientagen um München ist, war es auch damals: der Parkplatz war gestopft voll. Wir mußten weiterfahren. Da fällt mir ein, die Tasse Kaffee bin ich Frau Pohlers noch heute schuldig! Aber die Bienenfresser, die hatten wir gefunden. Nun Anruf bei Schuhmacher, 6 4 1 . . . Er war sogar zu Hause. „Hör mal", kam es, „ich muß morgen zu den Trappen am Neusiedler See. Wenn's da klappt, bin ich in vier Tagen wieder da."

Er war da! Und dann ging es weiter wie zu Beginn dieser Geschichte.

Das waren so die Kanäle, über die Eugen Schuhmacher erfuhr, wenn es etwas Besonderes gab.

Für die Bienenfresser also ist Bayern schon rauher Norden. Erst das österreichische Burgenland, ja eigentlich erst Ungarn oder Südfrankreich sind Länder, in denen sie sich auf die Dauer wohlfühlen. Warum? Bienenfresser leben von großen Fluginsekten, wie sie nur in warmen, sonnigen Gegenden täglich herumfliegen. Unsere Regensommer sind da höchstens zum Verhungern.

In aller Frühe fuhren wir los. Eugen holte mich in seinem Wagen ab, auf dessen Kühler der unvermeidliche Laubfrosch saß. Die Fahrt verlief unter Gesprächen, ob sie wohl noch da wären, und wenn sie da wären, ob wir dann wohl ein Nest finden würden. Viel wußten wir ja noch nicht. Und dann natürlich, ob das Nest, wenn es da wäre, auch so säße, daß man mit der Filmkamera etwas machen könnte. Wir waren voller Erwartung.

Und hatten Glück. Auf holperigem Feldweg konnte man mit dem Wagen bis an den Rand des Geländes fahren. Da lag in den weiten, mit Weidengesträuch bewachsenen Auen von Morgensonne überglänzt eine hübsche Wasserfläche vor uns. Es war kalt und ein Wind blies. Kaum hatten wir uns die Beine vertreten, als schon einer sagte: „Da sind sie." Weit hinten vor dem glasigen Horizont schossen ein, zwei kleine Vögel mit starenartigem Flugbild und langen Schwänzen vorbei. Mehr konnte man nicht sehen. Selbst im Fernglas wirkten sie auf die Entfernung winzig. Aber, sie waren es. Für den Augenblick war das wichtig.

Wir verteilten uns im Gelände und suchten mit den Ferngläsern ringsum die Gegend ab. Da flogen zwei, da saß einer auf einem kahlen Zacken, und da saß noch einer, und noch einer war da. Unwahrscheinlich! Geradezu eine kleine Kolonie, und das sozusagen vor der Haustür. Bald hatten wir auch ein Nest, ein

kreisrundes Loch in der Erde unter einer Abbruchkante. Bienenfresser graben sich zum Nisten unterirdische Röhren, mehr als metertief. An deren Ende machen sie einen Kessel, ohne ein eigenes Nest zu bauen. Noch eine Bruthöhle fanden wir. Die Vögel schienen beim Legen zu sein. Nur ab und zu ließ sich einer in der Nähe des Nestes blicken, das wir im Auge behielten. Gerade dieses Nest erschien günstig zum Filmen. Man konnte sich ohne Störung auf einer Sandbank neben einem außer Betrieb befindlichen Bagger einbauen. Zwischen Nest und Bagger lag nur ein schmaler Wasserarm. Wenn nur der Bagger . . . , dachten wir uns. Wenn er die Wand zum Einsturz brächte, wäre die Brut verloren. Das mußte verhindert werden.
Eine Stunde beobachteten wir noch die in weiten Kreisen jagenden Vögel. Zuweilen kam einer so nahe, daß die prächtigen Farben aufleuchteten. Damit hatten wir es für heute. Eugen wollte filmen, wenn die Vögel Junge hatten, dann würde es bessere und öftere Gelegenheit für gute Bilder geben als jetzt, und die Tiere waren auch unempfindlicher.
Inzwischen hatte die Sonne begonnen zu wärmen. Wir setzten uns in den Wagen und steuerten einer kleinen Bauernwirtschaft zu. Eugen liebte es, in solchen Gasthäusern eine einfache, deftige Mahlzeit einzunehmen. Zudem, erzählte er mir, kenne er diese Gegend noch aus seiner Jugend wie seine Hosentasche. Sein Vater war hier Jäger gewesen. Er selbst hatte ihn oft auf seinen Gängen begleitet und dabei die ersten Lehren über das Verhalten der Tiere erhalten, und über das Verhalten des Menschen, der die Tiere beobachten will. Daneben hatte er sich seine eigenen Erfahrungen erworben. Sie waren mehr praktischer Art, und er vergaß regelmäßig, seinem Vater darüber zu berichten. Aber mir nannte er jetzt die Wasser, an denen er als Bub gefischt hatte. Eine Forelle mit den bloßen Händen aus dem Bach zu ziehen, darin hatte es Eugen als Junge zur Meisterschaft gebracht. Ein breites Lachen ging über sein Gesicht, als er von diesen alten Zeiten sprach. Und jetzt wollten wir bei einem Wirt einkehren, dessen Vater er noch gut gekannt hatte.
In der dämmerigen Gaststube waren wir die einzigen Gäste an diesem Wochentag. Es gab eine kräftige Suppe, und auch das Bier war gut. Natürlich erkannte man den Besucher. Großes

Hallo! Aus der Küche kam das Personal, um das Wundertier aus dem Fernsehen zu bestaunen.
Plötzlich verschwand der Wirt, nachdem er die Honneurs gemacht hatte, und kam mit einem achtjährigen Buben zurück, seinem Enkel. Den schob er vor sich her und postierte ihn in einiger Entfernung vor Eugen. „Da schaug her! Wer is'n des da?" und er zeigte mit dem Finger. Der Bub brauchte sich nicht lange zu besinnen: „Des is da Eigen Schuhmocha", sagte er. Alles lachte. Als der Eugen ihn dann näher interviewte, steckte er aber lieber seinen Kopf beim Großvater weg.
Sie kannten ihn alle, die Großen und die Kleinen, überall, im ganzen Lande. Und sie mochten ihn. Sie spürten es, daß er einer von ihnen war, daß er sie nicht verraten hatte, obwohl er nun zu den Erfolgreichen gehörte. In den entlegensten Dörfern sahen sie seine Sendungen ebenso wie in den Millionenstädten.
Eugen freuten solche kleinen Szenen. Er sah daran, daß er sein Ziel erreichte, bei den Menschen anzukommen, ihnen nahezubringen, was ihn erfüllte und auch zutiefst bedrückte: Die Schönheit der Schöpfung ist in großer Gefahr! Durch unser aller Tun ist sie es. Seht es doch! Erkennt doch, daß dies alles, was ich euch zu zeigen mich immer wieder bemühe, zu schade ist, um es restlos der fragwürdigen Ökonomie und dem Profit zu opfern. Denn es ist unwiederbringlich.
In besinnlichen Stunden sprach er darüber. Und dann lachte er nicht.
Aber, da war noch der drohende Bagger. Wir erkundigten uns beim Wirt, wem die Kiesgrube gehöre. Sie sei Gemeindebesitz. Also zum Bürgermeister. Der hörte sich an, was Eugen zu sagen hatte, und versprach, den Bagger so lange ruhen zu lassen, wie es nötig sei. Er hielt sein Versprechen. Für Eugen Schuhmacher taten sie alles.

LISELOTTE DORFMÜLLER-LAUBMANN

Daten und Notizen aus einer Zusammenarbeit

Als kleines Mädchen, Anfang der 30er Jahre, lernte ich Eugen Schuhmacher in München kennen. Ich holte damals oft und gerne meinen Vater, der als Konservator in der Ornithologischen Abteilung der Zoologischen Staatssammlung arbeitete, nach Dienstschluß ab. Das ehemalige Jesuitenkolleg in der Neuhauserstraße, in dem die Staatssammlung untergebracht war, übte einen ganz besonderen Reiz auf mich aus. Noch heute erinnere ich mich genau an den großen Treppenaufgang mit dem ausgestellten Skelett eines Riesenfaultiers. Der Weg zum Arbeitszimmer meines Vaters war sehr lang, es war ein Weg über breite und enge Treppen, durch verwinkelte dunkle und lange helle Gänge. Den Fenstern entlang waren Schaukästen mit präparierten Insekten aufgestellt und auf den Fenstersimsen standen Gläser mit Schlangen, Quallen, Fröschen und anderem in Spiritus eingelegtem Getier. Es war ein Weg voller Entdeckungen, der endlich seinen Abschluß in dem Vorraum zum Arbeitszimmer meines Vaters fand. Dort arbeitete Eugen Schuhmacher. Bei ihm war immer etwas Besonderes für mich zu sehen: Einheimische Singvögel, Mäuse, Papageien, ein zahmer Rabe oder gar der Brüllaffe „Quappo", den Schuhmacher von der Südamerika-Expedition mit Professor Krieg heimgebracht hatte. Mit großem Interesse sah ich Eugen Schuhmacher beim Präparieren der Vogelbälge zu und erinnere mich noch gut, mit welchem Geschick und Einfühlungsvermögen für die natürliche Bewegung er eine Gruppe von ausgestopften Meisen für die Zoologische Schausammlung zusammenstellte. Damals fotografierte Schuhmacher schon viel, und oft hat er mich mit überzähligen Vogelaufnahmen hochbeglückt. Seine ersten Filmversuche hat er am Speichersee bei Ismaning gemacht und dann bei den Expeditionen von Professor Krieg seine Begabung zum Filmen bewiesen. Eine „Bell & Howell" 30-m-Federwerkhandkamera war sein erster Filmapparat und mit ihm allein hat er auch seine ersten Kultur-

filme in der Bavaria-Gesellschaft in München-Geiselgasteig gedreht. Zehn Jahre nach den ersten Begegnungen — nachdem Schuhmacher sich ganz der Tierfilmerei gewidmet hatte und ich eine Ausbildung als med. techn. Assistentin abgeschlossen und mich zusätzlich mit der Mikrofotografie vertraut gemacht hatte — fanden wir uns bei der Bavaria-Filmgesellschaft in der Kulturfilmabteilung für biologische Filme zusammen. Schuhmacher beabsichtigte, Mikroaufnahmen in seinen Filmen zu bringen und mikroskopische Filme herzustellen, wie sie bereits bei der UFA in Berlin gedreht wurden. Die Aufgabe, den Bereich Mikrokinematographie zu übernehmen, reizte mich sehr, — aber es kam anders. Die vorhandenen Apparaturen reichten für wirklich gute Filme nicht aus. Die Mittel für eine Ausrüstung waren zwar genehmigt, aber die fühlbar werdenden Kriegsverhältnisse machten die Beschaffung der nötigen Geräte fast aussichtslos. Erst durch großes Entgegenkommen der Firma Leitz konnten wir nach $2^1/_2$ Jahren eine brauchbare Mikrofilmkamera aufstellen. Aber es kam nur noch zu umfangreichen Probeaufnahmen und zu den Anfangsaufnahmen für einen Film über die Stubenfliege; dann brachen Kriegsende und Beschlagnahme der Bavaria die Arbeiten ab.
So wurde ich nicht, wie geplant, als Mikrofotografin tätig; aber ich konnte Eugen Schuhmacher bei vielen seiner Kulturfilme bei Atelier- und Außenaufnahmen helfen. Im einzelnen:

Frühjahr 1942: Die Dreharbeiten zu dem Film „Salmo, die Forelle" sind abgeschlossen — er wird geschnitten und vertont. Bei schönem Wetter machen wir Außenaufnahmen zu „Gefiederte Baumeister". Wir filmen Rohrsänger, Mehlschwalben und Beutelmeisen.
Sommer und Herbst 1942: Arbeit an den beiden Filmen „Vorsicht Kreuzotter" und „Netz aus Seide" (ein Film über die Kreuzspinne).
Ich habe acht Kreuzottern im Moor bei dem oberbayerischen Ort Bairawies gefangen, das ist vorerst genug Material.
Schuhmacher bringt ein trächtiges Weibchen; nun dürfen wir die Geburt nicht verpassen.
Seit drei Tagen beobachten wir ununterbrochen das Weibchen, um die Geburt zu filmen — bis jetzt ohne Erfolg!
Heute morgen um 10 Uhr — nach vier Tagen und vier durchwach-

ten Nächten – endlich. Es kamen sechs Junge, so konnten wir den Vorgang mehrmals drehen – auch in Großaufnahme.
Solange wir die Giftschlangen halten, sind unsere Arbeitsräume nur für uns zugänglich. Man hat uns zu allen nur möglichen Vorsichtsmaßnahmen verpflichtet, daß keine Schlange entwischen kann. Der Direktor kommt mit Journalisten, die voll Interesse die Terrarien mit den Kreuzottern betrachten. Plötzlich ruft eine Dame: „Nein so etwas, da könnte man wirklich meinen, die Schlange sitzt im Freien!" Und sie sitzt wirklich im Freien – hinter ihrem Terrarium auf dem als Bildhintergrund aufgebauten Waldboden. Schuhmacher erkennt sofort die Situation und die Folgen, die das für uns haben könnte. Er fängt plötzlich an, mit größter Eindringlichkeit unsere Mäusezucht zu erklären. Das Manöver gelingt; ich bringe die Ausreißerin unbemerkt ins Terrarium zurück.
April 1943: „Vorsicht Kreuzotter" ist fertig.
30. April 1943: Schuhmacher, Rieger (unser Helfer) und ich fahren nach Hinterstein im Allgäu, um mit den drei Gebirgsfilmen „Murmeltier", „Gams" und „Steinadler" zu beginnen.
Anfang Mai 1943: Wir haben nun unser ganzes Gepäck auf der kleinen Feldalphütte. Es liegt noch viel Schnee (1700 m), doch sieht man schon da und dort eine dunkle Stelle im weißen Schneefeld, Murmeltierspuren führen zu aperen Stellen. Die „Murmele" sind also schon von ihrem Winterschlaf erwacht. Wir bauen dicht hinter unserer Hütte einen Schneewall als Versteck. Tagsüber ist es schon schön warm, aber die Nächte sind weniger angenehm. Das wenige Heu, auf dem wir schlafen, ist immer noch feucht; obwohl wir in der kleinen Sennhütte, die eigentlich nur für den Sommeraufenthalt gedacht ist, alle Ritzen so gut wie möglich mit Moos zugestopft haben, ist es ziemlich luftig. Auch die Schneemäuse tun das Ihrige, um unseren Schlaf zu stören – heute nacht hat eine Schuhmacher sogar in die Nase gebissen.
16. Mai 1943: In den vergangenen Tagen hatten wir schönes Wetter und haben gute Aufnahmen von den Murmeltieren im Schnee gedreht.
17. Mai 1943: Mit dem Adlerhorst, an dem wir filmen wollen, stimmt etwas nicht. Anscheinend hat das Adlerpaar den Horst verlassen. Wir besichtigen deshalb einen zweiten Horst im Retter-

schwangertal. Hans Kögel, der immer hilfsbereite Jäger, geht mit uns zum Mitterhaus und zeigt uns dort den besetzten Horst. Manchmal sieht man das noch weiße Adlerjunge über den Horstrand schauen. Der alte Adler fliegt mit Futter an.

25. Mai 1943: Der Adlerhorst am Giebelhaus ist endgültig verlassen. Wir müssen ins Mitterhaus umziehen.

30. Mai 1943: Versteck Nr. I wird gebaut. Man sieht von dort gut das noch flaumige Junge im Horst.

31. Mai 1943: Das Wetter ist sehr schlecht, wir können am Horst nicht filmen und versuchen Nester von anderen Alpenvögeln ausfindig zu machen. Mit unglaublichem Spürsinn findet Schuhmacher die Nester von Ringamsel, Wasserpieper und Mauerläufer. Aber leider sind nicht alle günstig zum Filmen.

10. Juni 1943: Seit zehn Tagen haben wir schlechtes Wetter und können nur wenig gute Aufnahmen machen.

19. Juni 1943: Wir haben eine Feldtelefonleitung vom Mitterhaus zum Adlerhorst gelegt. Die Sicht vom Versteck I ist so beengt, daß man den anfliegenden Altvogel erst sieht, wenn er bereits am Horstrand sitzt. Mit Hilfe des Telefons kann ich Schuhmacher vom Anfliegen des Altvogels so rechtzeitig verständigen, daß er bereits die Kamera laufen lassen kann, bevor er selbst den Vogel sieht. — Es klappt gut; wir haben schon einige schöne Anflüge bekommen.

17. Juli 1943: Der Jungadler ist ausgeflogen — Schluß mit den Adleraufnahmen für dieses Jahr.

August 1943: Umzug in das Schreckseegebiet, um die eintragenden Murmeltiere aufzunehmen. Aus ursprünglich eingeplanten 8 bis 14 Tagen werden neun Wochen, bis wir die nötigen Aufnahmen haben. Nun wird fast jeden Tag ein neues Murmeltierversteck gebaut oder das alte — von den Kühen zertrampelte — wieder aufgebaut. Außerdem gehen wir auf Gamsjagd mit der Kamera.

16. August 1943: Wir haben Schneehühner entdeckt — doch sie laufen uns immer wieder weg. Ich will sie Schuhmacher, der an der Kamera ist, zutreiben. Aber meine genagelten Schuhe sind auf den Felsplatten viel zu laut. Ich ziehe sie aus und schleiche mich auf Socken zur richtigen Ausgangsposition. Nun laufen die Hühner vor mir her über die Steinplatten, ich muß einen großen Umweg machen, um sie in Schußlinie zu bringen. Die Aufnahmen gelingen, große Freude! Aber wo sind die Schuhe? Ich habe keine Ahnung. Das Geröllfeld mit den großen Steinblöcken ist so unübersichtlich, daß nichts als eine große Suchaktion hilft! Doch Schuhmacher hat offenbar auch eine Nase für Schuhe. Er findet sie rasch und ich bin sehr erleichtert.

24. August 1943: Schuhmacher und ich gehen schwer bepackt mit der „Cinephon" zur Willersalp. Das Wetter ist nicht günstig, wir bekommen trotz großer Anstrengungen nur wenige gute Gamsaufnahmen, obwohl in diesem Gebiet sehr viele Rudel zu beobachten sind.

16. September 1943: Noch immer warten wir auf die Aufnahmen „Heueintragendes Murmeltier". Das Wetter ist schön und warm und jeder Tagesbericht lautet gleich: „Ansitz und Aufnahmen von Murmeltier, Gams etc.".

20. September 1943: Endlich hat es geschneit! Damit steigen unsere Aussichten, die heueintragenden Murmeltiere auf den Film zu bekommen. – Aber erst nach fast 14 Tagen haben wir die Szene.

Nun fehlen nur noch einige „Füll"-Aufnahmen (Landschaften, Blumen etc.). Rieger und ich spielen bergsteigende Touristen, die plötzlich ein Gamsrudel erblicken und mit dem Fernglas beobachten. Wir proben bei vollem Sonnenschein. Auf einmal sehen wir hinter dem Bergkamm eine dunkle Wolke. Sie ist schneller als wir: Mitten in der gedrehten Szene verdunkelt sie die Sonne und verdirbt alles. Schuhmacher bekommt einen entsetzlichen Wutanfall, packt die Kamera – ich sehe sie im Geist schon den Berg hinunterkollern. Ich fasse auch zu und lasse nicht los. Da muß er seine Wut auf andere Weise loswerden und schleudert seine Pfeife in weitem Bogen in die Latschenbüsche. Das tut ihm im Moment wohl. Aber dann – filmen ohne Pfeife ist ihm fast so unmöglich wie ohne Kamera. So gehen wir auf Pfeifensuche. Endlich finden wir die „Unentbehrliche" im Gestrüpp wieder. Nun ist die schlechte Laune weg – und die Wolke auch. Ende gut, alles gut! Die letzten Aufnahmen kommen in den Kasten und wir können nach Hause fahren.

Dezember 1943: Fahrt nach Hinterstein zur Gamsbrunft. Die ersten Tage Schneetreiben, wir können nichts unternehmen.

Die Schneelage läßt endlich den Aufstieg zur „Zipfelsalp" zu. Mit fünf Trägern ziehen wir los. Wir sinken teilweise bis zu den Hüften im Schnee ein. Aber bis Mitte Dezember können wir die Aufnahmen zu „Antilopen der Berge" erfolgreich abschließen.
1944–Frühjahr 1945: Die Filme „Im Reich der Wichtelmännchen", „Antilopen der Berge" und der Steinadlerfilm werden geschnitten und vertont.
Drehbeginn des letzten Bavaria-Kulturfilmes „Schnurf, die Igelin". Probeaufnahmen für den nicht vollendeten Mikrofilm über die Stubenfliege.
1947: Schuhmacher und ich arbeiten an einem Fledermaus-Film für die GEA-Filmgesellschaft in Hamburg.

VERONIKA EIPPER

In Kanada, dem Land der Bären

Wenn ich an Eugen Schuhmacher denke, unseren verläßlichen Freund vieler Jahre, ist es nur natürlich, daß sein Name auch die Erinnerung an die kanadischen Rocky Mountains in mir wach ruft. Eugen Schuhmacher und die Rocky-Welt Kanadas sind in meiner Vorstellung kaum voneinander zu trennen. Schuhmachers kameradschaftlich-spontanem Angebot verdankten mein Mann, Paul Eipper, und ich unsere erlebnisreichste Reise. Jene hundert Tage der Gemeinsamkeit vom Juli bis in den Oktober 1957, in einer ursprünglichen Berglandschaft von wilder Schönheit, waren für uns voller Staunen über ein noch unverfälschtes Schöpfungsganzes von Berg, Pflanze und Tier.

Ehe ich das eine oder andere Erlebnis aus diesen Tagen hier festhalte, um unseren einstigen Wanderkameraden Eugen in seiner unprätentiös herzhaften, unerschrockenen, praktischen, heiteren und erlebnisbesessenen Art zu zeigen, vor allem seine zähe Energie, mit der er seine Filmvorhaben verwirklichte, muß ich etwas zurückgreifen.

Eugen Schuhmacher und Paul Eipper, beide gebürtige Stuttgarter, waren gleichgesinnte Männer. Jeder von ihnen hatte sich auf seine Weise den Schutz der bedrohten Natur und ihrer Geschöpfe zur Lebensaufgabe gemacht. Ihre Bestrebungen mußten die beiden fast zwangsläufig zusammenführen. Wollten sie doch dazu beitragen, daß die nachfolgenden Generationen nicht in eine öde, technisierte, lebensunwerte Welt hineingeboren würden.

Paul Eippers Werdegang hatte in Literatur- und Kunstverlagen begonnen. Fünfzehn Jahre älter als Eugen Schuhmacher, hatte er dann gleichsam als Schrittmacher dafür gesorgt, daß dem Thema Tier- und Naturbeobachtung größere Beachtung auf dem Büchermarkt geschenkt wurde. Dem gleichen Ziel diente er seit den Uranfängen von Rundfunk und Fernsehen im deutschen Sprachraum mit vielen Sendungen. Wie Eugen Schuhmacher, hatte auch

Paul Eipper in den frühen Dreißigerjahren als Amateur mit dem Filmen von Tieren begonnen. Bis weit in die Kriegsjahre war er neben seinen Buch- und Vortragsarbeiten immer einen Teil des Jahres unterwegs gewesen zum Beobachten und Filmen.
Meinem Mann gefielen schon die frühen kleineren Schuhmacher-Tierfilme sehr gut. Dann begeisterte ihn dessen Film „Auf den Spuren der Inkas". Besonders beeindruckte ihn der folgende Expeditionsfilm „Im Schatten des Karakorum". Darum regte mein Mann schon in den Anfängen des Bayerischen Fernsehens an, Schuhmacher-Filme zu senden. Dem ersten Schuhmacher-Film, der am 5. September 1955 ausgestrahlt wurde, „Natur in Gefahr", gab Paul Eipper Einführung und Kommentar.
Später, im März 1957, als die beiden Männer am gleichen Nachmittag mit ihren Tiersendungen im Freimanner Programm standen, setzten wir drei uns im Anschluß an die Arbeit zusammen. Eugen erzählte, er wolle im Sommer nochmals ins kanadische Felsengebirge fliegen, um in dieser großartigen Landschaft das Wild zu beobachten und zu filmen.
Je mehr Schuhmacher von seinem Kanada-Vorhaben berichtete, desto sehnsüchtiger müssen unsere Augen geworden sein. „Kommt doch mit!" sagte er. „Während ich filme, kann Paul ungestört beobachten. Zu Hause schreibt er dann ein Buch über diese Kanada-Monate. Und Veronika könnte uns mancherlei Arbeit abnehmen, nicht nur beim Biwakieren. Mir bleibt beim Filmen nur selten Zeit für Standfotos. So könnte sie fotografieren für dein Buch und vielleicht sogar für Fernsehsendungen. Auch Tonbandaufnahmen wären sehr erwünscht. Angenehm auch, wenn sie mich bei den Weitstrecken-Holperfahrten am Steuer ablösen würde. Wie wär's also? Anfang Juli geht's los!"
Schuhmachers Verlockungen fanden keine tauben Ohren. Paul Eipper war zu diesem Zeitpunkt besonders anfällig dafür. Ihm, der bis in die Vierzigerjahre hinein alljährlich Monate mit Filmen und Beobachtungen draußen zugebracht hatte, war die seit mehr als einem Jahrzehnt nicht mehr unterbrochene Schreibtisch- und Mikrofon-Tätigkeit längst zur Last geworden. Ja, man müßte diese Fron endlich abschütteln und wieder einmal eintauchen in die Ursprünglichkeit einer noch unverfälschten Landschaft!
In der ersten Julihälfte war es dann soweit. Erwartungsfroh ließen

wir drei Kanadasüchtigen uns dem großen Rocky-Tierparadies entgegenfliegen, von München über Montreal bis Calgary im westlichen Kanada.
Unser erster Eindruck war der einer fremdartigen Welt. Man feierte dort eben das jährliche Rodeo-Fest der Stampede, wild, auf allen Straßen tanzend und singend, in Kostümen aus der Kolonisatorenzeit oder in Phantasieaufmachungen. Die ganze Stadt schien aus dem Häuschen. So waren wir froh, am nächsten Morgen in einem VW-Kombi Calgary verlassen zu können. Nach einer Fahrt von knapp 150 Kilometern auf die im Westen sichtbare Rocky Mountains-Kette zu, anfänglich durch öde Dünenlandschaft am Bow-Fluß entlang, dann durch hügeliges, waldiges Vorgebirge an kleinen Seen vorbei, leuchteten uns in heißer Julisonne unvermittelt zwei schmucke Berghäuser rechts und links an unserer Fahrstraße entgegen: Der Einlaß zum Banff-Nationalpark. Keinerlei Umzäunung! Eine junge Dame in Khaki Uniform erkundigte sich freundlich grüßend, ob wir keine Hunde, Katzen oder Schußwaffen mitführten. Nach Verneinung ihrer Frage erhielten wir von ihr den Ausweis für alle Rocky Parks, eine ovale Bison-Etikette für unsere Windschutzscheibe. Noch eine halbe Fahrstunde durch abwechslungsreiches Parkgebiet, vorbei an huschenden Streifenhörnchen und einer in der Sommerhitze dösenden Schwarzbärin und ihrem Jungen, und wir waren im kleinen bergumstandenen Touristenort Banff angelangt. Banff sollte für uns Ausgangspunkt und Postadresse sein. In dem 1400 Meter hoch gelegenen einladenden Touristenzentrum, der Urzelle aller kanadischen Naturschutzparks, herrschte Ferien-Hochbetrieb.
Unser Pirschgebiet lag hauptsächlich zwischen dem 52. und 54. Breitengrad der Westprovinzen Alberta und British Columbia, in den zusammenhängenden fünf Rocky Nationalparks Banff (entstanden 1885), Jasper, Yoho, Kootenay, Glacier und den drei Provinzialparks Hamber, Mount Robson und Mount Assiniboine und umfaßte rund 35 000 qkm. (Kanada verfügte 1957 über 29 Nationalparks.)
Voraussetzung, um in die entlegensten und menschenleeren Waldgebiete, Schluchten, auf Hochplateaus zu gelangen, war der Schlüssel zu den vielen Feuerstraßen, diesen schmalen Erd- und Geröllwegen, die nur den Parkbeamten und Feuerlöschwagen zugänglich

sind. Für den Touristenverkehr sind sie mit Eisenbarrieren versperrt. Als wir von der Parkregierung diesen Schlüssel mit schriftlicher Sondergenehmigung zum Befahren aller Feuerstraßen ausgehändigt bekamen, dazu einen Empfehlungsbrief an alle Wild- und Park-Schutzbeamten, uns jede mögliche Hilfe zu leisten, waren Schuhmachers Tatendrang keine Grenzen mehr gesetzt. Die Banffer Zentrale würde nun künftig ihre Außenbeamten über Sprechfunk von unseren Unternehmungen unterrichten. Wir bekamen auch allerlei Ermahnungen mit auf den Weg; besondere Vorsicht sei geboten beim Biwakieren und Abkochen wegen der Waldbrandgefahr!
Eugen war ungeduldig, er wollte so schnell wie möglich mit dem Filmen anfangen. Daher fuhren wir am nächsten Morgen früh los. Erst in die näheren Waldgebiete, dann immer weiter weg, in alle Himmelsrichtungen. Wenn wir tagelang unterwegs waren, wurden wir zur Rast in den Berghütten der kanadischen berittenen Polizei aufgenommen oder wir biwakierten im Auto und Zelt. Meist zogen wir allein aus. Aber gelegentlich waren wir mit Wildschutz-Beamten zusammen, mit Geologen, Bergführern, Freunden. Unsere Fortbewegungsweise mußte sich dem Gelände und Wetter anpassen. Vor dem Passieren selten befahrener Bohlenbrücken über ausgewaschene Flußläufe bat mich Eugen manchmal, auszusteigen und durch kräftiges Aufspringen auf die Bohlenplanken zu erproben, ob das Holz unseren Kombi noch aushalte. Gluthitze und Sommerfrost wechselten oft abrupt in diesen Regionen. Große Entfernungen überwanden wir mit unserem vierräderigen Veteranen, der trotz des schweren Gepäcks sogar die Steilhänge bezwang, wenn auch jaulend. In sumpfigen Gegenden benützten wir teilweise ein Boot, wenn zu Fuß kein Durchkommen mehr war. Oder es wurden Geländefahrzeuge nötig, gelegentlich auch Pack- und Reitpferde. Am schönsten war's natürlich zu Fuß. Schuhmachers vorjährige Kanada-Erfahrungen waren dabei von großem Nutzen. Oft gab es Anlaß zu Heiterkeit, zu Frotzeleien mit den uns begleitenden Naturburschen Kanadas. Jägerlatein wurde beim abendlichen Sitzen ums Holzfeuer produziert, sogar mit Mundharmonika-Begleitung von Eugen. Und meistens waren Tiere in unserer Nähe, vorwiegend Vögel und kleinere Nager, zutrauliche Hörnchen, Murmel oder Koyoten.

Abb. 23 Reiher mit Gelege

Abb. 24 Beobachtungskanzel in der ehe-maligen Morsteiner Reiher-Kolonie, 2 Meter über dem Erdboden

Abb. 25 Eugen Schuhmacher (links) bei Aufnahmen für den Reiherfilm „Graue Zeugen aus dem Mittelalter“ in Morstein

Abb. 26 Der junge Eugen Schuhmacher auf Südamerika-Expedition im dichten Busch a Gran Chaco mit einem Indianerstamm

Abb. 27 Panne in Neuguinea 1959, links Missionar Bergmann, kniend Eugen Schuhmacher

Mit der nötigen Findigkeit und Ausdauer, oft auch durch Hinweise der Wildhüter, wußten wir schon recht gut, wo und wann wir am ehesten auf Wapitis oder Maultierhirsche stießen, welche Dickungen und Tümpel die urigen Elche bevorzugten, wo die Bighornböcke zu den Salzlecken kamen. Die Bisonherden hatten wir schon öfters aus der Nähe beobachtet, waren mit einem Baumstachler auch einmal um die Wette gelaufen. Weit hinten im Banff-Park, am Felsmassiv des Cuthead, gelang es im Glücksfall, nach mühseliger Kletterei in die Nähe der scheuen weißen Schneeziegen (einer seltenen Gemsenart) zu gelangen. Wie oft haben wir uns, malträtiert von Mücken, um die Biber bemüht, mit Ruderfahrten und stundenlangem Ansitzen in der Nähe ihrer Burgen und Ausstiege. Aber sie zeigten sich artgemäß immer erst in der Dämmerung, wenn das Licht nicht mehr ausreichte für die Kamera. Doch auch ohne Foto- und Filmmöglichkeiten konnten wir sie intensiv beobachten. Einmal, als Eugen an den Biberseen über einen ihrer Dämme stieg, brach er dabei mit dem Stiefel ein. Eine Undichtigkeit entstand an dieser Stelle, ließ Wasser ausfließen. Eugen folgerte richtig und postierte sich mit seiner Kamera in der Nähe. Nach knapp einer Stunde tauchte aus der Ferne ein schwimmender Biber auf, er kam, um den Schaden zu beheben. Eugen war überglücklich, endlich seine Aufnahmen von diesem geschickten Baumeister drehen zu können, der unermüdlich dicke Äste in das Leck rammte.

Ein sicheres Notventil gegen Nervosität durch ergebnisloses Ansitzen, auch zum Abreagieren von Ärger über zu viele Hindernisse, war für Eugen Schuhmacher seine Angler-Passion. In den sauberen Wildwassern standen oftmals Forellen. Da war der Petri-Jünger dann auf einmal verschwunden, um nach einer halben Stunde oder auch später schmunzelnd wieder aufzutauchen, ein paar Forellen in der Hand schwenkend.

Der kanadische Westen, genauer gesagt seine Zweibeiner, präsentierte sich uns zuweilen wortwörtlich als Wilder Westen, so daß gelegentlich Rüpelspiele nicht ausblieben. So in Edmonton: Wir hatten untertags bei Regen eine Strecke von 400 Kilometern zurückgelegt. Ermüdet stimmten wir Eugens Vorschlag zu, in einem einfachen, aber sauberen Hotel zu übernachten, das er vom letzten Jahr her kenne. Nun, das Hotel hatte offenbar seinen Besitzer gewechselt. Atmosphäre, Zimmer, Inventar nahmen wir kopfschüttelnd zur Kenntnis. Das Prädikat „bescheiden" war schon eine starke Übertreibung. Aber wir waren zu abgespannt, um etwas Passenderes zu suchen. Und wir hatten ja die Schlafsäcke bei uns. Am nächsten Morgen in aller Frühe lärmte ein Männerbaß auf dem Flur, ganz in unserer Nähe: „Mach auf, Freund!" Kein Echo! „Ich bin's, dein Freund, mach auf!" Stille! Fäuste trommelten an die Nebentür, ergebnislos. „Verstecken gelingt dir nicht, hab' den ganzen Tag Zeit, zu warten." Monolog und Trommelwirbel der Fäuste wurden heftiger, ohne Wirkung. „Ich hab' einen Freund für zweieinhalb Jahre ins Gefängnis gebracht, weil er seine Schulden nicht zurückzahlte! Sag doch etwas!" Das Drohen wechselte ab mit weinerlichem Betteln und Gelall des Trunkenbolds. Stiefel bearbeiteten die Nebentüre und Verputz fiel auf unsere Betten. Nun ganz zornig: „Ich zähle bis zehn. Wenn du nicht aufgemacht hast, schieße ich meinen Revolver leer rund ums Türschloß und hau' dir den Schädel ab, rolle ihn durch den Flur!" — Da dröhnte aus dem übernächsten Zimmer Eugens Donnerstimme, den Randalierer laut übertönend: „Shut up, go to hell!" Die Wirkung hörten wir augenblicklich: folgsam stapften Holzfällertritte davon, die Treppe hinunter . . .

Für gewöhnlich aber ging es friedlich zu und wir stießen überall auf herzlichste Hilfsbereitschaft. Eugen Schuhmacher, energiegeladen bei der Verwirklichung seiner Pläne, hatte daneben einen ausgeprägten Sinn für trockenen Humor, oft auch reizende Einfälle. Im Spätherbst — es war gerade Brunftzeit bei Hirsch und Elch — machten wir einmal in der Gegend des Panther-Flusses Station. Schuhmacher wollte im Camp der Parkbeamten übernachten, die dort einen Kletterkurs absolvierten. Mein Mann und ich biwakierten in unserem Kombi. Beim Gutenachtsagen meinte Eugen, wir dürften morgen früh nicht aufstehen, es gebe für uns eine Überraschung. — Er, Frühpirschgänger aus Neigung, klopfte kurz vor halb sieben Uhr an das Wagenfenster und ordnete an: „Ihr bleibt liegen, und ich kutschiere euch jetzt zu den Wapiti-Hängen. Das hat es noch nie gegeben: Wapitibrunft vom Bett aus mitten in den Rockies!" Die Wapitis taten uns den Gefallen. Von unseren Schlafsäcken aus konnten wir durch bloße Kopfdrehung mehrere Brunftrudel beobachten.

In diesen drei Rocky-Monaten diskutierten die beiden Männer oft Eugens Überlegungen, einen großen Schuhmacher-Farbfilm von allen aussterbenden Tieren der Welt zu drehen. Wir waren begeistert von dem Plan, den nur ein so vitaler, gesunder und zielstrebiger Mann wie Eugen würde verwirklichen können. Beide Männer waren sich klar, daß die Dezimierung vieler Tierarten bereits so weit fortgeschritten sei, daß eine Durchführung dieses Vorhabens keinen Aufschub mehr dulde. An eine direkte Mitarbeit konnte freilich mein Mann nicht denken, dazu war seine Gesundheit längst nicht mehr fest genug ...
Neben dem Elch, der als „Tagtier" verhältnismäßig leicht zu filmen war, faszinierte Eugen Schuhmacher während der ganzen Kanadazeit der Grizzly am stärksten. Unser Freund war oft geradezu Grizzly-besessen, ließ alles liegen, wenn er von einer Grizzly-Fährte hörte, und fuhr auf direktestem Weg in das genannte Gebiet. Im Lauf der Zeit glückten uns mancherlei Grizzly-Begegnungen. Nur leider fast nie bei Filmlicht, da die Graubären meist nur nachts unterwegs sind. In Jasper hörten wir das erste Mal vom Auftauchen eines Grizzly. Er zeige sich gelegentlich an der Müllhalde, die bei den großzügigen Wegwerf-Gewohnheiten der Kanadier hungrigen Bären reichen Anreiz bot. Außer etlichen Schwarzbären sahen wir bei unserem ersten Beobachtungsgang dort nichts. Schwarzbären hatten wir aber häufig auch anderswo angetroffen. Eugen bat uns, am folgenden Abend erst einmal allein hingehen zu dürfen. Tagsüber war dort zu viel Touristenunruhe gewesen. Bis der Wildwart um acht Uhr das Gelände abriegele, könne er in Deckung vielleicht einiges ausfindig machen.
Ungefähr zwei Stunden später kam Eugen in fast euphorischer Stimmung zurück. Mit leuchtenden Augen und etwas aufgewühlt erzählte er, er sei über die schräge Rampe auf die Plattform der Müllverbrennungsanlage gestiegen und habe sich oben beim Einschüttdeckel in die Nähe des Kamins gestellt, zur besseren Tarnung. Freier Rundblick von dort übers Gelände bis zum Waldrand! Da sei in der Dämmerung ein großer Bär auf die Lichtung getreten, unverkennbar ein Grizzly, sei langsam und sichernd weitergewandert. Aber auf einmal sei er wie vom Erdboden verschluckt und fort gewesen. Vorsichtig und leise habe Eugen sich etwas nach vorn bewegt, um mehr Sicht zu bekommen. Aber in

dem Augenblick sei der Grizzly die Rampe hochgestiegen, höchstens noch fünfzehn Schritt von ihm entfernt. Ein dunkler Riese, an Schultern und Flanken silbrig schimmernd, ein alter „Silvertip". Jetzt sei ihm doch etwas mulmig geworden, und er habe unwillkürlich kurz, aber sehr kräftig, gehustet. Da habe sich der Alte blitzschnell herumgeworfen, sei davongesaust und im Wald verschwunden. „Er ist eben doch ein Feigling, der ursus horribilis!"

Nach dieser ersten Konfrontation mit den geheimnisumwitterten Grauen erlebten wir zu dritt eine ganze Reihe gespenstischer Grizzly-Erscheinungen. Aber meist nachts und in Begleitung des Jasper-Wildschutzbeamten, der dann die vor uns auftauchenden Grizzlys kurz mit dem Scheinwerfer seines Geländewagens anstrahlte, damit wir die nächtlichen Gestalten wenigstens deutlich beobachten konnten. Die Parkverwaltung hatte uns nicht mehr allein zum Grizzly-Ansitz gehen lassen, so ohne Waffen.

Schuhmacher wollte aber nicht ohne Grizzly-Aufnahmen Kanada verlassen, und so bauten er und Paul mit Erlaubnis der Banff-Parkverwaltung im entlegenen Spray-Tal eine geräumige Wildkanzel in einer Nadelholz-Dickung, nahe am Fluß. Der Hochsitz war groß genug, daß eine Person sogar mit Schlafsack dort übernachten konnte, trotz bitter kalter Herbst-Eisnächte. Köder wurden ausgelegt. Untertags saßen wir meist zu dritt in der offenen Kanzel, nachts wechselten sich die Männer dort ab. Eugens hartnäckiger Ausdauer gelang es schließlich, durchfroren von einer Ansitz-Nacht im ersten Morgenlicht eine Grizzlymutter filmen zu können, die mit zwei Jungen durch den gegenüberliegenden Buschhang lief. Nach so vielen nächtlichen Graubären endlich die ersehnte Begegnung in bestem Filmlicht! Das Ereignis wurde abends entsprechend gefeiert und begossen...

Unsere Kanadazeit ging zu Ende, Eugen Schuhmacher hatte eine reiche Filmausbeute in seinen Koffern. Bald konnte er die Aufnahmen bearbeiten und den Kanada-Farbfilm zusammenstellen. Im Oktober 1958 ließ er ihn in Stuttgart uraufführen unter dem Titel „Kanada, im Land der schwarzen Bären". Auch mein Mann hatte in über 1600 Tagebuchseiten unsere Erlebnisse festgehalten. Daraus und aus unseren Fotos entstand, ebenfalls im Herbst 1958, sein Buch „Hundert Tage in den Rocky Mountains". Die Ausbeute ergab zudem acht gemeinschaftliche Kanada-Fernsehsendungen.

ERNST EMRICH

Auf den Spuren seltener Tiere

Seit dem Jahre 1955 hat Eugen Schuhmacher als Mitarbeiter des Bayerischen Rundfunks an die hundert Sendungen im Deutschen Fernsehen vorgestellt. Seine erfolgreichste Reihe war „Auf den Spuren seltener Tiere" mit 46 Sendungen zwischen November 1964 und Juni 1972. Jeder, der sich für die Erfolgsziffern von Fernsehsendungen nach eingeschalteten Geräten und Bewertung durch die Zuschauer interessiert, fragt sich, worin die Ursache dieses Erfolges zu suchen sei.
In den letzten Jahrzehnten hat sich die Einstellung des Menschen zum Tier generell verändert – schließlich waren nicht Schuhmachers Tier-Sendungen allein so erfolgreich. Tiere gehören nicht mehr selbstverständlich zu unserem Leben; das gilt nicht nur für die Bewohner von Großstadtsiedlungen, in denen Vögel, Hamster und Hunde gelegentlich wie Balkongeranien gehalten werden, sondern auch für den in der Landwirtschaft tätigen Menschen. Technisierung und Rationalisierung haben dort das Tier als gewohnten Arbeitspartner weitgehend überflüssig oder in der Intensivhaltung zur Produktionsmaterie gemacht. Dadurch ist auch in der bäuerlichen Bevölkerung ein Erlebnisvakuum entstanden, das gerne durch Bilder von Tieren in natürlicher Umwelt kompensiert wird.
Ein weiteres kommt hinzu: Schuhmacher verkörperte in seiner Person und in seinem Werk die glückliche Verbindung des Tierfreundes, des Zoologen und des Filmregisseurs. Wenn er über Tiere sprach, dann redete nicht nur der Fachmann über sein Wissensgebiet, oder der Liebhaber über seine Liebhaberei; der Zoologe Schuhmacher hat immer nur darüber gesprochen, was er selbst erlebt und selbst gefilmt hatte.
Und schließlich ein letzter Grund für seine Beliebtheit und seinen Erfolg: auf seinen Filmreisen rund um die Erde kam er überall dorthin, wo jeder von uns gerne auch einmal gewesen wäre. Infolgedessen sahen wohl viele Zuschauer in ihm eine Identifika-

tionsfigur, einen, dem man es gerne gleichgetan hätte, den man — wenigstens in Gedanken — in die Ferne begleitete auf dem Weg zu unberührter Natur, in der Freiheit des Globetrotters — und das alles mit einem Schuß Abenteuer. Eugen Schuhmacher war insofern so etwas wie die Verkörperung aller heimlichen Sehnsüchte des Menschen unserer allzu geordneten und verstädterten Zeit.

Der Schreiber dieser Zeilen durfte Eugen Schuhmacher bei allen Folgen der Reihe „Auf den Spuren seltener Tiere" als Gesprächspartner begleiten. Als „Gesprächspartner" wohlgemerkt, denn ich war nie auch nur einen Kilometer mit ihm „Auf den Spuren ..." unterwegs. In gemeinsamer Überlegung mit unserem Regisseur Fritz Walter hatten wir die dialogische Form der Präsentation seiner Filme entwickelt. Sie sollte sich sowohl gegenüber dem Tierfilm mit „Geisterstimme" als auch gegenüber dem Solovortrag abheben und entsprach der ungezwungenen und natürlichen Art Schuhmachers, der nie mehr aus sich machen wollte als er war, der sein Wissen und seine Erfahrung eher herunterspielte als damit zu glänzen. Was ihm vorschwebte, und was uns gefiel, war die Idee, so frei und ungezwungen zu sprechen, als würde er im privaten Kreis jemandem seine Bilder zeigen.

Entsprechend verfuhren wir im Studio: Es gab kein Manuskript mit Fragen und Antworten. Wir schauten uns gemeinsam seine Filme an, ich merkte mir, was mich interessierte, wo ich Genaueres wissen wollte, und dann zeichneten wir Film und Zwiegespräch in einem Zuge auf. Bei diesem „unprofessionellen" Verfahren riskierten wir freilich mancherlei Unvollkommenheit: Versprecher, unvollendete Sätze, zu naiv anmutende Fragen und gelegentlich auch eine etwas unsichere Antwort. Solche Mängel wurden uns auch nicht selten vorgehalten, sowohl von Schuhmachers Fachkollegen auf dem Gebiet der Zoologie wie von Fernsehkritikern. Dennoch behielten wir über Jahre diese Form der Sendungen bei, in der ich als zoologischer Laie gern die Funktion übernommen hatte, stellvertretend für Millionen anderer Laien, den Fachmann zu befragen — und das Echo des weit überwiegenden Teiles der Zuschauer gab uns recht.

Was man — unabhängig von der Form der Sendereihe — allgemein an Schuhmacher schätzte, war seine unbedingte Bescheidenheit und Glaubwürdigkeit. Wir, die wir eng mit ihm zusammengearbeitet haben, können beides bestätigen: Er wußte, was er konnte, aber Eitelkeit oder gar Starallüren waren ihm absolut fremd; die Liebe zur Natur und zu den Tieren merkte man ihm noch während der angespannten Arbeit im Studio an, wenn er sich bei bestimmten Aufnahmen an Einzelheiten erinnerte, und uns in Produktionspausen unter der Hand Detailerlebnisse erzählte. Dann standen wir manchmal zu zehn und fünfzehn um ihn herum, Techniker, Beleuchter, Kameraleute, und hörten zu, mit wieviel Begeisterung und Liebe er von „seinen" Tieren sprach.

Ich habe noch eine Bemerkung im Ohr, die er einmal wenige Wochen vor Weihnachten machte. Damals war von Festvorbereitungen und Einkäufen die Rede. Eugen Schuhmacher wischte das alles mit einer bezeichnenden Bemerkung auf die Seite: „Wenn ich diesen ganzen Rummel betrachte, dann wäre ich an Weihnachten lieber bei meinen Paradiesvögeln in Neuguinea oder bei den Orangs auf Sumatra." Hinter dieser Äußerung steckt mehr als nur der Wunsch, der vorweihnachtlichen Geschäftigkeit zu entfliehen!

Was Schuhmachers Engagement betrifft, so galt es, wie sich alle seine Freunde erinnern werden, nicht nur der Erhaltung der Tierwelt, deren Vielfalt von Jahrzehnt zu Jahrzehnt dezimiert wird, sondern vor allem auch der Warnung, der Mensch möge seine natürliche Umwelt lebenswert und menschenwürdig erhalten. Das, was sich durch die Unvernunft des Menschen in der Tierwelt vollzieht, war für Schuhmacher immer zugleich Modell dafür, was der Menschheit selbst droht, wenn sie sich nicht rechtzeitig besinnt und Abhilfe schafft. Davon sprach er bereits zu einer Zeit, längst ehe „Umweltschutz" zum Modewort geworden war. Immer wenn er darauf zu sprechen kam, konnte er geradezu ungehalten und heftig werden, vor allem aus dem Gefühl heraus, tauben Ohren zu predigen.

Was war Eugen Schuhmacher für ein Mensch? Es wäre übertrieben zu behaupten: Er war so, wie ihn die Zuschauer vom Bildschirm her kannten. Gewiß hat er sich vor der Kamera nie in eine künstliche Rolle begeben, und dennoch lernt man einen Menschen nicht über den Bildschirm kennen. Die Facetten einer Persönlichkeit sind vielfältiger, auch wenn sich der eine oder andere Charakterzug im Studiogespräch offenbaren mag.

Er war gerade und ehrlich. Er sagte grundsätzlich das, was er dachte, ohne Rücksicht darauf, wen er vor sich hatte, und auf sein Wort war Verlaß. Man konnte, wenn es sein mußte, auch herrlich mit ihm streiten, aber selbst wenn die Auseinandersetzung heftig war, so wurde sie nie in Mißstimmung nachtragend verlängert. Über sein Privatleben ließ er sich ungern ausfragen, die Kollegen von der Presse hatten es nicht leicht mit ihm. Er war ein fleißiger und sparsamer schwäbischer Realist, der unermüdlich und mit geringstem Aufwand arbeitete. Seine Filme drehte er in allen Teilen der Welt mit der denkbar kleinsten Mannschaft. Oft war er mit einem Assistenten allein unterwegs.

Die Geduld, die für seine Filmarbeit so entscheidend und charakteristisch war, geriet nur in Gefahr, als dieser agile Mann, der noch viele Pläne hatte, durch die schwere Krankheit ans Bett gefesselt wurde. Und trotzdem gestand er einmal, er habe eigentlich ein erfülltes Leben gehabt, weil es ihm nach dem Studium gelungen sei, buchstäblich aus seiner Liebhaberei einen Beruf zu machen.

In den Tagen und Wochen nach seinem Tod habe ich in vielen Einzelbegegnungen, in teilnehmenden Fragen und betroffenen Äußerungen gespürt, daß seine nach Millionen zählende Zuschauerschaft nicht nur die Hoffnung auf weitere erfreuliche Unterhaltung begraben hatte, sondern in einer durchaus nicht selbstverständlichen Weise um Eugen Schuhmacher trauerte. In ihm ist einer von uns gegangen, der — und hier kommen wir auf die Überlegungen zu Beginn zurück — mit seinen zahlreichen und weiten Reisen so etwas wie ein Symbol unseres menschlichen Unterwegsseins überhaupt gewesen ist: unterwegs auf der Suche nach dem Schönen, auf der Suche nach dem Leben und seinen Geheimnissen, auf der Suche nach Antwort auf alle Fragen, die sich jedem stellen, der trotz Hetze und Überlastung, trotz Wohlstand und Ablenkung nicht gedankenlos in den Tag hineinlebt.

WOLFGANG ENGELHARDT

Dokumente oder Verpflichtung

Während der 25 Jahre meiner Bekanntschaft mit Eugen Schuhmacher haben wir weder oft, noch lange miteinander gesprochen. Er kannte die gedrängte Fülle meines Terminkalenders und nahm wie wenig andere stets darauf Rücksicht. Zudem, wir waren uns in der Sache immer völlig einig, und es galt bei unseren Begegnungen immer nur, die eine oder andere Sachentscheidung zu treffen, etwa Schuhmachers Bitte, eine seiner Filmpremieren mit einem Vortrag einzuleiten, oder zu einem seiner Bücher das Geleitwort zu schreiben. Sogar – und das ist vielleicht recht bezeichnend – als ich den Antrag zur Verleihung des Bayerischen Verdienstordens an ihn vorbereitete und stellte, bedurfte es nur eines kurzen Telefongesprächs zwischen uns.

Allerdings fast immer, wenn Eugen Schuhmacher von einer seiner großen Reisen nach München zurückgekommen war, schaute er für einige Minuten bei mir vorbei. Mehrmals bei diesen Gelegenheiten habe ich dann auch die ganz präzise Frage an ihn gerichtet: „Wie beurteilen Sie die Lage in diesem Land, aus dem Sie soeben zurückkommen? Sind die Bemühungen der örtlichen Behörden, der privaten Naturschutzorganisationen um die Erhaltung der dortigen Nationalparke, Schutzgebiete und ihrer Tierwelt erfolgreich? Wie sehen Sie die Entwicklung?" Seine Antworten waren – ich muß es wahrheitsgemäß zugeben – fast in allen Fällen pessimistisch: „Wenn Sie das, was ich auf meinem letzten Film festgehalten habe, noch mit eigenen Augen sehen wollen, dann müssen Sie, lieber Herr Engelhardt, in allernächster Zeit die Koffer packen. Es wird viel, wenn nicht alles, im Strudel einer falsch verstandenen Zivilisation untergehen, was wir heute mit so viel Mühe zu erhalten versuchen. Die örtlichen Regierungsstellen sind viel zu schwach, manchmal korrupt, manchmal faul. Die privaten Naturschutzorganisationen in diesen Ländern haben zwar einen geradezu rührenden Idealismus, aber es fehlen ihnen die notwendigen Geldmittel."

Einmal, und an dieses Gespräch erinnere ich mich noch recht genau, habe ich meine Hoffnung begründet, wir könnten doch die großen Ziele des Umweltschutzes wenigstens in etwa global erreichen, wenn es uns gelänge, die derzeitige Krise, die derzeitige Umstellung von einer Epoche rastlosen Wachstums auf allen Gebieten in die notwendige Epoche des Gleichgewichts natürlicher Kreisläufe überzuführen. Eugen Schuhmacher hörte aufmerksam zu, hatte aber ganz offensichtlich die Mißstände vor Augen, die er auf seinen vielen Reisen in Mittel- und Südamerika, Asien und Afrika erlebt hatte: „Meine Filme sind Dokumente. Sie werden in wenigen Jahren in vielen Fällen das einzige Zeugnis sein, das wir über den ursprünglichen Zustand der betreffenden Landschaft und ihrer Tierwelt haben. Übrigens, Sie sollen für Ihr Naturkundliches Bildungszentrum in München von jedem meiner Filme eine Kopie erhalten, damit Sie diese Filme dort laufend für die Besucher einsetzen können."

Eugen Schuhmacher hat fast alle Länder dieser Erde bereist, fast alle, in die UdSSR allerdings konnte er damals nicht einreisen, so daß er die anerkannt hohen Leistungen dieses Landes auf dem Gebiete des Naturschutzes nicht für die breite Weltöffentlichkeit in seinen Filmen festhalten konnte. Auch meine guten Verbindungen zu Kollegen in Moskau konnten leider in diesem Fall keine Hilfe erbringen. Bei diesem Gespräch, bei dem es, wie gesagt, noch um eine Reise in die Sowjet-Union ging, fragte ich: „Herr Schuhmacher, Sie kennen fast die ganze Erde. Welches Land ist, Ihrer Meinung nach, am schönsten?" Er überlegte auch nicht einen Augenblick: „Alaska!" Und der sonst so ruhige Mann kam für einige Minuten in geradezu euphorische Stimmung. „Es ist das Land, das der Mensch noch nicht zerstört, noch nicht verändert hat. In seiner für uns Europäer unvorstellbaren Weite ist noch alles vorhanden — Berge ohne Seilbahnen, Flüsse ohne Kraftwerke und ohne Dreck, Wälder ohne Holzfällerkommandos und wilde Tiere vieler Arten, was für mich d a s Paradies darstellt!"

Trotz seiner auf eigener Erfahrung beruhenden, recht zurückhaltenden Beurteilung der Erfolgschancen war Eugen Schuhmacher von der epochalen Aufgabe des Umweltschutzes zutiefst überzeugt. Galt jahrzehntelang seine Arbeit fast ausschließlich der Erhaltung der Tierwelt, so hat er sich in den letzten Jahren verstärkt auch

den Umweltschutzproblemen im eigenen Lande zugewandt. Wir haben eine Reihe von Projekten miteinander diskutiert, etwa einen Streifen über Luftverschmutzung industrieller Anlagen in Dörfern und Kleinstädten oder einen Dokumentarfilm über den unsinnigen Bau schwerbefestigter Forststraßen in Mittel- und Hochlagen des deutschen Alpenanteils.
Diese Streifen sind nicht fertig geworden, und wenn ich jetzt nach dem Diktat der vorstehenden Zeilen wieder die Gespräche mit Eugen Schuhmacher lebendig vor Augen habe, dann kann es für uns nur eine Schlußfolgerung geben:
Eugen Schuhmachers einmalige Filme dürfen nicht nur Dokumente sein und bleiben, sondern müssen für uns Ansporn sein, alles zu tun, um das zu erhalten, was er so vielen Menschen an einmaliger Schönheit der Natur gezeigt hat.

BRUNO ERATH

Ausschnitte aus Rundfunkinterviews nach den Reisen

1. PARADIESVÖGEL IN NEUGUINEA

Erath: Herr Schuhmacher, Sie haben hier in Ihrem Grünwalder Haus nicht nur Kakteen und Tropenpflanzen um sich versammelt, sondern auch – in Schränken und Vitrinen – zahlreiche Erinnerungsstücke von Ihren vergangenen Expeditionen; und so auch von dem letzten Unternehmen, über das wir uns jetzt unterhalten wollen. Vor uns am Tisch liegt eines der schönsten Stücke Ihrer Sammlung, nämlich der ausgestopfte Balg eines Paradiesvogels; dieser Vogelgattung galt doch in der Hauptsache Ihre letzte Unternehmung?

Schuhmacher: Ja, in erster Linie galt den Paradiesvögeln die Reise nach Neuguinea. Und zwar im Zuge der Herstellung des großen Films „Letzte Paradiese der Tierwelt“, wo eben gerade die Reise nach Neuguinea die erste Etappe war. Denn eine Reise nach Neuguinea war schon immer mein Wunsch.

Erath: Gerade diese riesige Insel, sie ist ja nach Grönland die zweitgrößte Insel der Welt –

Schuhmacher: – ja, mit etwa 780 000 qkm,

Erath: diese Insel birgt doch eine sehr interessante Tier- und Vogelwelt. Und das war natürlich für den Filmmann Schuhmacher und seine Farbkamera ein besonders attraktiver Anlaß. Dieser Großfilm, von dem Sie sprachen, Herr Schuhmacher, der soll doch die letzten, noch schutz- und erhaltungswürdigen Tierarten der Erde zeigen und auch generell das Tierleben in verschiedenen Teilen der Erde?

Schuhmacher: Vor allem die geschützten Tiere in den größten und schönsten Nationalparks der Erde. Das Tier soll charakteristisch sein für das betreffende Land; es soll selten und geschützt sein. Das ist der Sinn dieses großen Films, also in erster Linie sozusagen die Fossilien von morgen aufzunehmen.

Erath: Doch nun zu Ihrer eigentlichen Tätigkeit während der letzten Monate in Neuguinea.

Schuhmacher: In Neuguinea haben wir uns vornehmlich, wenn ich sage uns, so hat mich ja bekanntlich meine Frau begleitet und zeitweise Schultze-Westrum, ein junger Zoologiestudent von hier, so haben wir uns ausschließlich im östlichen Teil von Neuguinea bewegt. Und von diesem östlichen Teil mehr im Norden, dem ehemaligen Deutsch-Neuguinea, und besonders in den Hochländern. Dann aber auch an der Küste; von der Gegend habe ich Ihnen ja den Bericht damals geschickt.

Erath: Ja, dadurch haben wir schon einen ersten Eindruck von Ihrer Tätigkeit und den Ergebnissen Ihrer Tätigkeit bekommen. Aber vielleicht könnten wir heute das alles noch einmal zusammenfassen: Ich glaube, auch das mitgebrachte Bildmaterial läßt uns doch einiges mehr und besser erkennen, als das, was Sie uns aus dem Dschungel kurz auf Tonband gesprochen haben.

Schuhmacher: Dieser Vogel, den Sie da in der Hand haben, das ist die Art, die damals in dem Tonband über mir im Baum gerufen und gebalzt hat. Das ist genau derselbe orangefarbige Paradiesvogel, der Königin-Auguste-Viktoria-Paradiesvogel.

Erath: Ja, ich darf ihn vielleicht kurz mit laienhaften Worten beschreiben: Ich habe so einen Vogel zum ersten Male vor Augen und in dem Fall auch in der Hand. Es ist, wie gesagt, der naturgetreu ausgestopfte Balg dieses Paradiesvogels, der besonderen Art, von der Sie gerade sagten, daß er –

Schuhmacher: – der Kaiserin Auguste Viktoria gewidmet ist.

Erath: Der Vogel ist etwa so groß wie eine kleine Taube vom Münchner Odeonsplatz,

Schuhmacher: – oder sagen wir wie eine Dohle.

Erath: Ja, wie eine Dohle. Und wirklich in einer verwirrenden Vielfalt farbig. Ich kann jetzt schon verstehen, daß man diese Vögel als Paradiesvögel und als etwas ganz Besonderes in der Zoologie bezeichnet und daß diese Vögel eine geradezu mystische Verehrung genossen haben.

Schuhmacher: Ja, Paradiesvögel! Den Namen haben diese Vögel dadurch bekommen, daß die Forscher von ihnen zunächst keine Füße und keine Flügel, sondern nur den Kopf, die Brust und die herrlichen Schmuckfedern erhielten. So nahm man an, diese Vögel hätten gar keine Füße, um zu landen; sie kämen aus dem Himmel zu unserer Vegetation hernieder, um den Morgentau zu trinken und sich am Blütenstaub zu ernähren; dann würden sie wieder entschwinden, hinauf ins Paradies, ins Firmament.

Erath: Ja, und dieser ausgestopfte Paradiesvogel vor uns, der hat also eine, ich würde sagen, dunkelbraun getönte Brust, in der Farbe wie die Kohlröserl in unseren Alpen ...

Schuhmacher: Ja, nicht ganz unähnlich.

Erath: Dann ein grünes Gefieder an der Halsunterseite und einen langen spitzen Schnabel. Der Kopfputz ist gelblich,

Schuhmacher: — semmelgelb,

Erath: und geht dann über in die Flügel, die zart braunrötlich getönt sind. Und unter den Flügelenden kommen schließlich die langen orangefarbenen Schmuckfedern heraus.

Schuhmacher: Das sind die eigentlichen Schmuckfedern, die nur das alte Männchen trägt. Vom vierten Lebensjahr ab kriegt es diese großen Schmuckfedern.

Erath: Diese Schmuckfedern sind etwa 30 cm lang und verlaufen ganz fein gefiedert zu den Enden hin.

Schuhmacher: Und sind ganz begehrte Objekte der Eingeborenen.

Erath: Dazu kommt noch eine besondere Zierde dieses Vogels; nämlich zwei ganz dünne, wie Draht aussehende Schwanzfedern.

Schuhmacher: Ja, das sind die Drahtfedern am Schwanz. Das ist ein Schmuck ausschließlich der Männchen; ihn tragen allerdings auch schon die jüngeren Männchen.

Erath: Und diese Art der Paradiesvögel ist nur eine von —

Schuhmacher: — 43, die es in Neuguinea gibt,

Erath: — und von zwölfen, die Sie ...

Schuhmacher: ... die ich aufgenommen habe in Bild und Ton.

Erath: Ich kann mir vorstellen, daß das für die Farbkamera eine wahre Orgie war?

Schuhmacher: Das war sehr schön. Alle Farben: blau, rot, gelb grün; es war einfach herrlich, wenn diese Vögel — in allen möglichen schillernden Regenbogenfarben — so hin- und hergetanzt sind auf den Bäumen oder im Dickicht unten, wenn gerade noch ein letzter Sonnenstrahl hereinfiel.

Erath: Aber das muß doch ziemlich schwierig gewesen sein, sich gerade da an diese Vögel anzupirschen?

Schuhmacher: Allerdings. Es hat viel, viel Zeit und viel Geduld gekostet.

Erath: Denn diese „Objekte" sind ja für die Kamera nicht allzu groß; man muß also ziemlich nahe heran, auch wenn man Tele-Objektive hat.

Schuhmacher: Und die meisten Paradiesvögel spielen nicht oben auf den Baumgipfeln im freien Licht, sondern unten im düsteren Dickicht. Da muß man manchmal schon fast zaubern beim Filmen. Es war jedenfalls recht spannend; doch kurz und gut, ich hab' alles schon entwickelt und belichtet und muß sagen, daß eigentlich alle Aufnahmen recht gut geworden sind.

Erath: Dabei werden natürlich alle Schwierigkeiten nur zu schnell vergessen sein; die mühevolle Vorarbeit, dieses Anpirschen und Eindringen in den Dschungel, das ja erforderlich war, um zu diesen Aufnahmestandpunkten hinzukommen.

Schuhmacher: Ja, das ist natürlich ein Kapitel für sich. Aber das ist ja auch so ein kleines Abenteuer, bis man erst einmal diese Bäume weiß, wo die Vögel balzen. Sie balzen nur auf ganz bestimmten Bäumen, oder in ganz bestimmten Büschen zu einer ganz bestimmten Tageszeit; und die zu finden, das hat oft sehr lange gedauert. Es war eigentlich nur möglich mit Hilfe der Eingeborenen.

Erath: Das wollte ich gerade fragen.

Schuhmacher: Man mußte sich immer zuerst an die Eingeborenen heranmachen. Mir wurde das wesentlich erleichtert durch die Neuendettelsauer Missionare, die uns da sehr viel geholfen haben, die gedolmetscht und den Leuten erklärt haben, der will das und das. Ich hatte ein großes Farbbilderbuch bei mir, in dem alle Paradiesvögel abgebildet waren; das habe ich den Eingeborenen immer wieder gezeigt: „Siehst du! Diesen Vogel möchte ich; dort den blauen", — „den gibts nicht bei uns!" — „Und den da?" — „Ja, der ist da hinten droben. — Siehst du den kleinen Hügel, da den großen schirmakazienförmigen Baum? Da oben, da tanzen sie jeden Tag, morgens von Sonnenaufgang bis neun Uhr und nachmittags von vier Uhr bis Sonnenuntergang." So hat man es erfahren.

Erath: Dann sind Sie also von Missionsstationen aus in den Urwald hinein.

Schuhmacher: Immer wieder strahlenförmig hinein auf Exkursionen, die einige Tage, oft auch einige Wochen gedauert haben; mit Trägern, mit Zelten und mit allem, was notwendig war. Hernach ging es wieder zurück und mit dem Flugzeug ein Stück weiter; irgendwo hinein ins Land und das ganze Spiel wiederholte sich. Wir sind oft tagelang marschiert; sechs, acht oder zehn Stunden lang ununterbrochen, auf und ab im brütend heißen, wegelosen Dschungel, um nur eine einzige Aufnahme von irgendeinem Vogel zu kriegen.
Im Bayerischen Rundfunk gesendet am 14. 1. 1960.

2. KRANICHE, ORANG-UTANS, NASHÖRNER IN OSTASIEN

Erath: Herr Schuhmacher, diese Ihre Reise nach Südostasien und in den Fernen Osten war ja nicht die erste Filmexpedition, die Sie im Zuge Ihrer Arbeiten an dem geplanten Großfilm „Letzte Paradiese der Tierwelt" unternommen haben?
Schuhmacher: Nein, das war bereits die sechste Reise. Und es war sicherlich die interessanteste, aber auch die schwierigste und die anstrengendste Reise, die ich je gemacht habe ... Sie führte mich schließlich auch nach Japan. Zunächst einmal zur Südinsel Osumi; dort gab es einige recht merkwürdige Kraniche zu filmen, nämlich die Weißnacken-Kraniche und die Hut-Kraniche. Dann ging es hinauf nach Hokkaido, wo die seltenen mandschurisch-japanischen Kraniche zu finden sind. Da haben Sie grad' ein Bild von diesem Riesenvogel in der Hand. Es leben nur noch etwa 120 von diesen schönen Kranichen auf unserer Erde.
Erath: Nun: Das ist wirklich ein ganz besonders schönes Farbdia von diesem Riesenvogel, wie Sie sagten. Wie groß ist eigentlich dieser Kranich?
Schuhmacher: Der dürfte gut mannshoch sein.
Erath: Und ein sicher besonders schönes Exemplar! Der Körper blendend weiß; der Kopf und das Schwanzgefieder dagegen rabenschwarz.
Schuhmacher: Das ist nicht das Schwanzgefieder. Das wird immer wieder fälschlich als Schwanzgefieder angesehen. Es handelt

Abb. 28 Am Lagerfeuer in Kanada werden Forellen gebraten; von links: Eugen Schuhmacher, Helmut Barth, Maria Schuhmacher

Abb. 29 Fahrt über den Atlantik in die Karibische See; von links: Eugen und Maria Schuhmacher, Inge und Hermann Gerstner

Abb. 30 Südamerikanischer Rosa-Löffelreiher

sich hier um die Enden der Schwingen, die dieser Vogel wie so einen Schwanz über sich breitet, wenn er die Flügel angelegt hat. Diesen Kranichen zuliebe bin ich hauptsächlich nach Japan gegangen. Sie sind streng geschützt und die japanische Bevölkerung hütet sorgfältig den Platz, wo sie den Winter über zubringen; es ist nur ein Winterplatz, an dem wir sie gefunden haben. Die Japaner sammeln Geld und bringen den Kranichen dort in ihrem Winterquartier Futter und halten sie so an dem bestimmten Platz.

Erath: Das war also die letzte Station Ihres Aufenthaltes in Japan, in Hokkaido, auf der nordöstlichsten der vier großen Hauptinseln Japans?

Schuhmacher: Ja; wir haben uns dann in Japan nicht viel länger aufgehalten und sind aus dem winterlichen Japan, dort war es genauso kalt wie bei uns in diesem Winter, wieder zurück in die heiße Waschküche von Nordborneo.

Erath: Sie waren, soviel ich weiß, fünf Monate bei dieser Reise unterwegs?

Schuhmacher: Wir sind am 19. Januar von zu Hause abgereist, also mitten im Winter in die Hitze nach Indien; dann von der Hitze rauf in die Kälte Japans und schließlich von der Kälte Japans wieder runter in die Tropen nach Borneo.

Erath: Da war natürlich wieder einiges zu sehen, zu beobachten und zu tun für Sie?

Schuhmacher: Es waren hauptsächlich die Orang-Utans, also die großen Menschenaffen, denen zuliebe wir dorthin sind. Und wir haben sie fast auf Anhieb gefunden: Eine ganze Familie, sie sehen die Tiere hier im Bild, die im Gezweig sitzt; ein Männchen, ein Weibchen und ein Junges. An diese Familie haben wir uns dann mit der Filmkamera auch gehalten und sie tagelang nicht aus den Augen gelassen, das heißt, wir sind ihnen nachgezogen; teils sind die Tiere auf dem Boden gewandert, meistens aber hangelnd, schwingend und kletternd in den Bäumen. Da sehen Sie so ein Bild davon!

Erath: Ich glaube, diese Tiere haben einen ausgeprägten Familiensinn?

Schuhmacher: Ja, mir ist es vorgekommen, als ob sie mich als alten Bekannten begrüßt hätten.

Erath: Die sind doch an sich enorm gefährlich, oder?
Schuhmacher: Ja, wenn sie Junge bei sich haben, wie diese Familie, muß man ein biß'l achtgeben; aber in diesem Nationalpark ist schon seit Jahren kein Tier mehr verfolgt worden und da verlieren sie auch irgendwie ihre Gefährlichkeit oder ihre Scheu. Und dieses eine Bild hier zeigt sie in der typischen Drohstellung. Das haben wir ein paarmal beobachtet, daß das Männchen Prügel oder Stecken vom Boden aufgenommen und sie nach uns geworfen hat.
Erath: Ausgesprochen menschliche Regungen!
Schuhmacher: Der Affe hat uns nicht getroffen, aber es ging ziemlich nahe vorbei. Dann haben wir ihn noch erwischt, wie er aus Kannenpflanzen Wasser trinkt. Das ist ein sehr glücklicher „Schuß" gewesen. Diese etwa 15 cm großen „Kannen" sind mit Wasser gefüllt; und da hat er plötzlich eine gepackt und sie ausgetrunken, wie aus einer Flasche. Wunderbar! Also irgendwie ... Bewegungen und Verhaltensweisen, die man bei einiger Phantasie durchaus mit menschlichem Verhalten vergleichen kann.
Erath: Wie groß werden eigentlich die Orang-Utans, wenn sie voll aufgerichtet stehen?
Schuhmacher: Gut mannshoch. Sie stehen nur ungern voll aufgerichtet, vor allem in eben diesen Drohstellungen. Dabei sind sie dann gut mannshoch und natürlich viel breiter. Da könnten Sie zwei von uns zusammen nehmen, dann wäre das so ungefähr die Breite eines alten Orangmännchens.
Erath: Eine „Umarmung" von diesen Tieren wäre wohl absolut tödlich?
Schuhmacher: Das möchte ich nicht empfehlen!

Erath: Sie blieben dann noch in Indonesien, wenn auch in einem anderen Gebiet oder auf anderen Inseln?
Schuhmacher: Ja, wir sind dann runter nach Djakarta und von Djakarta zunächst weiter nach dem westlichsten Punkt von Java. Dort lebt das seltenste Säugetier der Erde, nämlich das indonesische Nashorn. Es gibt dort noch ungefähr 25, oder höchstens 35 Exemplare dieses Tieres; nur auf diesem Westzipfel von Java, in einem Nationalpark, gut behütet, gut beschützt. Dort haben wir uns dann 14 Tage aufgehalten, mit dem festen Vorsatz, dieses Nashorn zu filmen, das bislang noch nie gefilmt worden ist.

Erath: Was ist nun das Besondere an diesem Nashorn?

Schuhmacher: Nun: Es ist ein ausgesprochen kleines Nashorn; eines der vier Nashorn-Arten auf unserer Erde. Dieses Nashorn hat nur e i n Horn, genauso wie das indische Panzernashorn, und es ist ein ausgesprochenes Dschungeltier. Es kommt nie auf eine freie Fläche heraus, sondern lebt immer im Urwald; es hat eine ziemlich lange Oberlippe, die wie ein etwa zehn oder zwölf cm langer Rüssel über die Unterlippe herunterhängt. Dieses Tier zu finden, war bislang Filmleuten versagt. Nun, wir haben auch 14 Tage gesucht, wir hatten nicht länger Zeit; am 14. Tag ist nämlich das Schiff wiedergekommen, das uns zuvor hergebracht hat. Es hat uns draußen auf hoher See mit dem Signalhorn ein Zeichen gegeben, daß wir abbauen und zum Einbooten an den Strand kommen sollen. Und in dem Moment hat mein Begleiter Helmut Barth, der ja auch bei dieser Reise, wie schon bei den andern wieder mit war, so ein Nashorn gesehen. Eine Mutter sogar mit einem Jungen! An einem Wasserloch, einem Sumpfloch, im dichtesten Dschungel. Und Helmuth Barth hat dann tatsächlich dieses Tier filmen können!

Erath: Ein großer Glücksfall.

Schuhmacher: Ein ganz großer!

Erath: Aber Glück haben auf die Dauer eben nur die Tüchtigen, gerade auch auf diesem Gebiet.

Schuhmacher: Wir haben uns zumindest bemüht, diese Tieraufnahmen in den „Kasten" zu kriegen; und nur mit ungewöhnlichen Anstrengungen kann man in so einem Fall den gewünschten Erfolg erzielen!

Im Bayerischen Rundfunk gesendet am 29. 8. 1963.

3. BEI DEN KAISERPINGUINEN IN DER ANTARKTIS

Schuhmacher: Diese Reise in die Antarktis hat ungefähr viereinhalb Monate gedauert.

Erath: Wann ging's los?

Schuhmacher: Im Oktober letzten Jahres. Wir haben also Weihnachten im antarktischen Sommer auf ewigem Eis gefeiert.

Erath: Etwas Extravagantes, nicht wahr?

Schuhmacher: Es war sehr interessant.

Erath: Herr Schuhmacher, Sie sind ja, wie man weiß, nicht als Vergnügungsreisender unterwegs, sondern als Filmmann und hier wiederum in einer ganz besonderen Aufgabe, die Sie vielleicht noch einmal selbst kurz umreißen sollten?

Schuhmacher: Das ist immer noch ein Zusammentragen von Filmmaterial für den großen Weltnaturschutzfilm mit dem vorläufigen Arbeitstitel „Die letzten Paradiese der Tierwelt".

Erath: Da sind Sie ja nun schon einige Jahre daran tätig.

Schuhmacher: Nahezu fünf Jahre!

Erath: Wo waren Sie eigentlich schon überall im Zusammenhang mit diesen Filmarbeiten, Herr Schuhmacher?

Schuhmacher: Auf allen Kontinenten, mit Ausnahme eben des siebten Kontinentes, den man die Antarktis nennt.

Erath: So wie ich Sie kenne, haben Sie dort unten ein ganz bestimmtes Tier gesucht?

Schuhmacher: Ganz richtig; und zwar die großen, die größten aller Pinguine, die Kaiserpinguine, die bekanntlich nur auf dem ewigen Eis der Antarktis leben.

Erath: Wie bei allen anderen unserer Interviews haben Sie uns auch diesmal wieder einige Bilder mitgebracht. Es sind sehr schöne, großformatige Farbdias, die eine ganze Kolonie von diesen Kaiserpinguinen zeigen. Auffallend ist dabei zunächst die Größe der Tiere.

Schuhmacher: Ja, die sind ganz schön groß, so an die 135 cm hoch, wie kleine Männlein.

Erath: Man möchte es nicht glauben, daß diese Tiere so groß werden.

Schuhmacher: Doch, die sind wirklich so groß. Meistens sind die Männchen etwas größer und stärker als die Weibchen. Was Sie da auf dem nächsten Bild sehen, das ist ein Paar mit einem Jungen. So sehen also die Jungen aus.

Erath: Das Junge hier ist noch ganz grau, in grauem Flaum.

Schuhmacher: Wir sind ja zu Beginn des antarktischen Sommers dorthin gekommen. Wir kamen gerade recht, als die Jungen schon zu marschieren anfingen.

Erath: Das sind wohl recht gesellige Tiere. Leben die alle in solchen Kolonien zusammen?

Schuhmacher: Immer in Kolonien. Die von uns gefilmte Kolonie von Kaiserpinguinen war noch gar nicht sehr groß; sie zählte nur etwa 5000 Paare. Da gibt es zum Beispiel noch eine andere Kolonie von Adelie-Pinguinen, die ist wesentlich größer und volkreicher, wenn ich so sagen darf; sie umfaßt an die 250 000 Tiere. Aber die brüten auf dem Fels und nicht wie die Kaiserpinguine auf dem Eis.
Erath: Man sieht auf Ihren Bildern auch ganz deutlich den Unterschied: Auf den einen Fotos die Kolonie dieser Kaiserpinguine auf riesigen Eisfeldern und diese anderen Adelie-Pinguine auf großen Abhängen, die zum Teil ausgeapert sind. Also wesentliche Unterschiede in den Lebensbedingungen!
Schuhmacher: Ja.
Erath: Sie sagten, diese Kaiserpinguine seien eine aussterbende Tierart.
Schuhmacher: Eine verschwindende Tierart möchte ich sagen. Die Kaiserpinguine brüten als einzige Vögel im dunkelsten, kältesten antarktischen Winter. Im Herbst beginnen sie sich zu paaren; dann wird das Ei gelegt und etwa 24 Stunden nach dem Legen des Eies übergibt das Weibchen das – übrigens einzige – Ei dem Männchen. Das wird auf den Füßen von einem Partner zum anderen hinübergerollt, so daß es nicht aufs kalte Eis kommt. Und dann steht das Männchen zwei Monate lang auf diesem Fleck, bis das Junge ausgeschlüpft ist.
Erath: Ohne Nahrung?
Schuhmacher: Ohne Nahrungsaufnahme. Es hat schon vorher zwei Monate nichts gefressen, vor lauter Liebesspiel und Werbung! Das Weibchen marschiert dann in der langen und kalten Antarktis-Nacht oft hundert und mehr Meilen ohne etwas zu sehen und nur dem Instinkt folgend, zum offenen Wasser, frißt sich dort voll und kommt etwa zwei Monate später wieder zurück zum Männchen; gerade rechtzeitig, wenn das Junge ausschlüpft. Wenn dem Weibchen etwas passieren würde auf dem langen Weg zum Meer, das heißt zur Futtersuche und wieder zurück, dann müßte das frisch ausgeschlüpfte junge Pinguinchen auf den Füßen des Vaters verhungern, weil der Vater nicht in der Lage ist, ihm etwas zu geben, da er ja auch schon Monate lang nichts gefressen hat. Dann übernimmt das Weibchen das frischgeschlüpfte Junge und füttert es. Das Weibchen hat ja Futter mitgebracht und nun

macht sich das Männchen auf den weiten Weg. Und so wechseln sich die beiden dann gegenseitig in der Aufzucht des Jungen ab, während der Sommer kommt und das Eis schmilzt und das Wasser wieder näher rückt, so daß auch die Zeiträume der Abwesenheit eines der beiden Elternteile immer kürzer und kürzer werden.

Erath: Herr Schuhmacher, das waren also die so selten gewordenen Kaiserpinguine. Wenn man sie auf Ihren Bildern betrachtet, machen sie, wie alle Pinguine, den bekannt lustigen Eindruck, als kleine „Herren im Frack" und mit der weißen „Frackbrust". Aber ich glaube, ihr Leben ist in Wirklichkeit durchaus nicht so lustig, als es auf diesen Bildern erscheint.

Schuhmacher: Nein. Das ist ein ziemlich hartes Leben. Besonders während des strengen Winters, also während ihres Brutgeschäftes. Die Adelie-Pinguine haben es da schon etwas besser.

Erath: Diese Adelie-Pinguine leben ja, wie Sie eben andeuteten, unter wesentlich leichteren Lebensbedingungen.

Schuhmacher: Ja, die brüten während des Sommers, also in der wärmeren Jahreszeit, wenn man in der Antarktis überhaupt so sagen kann, ganz normal wie andere Vögel; und zwar in besonders großen und umfangreichen Kolonien.

Erath: Sie waren ja, wie eingangs schon erwähnt, im antarktischen Sommer da unten. Trotzdem glaube ich, daß selbst dieser antarktische Sommer sicher nicht angenehmer ist als unser heimatlicher Winter.

Schuhmacher: Ja, es war mitunter sehr kalt. Wir hatten Temperaturen bis zu 40 Grad, aber das kann recht schnell wechseln. Wir hatten auch Temperaturen um den Nullpunkt herum. Da war es natürlich relativ angenehm. Normalerweise konnten wir nicht länger arbeiten als eine Stunde. Dann war alles so kalt, die Kamera, der Akku und wir selber, daß wir uns immer wieder aufwärmen mußten.

Erath: Ja, für Sie ist die Arbeit wohl immer extrem, ob nun im tropischen Dschungel mit all den dortigen Unannehmlichkeiten, oder eben in der Antarktis. Filmarbeit unter diesen extremen Bedingungen ist sicher kein Honiglecken.

Schuhmacher: Bestimmt nicht! Aber es ist dann auch umso erfreulicher, wenn was Ordentliches dabei rauskommt.

Im Bayerischen Rundfunk gesendet am 2. 4. 1964

4. URWELTLICHE TIERE AUF DEN GALAPAGOS-INSELN

Erath: Herr Schuhmacher, und nun zu Ihrem letzten großen Sprung über den Atlantik, über Südamerika bis zu den Galapagosinseln. Wem galt diese Zielsetzung?

Schuhmacher: Sie galt einigen charakteristischen Galapagostieren, die nur dort vorkommen und die ich unbedingt auch in meinem großen Film zeigen wollte. Das war in erster Linie, Sie haben ja ein Foto davon in der Hand, die große Elefantenschildkröte.

Erath: Auf diesen großen 6×6-Farbdias sieht man das Tier natürlich besonders schön, und zwar in verschiedenen Phasen der Bewegung. Das muß ja ein Riesending sein. Wie schwer ist so eine Elefantenschildkröte eigentlich und wie lang vom Kopf bis zum Schwanz?

Schuhmacher: Ein ausgewachsenes Exemplar kann einige hundert Kilogramm schwer werden und eine Länge bis zu eineinhalb Meter oder noch mehr erreichen.

Erath: Diese Elefantenschildkröte auf den Galapagosinseln ist ein reines Landtier?

Schuhmacher: Ja, ein reines Landtier. Sie liebt natürlich auch das Wasser, sie geht ins Wasser und badet darin.

Erath: Eines Ihrer Bilder zeigt auch, recht interessant, die Lebensbedingungen, bzw. den Lebensraum dieser Elefantenschildkröten. Es ist eine richtige Urwelt, mit Kakteen-Gewächsen und ...

Schuhmacher: Lava — Blocklava! Das sieht so aus, als ob man gut darin spazierengehen könnte; aber es ist ein furchtbares Gehen auf dieser Blocklava und durch dieses stachelige, dornige Buschwerk hindurch. Dazu kommt dann noch die sengende Sonne; denn die Galapagos-Inseln liegen ja unter dem Äquator, etwa tausend Kilometer von der Westküste Südamerikas entfernt, im Pazifischen Ozean.

Erath: Diese abgeschiedene Insellage war wohl auch der Grund dafür, daß diese Inseln bis heute kaum besiedelt sind?

Schuhmacher: Daß sie kaum besiedelt sind und vor allem, daß sich auch eine so interessante Tierwelt so lange erhalten konnte.

Erath: Eine geradezu urweltliche Tierwelt.

Schuhmacher: Und eine fast einmalige! Elefantenschildkröten gibt es zwar auch noch auf einigen anderen Inseln. Wirklich einmalig sind dagegen die Tiere, deren Bild Sie jetzt in der Hand haben. Das sind die Meerechsen.

Erath: Ja, das ist auch so ein urweltliches Tier, gewissermaßen ein Relikt aus der Vorzeit unserer Erde.

Schuhmacher: Sie kommen nur noch auf den Galapagosinseln vor. Und das ganz Besondere dabei ist, auf diesem Bild da ist es deutlich zu sehen, daß die Meerechsen hier in riesigen Scharen auftreten; es sind also nicht einzelne Exemplare, die da noch irgendwo versteckt in der Gegend herumkriechen, sondern man sieht hier — auf einer kahlen Felsklippe — schätzungsweise 100 Stück von diesen Meerechsen in der Sonne liegen.

Erath: Man kann sich ein gutes Bild davon machen, wie früher einmal die Drachen ausgesehen haben.

Schuhmacher: Ja, sie erinnern daran, wenn man sie ganz nahe betrachten kann; besonders die Männchen mit ihrem Schuppenkamm auf dem Rücken entlang.

Erath: Aber sie sind nicht so groß, wie unsere vorgeschichtlichen Drachen.

Schuhmacher: Das stimmt. Sie sind erheblich kleiner.

Erath: Wie lang sind diese Meerechsen?

Schuhmacher: Ungefähr 1 Meter, 1 Meter 20, wenn es sich um ausgewachsene Männchen handelt.

Erath: Sind sie friedlich oder angriffslustig?

Schuhmacher: Sie sind sehr friedlich; man kann bis auf Armlänge an die Tiere herangehen.

Erath: Von was leben eigentlich diese Echsen?

Schuhmacher: Die leben von Tang, also von Seepflanzen.

Erath: Sie sind also Pflanzenfresser?

Schuhmacher: Ja! Sie gehen ins Wasser und weiden auf den Felsen den Tang ab, wenn sie über Wasser sind; sie tauchen aber auch und holen sich den Tang und die Wasserpflanzen, die unter Wasser sind.

Erath: Und die Elefanten-Schildkröten? Von was ernähren sich die eigentlich?

Schuhmacher: Sie sind auch Pflanzenfresser. Sie fressen hauptsächlich die Kakteen, die hier wachsen.

Erath: Aber ohne die Stacheln?

Schuhmacher: Die machen ihnen gar nichts aus.

Erath: Herr Schuhmacher, die Galapagos-Inseln werden aber nicht nur von diesen Meerechsen und Elefanten-Schildkröten bevölkert, an den Küsten dieser Inseln gibt es auch andere, gewaltige Meerestiere, nämlich Seelöwen, die Sie auch gefilmt haben.
Schuhmacher: Ja, einige Pelzrobben, die haben wir auch gefilmt. Obwohl sie so plump und stumm aussehen, geben sie recht interessante Laute von sich; und es ist für uns immer ausgesprochen lustig gewesen, wenn wir mit dem kleinen Beiboot an Land gingen und eine Gruppe Seelöwen dalag, die dann sofort zu schreien angefangen haben. Der Bulle hatte wohl Sorgen, wir wollten seinem Harem irgendetwas antun.
Erath: Ich glaube, Herr Schuhmacher, diese Seelöwen sind auch sonst nicht gerade friedlich.
Schuhmacher: Ach, sie sind nicht sonderlich angriffslustig. Man muß sich nur vor einem Bullen in acht nehmen, wenn er gerade einen Harem um sich geschart hat.
Erath: Sie sind auch recht gewichtig, diese Tiere.
Schuhmacher: Ziemlich gewichtig, ja. Aber lange nicht so groß, wie z. B. die südamerikanischen Seelöwen.
Erath: Weil wir gerade bei Wassertieren sind: die Galapagos-Inseln werden auch von vielen Wasservögeln besiedelt, nicht?
Schuhmacher: Ja, hier gibt es auch eine große Zahl von Wasservögeln, eine Art Tölpel, Fregattvögel, Pelikane und den flugunfähigen Kormoran, ein reines Galapagostier, dessen Flügel ganz zurückgebildet sind; der schwimmt und taucht nur noch, um sich seine Nahrung aus dem Wasser zu holen.
Erath: Von einem dieser Vögel, die Sie eben erwähnt haben, dem Fregattvogel, haben Sie ebenfalls ein wunderschönes Großdia mitgebracht; was an diesem Vogel besonders auffällt, ist eine ungewöhnlich große, gefärbte Blase am Hals.
Schuhmacher: Das ist der sogenannte Kehlsack!
Erath: Der Kehlsack, den er offenbar stolz vor sich herträgt. Ist das ein Zeichen für die Balzzeit dieser Vögel?
Schuhmacher: Ja, das ist eine reine Imponierstellung. Damit will er den vorüberkommenden Weibchen imponieren; durch sein Gurren und Aufblähen und durch das Schütteln und Ausbreiten der Flügel macht er sich bemerkbar und lockt dadurch ein Weibchen an.
Im Bayerischen Rundfunk gesendet am 21. 4. 1966.

HANS FRIEDER und URSULA EYCHMÜLLER

Filmen in aller Welt

Viele herrliche Jahre hatten wir mit Eugen. Ob auf Tour oder zu Hause, immer war's interessant, und fast immer war's auch gemütlich. Zur Gemütlichkeit gehörte ein guter Tee, eine Pfeife voll Tabak, geheime eigene Spezialmischung natürlich, und Tarock. Wie wahrscheinlich allen, mit denen er sich auf ein längeres Zusammensein einrichtete und die nicht etwa kraft bayrischer Stammeszugehörigkeit sowieso schon in der Wiege Tarock gespielt hatten, brachte er auch uns diese unkomplizierte Freizeitbeschäftigung bei. Wir haben's oft mit ihm gespielt, unter Urwaldbäumen, auf dem Deck eines Schiffes, in mehr oder weniger räuberhöhlenartigen Wirtshäusern, oder auf dem blanken Fels des Jura.

Ungemütlich konnte er aber schon auch werden. Vor allem, wenn's nicht nach Plan ging, oder wenn er solchen begegnete, die das taten, was er am meisten haßte: ohne Not Tiere töten oder ihre Umwelt zerstören.

Nicht nach Plan ging's mal in Guayaquil, der großen Hafenstadt an der Westküste von Ecuador, dem Ausgangshafen für viele Pazifik-Routen. Tropisches Klima, feuchtheiß, mit häufigem Regen strapaziert dort die Nerven.

Da war Eugens Filmausrüstung, die er als erfahrener Kameramann immer rechtzeitig per Luftfracht expedierte, nicht angekommen. Schimpfend machte er sich auf den Weg nach Quito, der Hauptstadt von Ecuador, die hoch in den Bergen gelegen ist und ein kühles Klima hat, um dort nachzusehen.

Wie steigerungsfähig Eugens schimpferisches Können war, zeigte sich dann bei seiner Rückkunft nach Guayaquil; denn auch in Quito hatte er sein Gepäck nicht gefunden. Ein profundes Vokabular an Kraftausdrücken brachte er als Schwabe ja von Haus aus mit. Dies aber hat er im Lauf seines Lebens noch durch bayerische, hochdeutsche und spanische Verbalinjurien so anzureichern verstanden, daß einem in Wut geratenen Eugen zuzuhören zum un-

vergeßlichen Erlebnis wurde. Nur dadurch konnte man ihn vom höchsten Zorn übergangslos zum Lachen bringen, wenn man ein selbst ihm noch unbekanntes, besonders bildhaftes Schimpfwort beisteuern konnte. Bis zur Ankunft auf den Galápagos-Inseln hatte er sich dann beruhigt und sich schon mit der ungewohnten Rolle des filmgepäcklosen Touristen abgefunden, als ihm ein Mitreisender seine 16 mm Bolex zur Benutzung anbot. Die hat er dann für einige Tage angenommen (sein eigenes Gerät kam schließlich doch noch), jedoch bei keiner Verwendung versäumt, auf den „Amateurscheiß" zu schimpfen, wie er jede Kamera zu bezeichnen pflegte, die mit sogenanntem Komfort versehen ist.
So bedächtig er in Worten und Bewegungen wirkte, so blitzschnell konnte er sein, wenn's darauf ankam. Kamerastandort getarnt auf einer Höhe im Jura, Bildausschnitt halbnah ein Wanderfalkenhorst mit einem Jungen! Die Einstellung, auf die wir schon zwei Tage vergebens warteten, war der Anflug des alten Falken mit Beute zur Fütterung des Jungtiers. Es war warm, Durst und Hunger groß, und endlich schickte Eugen jemand weg zum Brotzeitholen. Als die da war, stürzte sich alles drauf, Eugen setzte die Bierflasche an den Hals und trank in großen Zügen, da schoß der lang ersehnte Falke auf's Nest zu, mit Beute. Ein Riesenschreck fuhr uns in die Knochen: Jetzt, jetzt haben wir die Aufnahme verpaßt! Aber bevor wir dieses zu denken angefangen hatten und schon bevor der Falke in Bildausschnittnähe kam, hatte Eugen schon auf den Auslöser gedrückt, friedlich schnurrte die Arriflex, und Eugen trank dabei seelenruhig die Flasche leer. Er hatte sie gar nicht abgesetzt. Und die Szene wurde, wie in „letzte Paradiese" nachzusehen, sehr gut.
Schweifen wir von hier aus wieder in die Ferne zum Galápagos-Archipel. Das ist eine Inselgruppe etwa 1200 km westlich der südamerikanischen Küste im Pazifik, die politisch zu Ecuador gehört. Sie liegt ziemlich genau auf dem Äquator und besteht aus zwölf großen und vielen kleinen Inseln. Die Inseln sind vulkanischen Ursprungs, die meisten sind nur spärlich bewachsen, andere haben in einer Höhe von 200 bis 500 m über dem Meer einen tropischen Vegetationsgürtel. Das Klima ist mörderisch heiß. Bekannt wurden die Inseln vor allem durch die Forschungen von Charles Darwin, der dort seine Lehre von der Entstehung der Arten begrün-

dete. Denn dort gibt es viele endemische Tierarten, die zwar auf dem südamerikanischen Kontinent oder in der Antarktis nahe Verwandte haben oder hatten, die sich aber aufgrund der völlig andersartigen Umweltbedingungen zu völlig neuen Formen und Verhaltensweisen entwickelt haben. Z. B. die Galápagos-Meerechsen, die Elefantenschildkröten, die Galápagos-Tauben, den werkzeugbenutzenden Spechtfink, den flugunfähigen Kormoran, den Galápagos-Pinguin und viele andere.

Auf der zu den Galápagos gehörenden Insel Tower filmte Eugen die Balz der Fregattvögel, ohne Stativ, denn dafür war auf dem kleinen Felsvorsprung kein Platz, die Batterie umgehängt und die Kamera in den Händen. Der Lavabrocken aber, auf dem er stand, war dieses Gewicht nicht gewohnt und brach ab. Der Eugen rauschte abwärts, etwa eineinhalb Meter tief, in andere scharfkantige Felsbrocken hinein. Die Kamera hatte keinen Kratzer und auch die Batterie war unbeschädigt, so flink und geschickt hatte er während des Sturzes die Gerätschaften in die Luft gehalten. Nur er selber war leicht angeschrammt, aber das störte ihn ja nie.

Daß ein Tierfilmer Geduld braucht und Durchhaltevermögen, ist zwar allgemein bekannt. Aber, wenn man das als Laie zum erstenmal persönlich miterlebt, ist man doch sehr beeindruckt. In der Conway-Bucht (Galápagos) nach einem langen Marsch ins Land hinein waren alle hundemüde. Die Sonne brüllte mitleidlos vom Himmel, kein Wölkchen, kein Luftzug, alle – außer Eugen Schuhmacher – zogen sich in den spärlichen Schatten von Sträuchern oder Lavafelsen zurück. Eugen aber setzte sich mit schußbereiter Kamera vor das Loch eines Drusenkopfs und wartete.

Der Drusenkopf ist ein nur auf den Galápagos-Inseln anzutreffender („endemischer") Landleguan mit gelb-brauner Grundfarbe und andersfarbigen Flecken. Er ist etwa 1,10 m lang, lebt in den tiefgelegenen, trocken-heißen Gegenden der Inseln, hat seine Behausung in Felslöchern oder -spalten und ernährt sich von Pflanzen, z. B. von Kakteen, die er samt ihren messerscharfen Stacheln zu verzehren pflegt. Da er sowohl dem Galápagos-Habicht wie auch den paar Menschen, die auf den Inseln leben, als Leckerbissen gilt, ist er – im Gegensatz zu den meisten anderen Tieren dieser Inselwelt – sehr scheu und deshalb schwer aufzufinden. Auf einigen Inseln ist er schon ausgerottet.

Einen solchen ehrwürdigen Burschen wollte sich Eugen für seine Kamera natürlich nicht entgehen lassen. Er wartete und wartete vor dem Loch. Dem Drusenkopf war's aber viel zu warm draußen, er blieb in seiner Höhle. Die Hitze wuchs noch, die Stechmücken umtanzten den armen Mann und sogen ihn aus, aber der blieb völlig bewegungslos sitzen, Stunde um Stunde. Der Schweiß rann und mischte sich mit dem Blut aus den Stichen, und nach 3 Stunden und 18 Minuten hatte sich's gelohnt: Der Drusenkopf kam heraus in die Sonne, beäugte den neuen Klotz vor seiner Tür, kam näher und bewegte sich gemächlich hin und her, die Kamera surrte leise und die Filmszene wurde erstklassig.

Eine andere Expedition führte Eugen in den Budongo-Urwald, der in Nordwest-Uganda nahe dem Albertsee gelegen ist. Größe des Waldes ungefähr 800 qkm, eine einzige Straße führt hindurch und einige wenige Wege. Wer sich ohne Kompaß oder einen zuverlässig ortskundigen Führer in diesen Wald wagt, kann sich schon 100 Meter von der Straße entfernt so verirren, daß er nie wieder zum Vorschein kommt. Tiere: Schimpansen (die waren der Anlaß unseres Aufenthalts dort), Colobus-Affen, Meerkatzen, Paviane, Leoparden, Waldelefanten, Büffel, verschiedene Schlangenarten, Waldantilopen, Buschschweine, Perlhühner, Nashornvögel, Webervögel, Bülbüls, Gaukler und andere Greifvögel, grüne Papageien und sonstige interessante Vogelarten, ferner viele herrliche Schmetterlinge.

Der Budongo und die anschließenden Urwälder sind fremdenverkehrsfreie Schutzgebiete, Touristenunterkünfte gibt es keine und man darf sich dort nur mit Spezialerlaubnis des zuständigen Forstministeriums aufhalten. Klima: tropischer Regenwald mit null bis vier Wolkenbrüchen pro Tag, aber durch die Höhenlage (ca. 1100 m über dem Meer) sehr angenehme Temperatur.

Für das Filmen von Schimpansen im Budongo-Urwald hatte Schuhmacher drei Wochen vorgesehen. Er hatte sich in Kampala einen VW-Kombi gemietet und war zum Erkunden und Quartiermachen vorausgefahren, wir kamen erst einige Tage später in Kampala an. Natürlich brauchten auch wir ein Transportmittel und ein in Kampala lebender Freund vermittelte uns einen robusten Pkw samt einem guten Fahrer. Alles klappte wunschgemäß, wir trafen Eugen und seine beiden Begleiter bei bester Laune im Urwald an, der Kartoffelsalat à la Schuhmacher war schon fertig und die Unterkunft war zwar unmöbliert, aber doch für diesen Teil der Welt ungewöhnlich komfortabel. Sogar eine alte Blechwanne (aus der Zisterne zu füllen) war da. Das Gespräch kam auf die Mietpreise für die Autos. Und da stellte sich dann heraus, daß er, der alte Globetrotter und ausgefuchste Afrikaner, erheblich mehr bezahlt hatte als wir blutigen Amateure. Zunächst wollte er das gar nicht glauben und rechnete heftig vor und zurück und um und um. Dann aber war's klar, man hatte ihm den Normal-Touristentarif minus 10 Prozent abverlangt, während wir — eben dank jenes guten Freundes — zum Ortsansässigensatz befördert wurden, und das hat ihn doch etwas geschockt und er hat's lange nicht vergessen. Denn eine seiner schwäbischen Eigenschaften war die Sparsamkeit und er hielt durchaus nichts davon, für eine Sache mehr zu bezahlen als unbedingt nötig war. Andererseits aber war er von nobler Großzügigkeit und grandseigneuraler Gastfreundschaft, und beides, das Zuhalten des Pfennigportemonnaies und das bedenkenlose Opfern von großen Scheinen für Freunde oder für eine gute Sache vertrug sich ausgezeichnet beim Eugen.

Im Budongo (1969) hatten wir noch viel Spaß. Die Herzen der Bewohner einer kleinen Eingeborenensiedlung in der Nähe hat er sich mit seinen Scherzen im Sturm erobert, besonders gut konnte er's mit einer alten, klapperdürren Oma und mit dem einzigen Moslem und Moscheebesitzer der sonst katholischen Gemeinde. In kurzer Zeit hatte er sie so weit, daß die Benachrichtigung über den jeweiligen Standort einer Schimpansenhorde reibungslos funktionierte. Und mit Hühnern, Eiern und herrlichen Fischen aus dem Albertsee wurden wir auch laufend versorgt. Da der Vizepräsident unserer Trägerkolonne, Manueri, fast ständig hoffnungslos betrunken und seine Autorität bei Küchenmädchen und Hausboy entsprechend gering war, klappte die Verpflegungszubereitung nicht immer nach Wunsch. Eugen ging deshalb dazu über, das häufig selbst zu besorgen, natürlich haben auch wir anderen gezeigt, was wir können. Aber für die Kreation von warmem Kartoffelsalat oder für Hühnerfrikassee war allein er zuständig, da durften wir nur niedere Hilfsdienste verrichten.

Wie es bei einem Mann, der sein ganzes Leben den Tieren gewidmet hat, nicht anders zu erwarten ist, konnte er wunderbar mit

Tieren umgehen. Einen halbzahmen jungen Hapalemuren, dem wir in Maroantsetra (Madagaskar) begegneten, hatte er in einer halben Stunde so weit, daß er kaum noch von ihm wegzubringen war. Das lustige und liebenswerte kleine Kerlchen, das immer am Daumen lutschte, turnte auf ihm herum, kroch ihm auf den Kopf und ins Hemd und hielt sich an seinen Haaren fest. Beim Filmen war das dann manchmal etwas lästig; denn immer, wenn Eugen aufnehmen wollte, sprang der dunkelbraune kleine Racker von irgendwoher aufs Stativ oder auf die Kamera oder übte mit der darunterhängenden Batterie Schaukeln. Sonst mochte Eugen Störungen während seiner Arbeit ja nicht gerade wahnsinnig gern, aber diesem quirligen Halbaffenknaben gegenüber bewies er eine unendliche Geduld. Er ließ ihn sogar mit seiner Pfeife spielen.
Es waren schöne Jahre, die mit unserem Freund Eugen Schuhmacher, und heute abend noch würden wir wieder mit ihm losziehen, wenn er uns noch einmal rufen könnte.

DORIS FISCHER

Eine Ärztin berichtet

Eugen Schuhmacher war zunächst Patient meines Mannes Dr. Friedrich Fischer. Schuhmacher ließ meinen Mann im September 1954 rufen. Eben war er von der Rebitsch-Expedition aus dem Karakorum zurückgekommen. Er hatte hohes Fieber und wollte es nicht glauben, daß er eine Malaria tropica hatte. Sein Lebenswille und seine Schaffenskraft wiesen jede Vorstellung von Kranksein von sich. Krankheit bedeutete für ihn Behinderung bei den Unternehmen, die er sich vorgenommen hatte. Er sah die Aufgabe eines Arztes darin, diese Behinderung so rasch wie möglich zu beseitigen. Damals war er kein geduldiger Patient. Aber er selbst half mit allen Mitteln und aller Einsicht nach, um seine Krankheit schnell zu überwinden. Wenn er bei hohem Fieber und schlechtem körperlichen Allgemeinbefinden leidenschaftlich von seinen Expeditionen, seinen weiteren Plänen und Zielen erzählte, so war das sehr eindrucksvoll.

Seit jenem September 1954 habe ich Herrn und Frau Schuhmacher immer wieder mal behandelt. Eines Abends war Frau Schuhmacher plötzlich schwer erkrankt und Herr Schuhmacher holte mich in meiner Praxis ab, um mich möglichst rasch zu seiner Frau zu bringen. Gerade als ich die Praxis verlassen wollte, läutete das Telefon. Ein Grünwalder Hotel bat mich, zu einer Patientin zu kommen, die bewußtlos in ihrem Hotelzimmer aufgefunden worden war. Es war für Schuhmacher eine Selbstverständlichkeit, mich zuerst dorthin zu bringen und geduldig auf mich zu warten. In diesem Verhalten zeigte sich wieder, wie behutsam er mit allem Leben umging. Ich habe kaum einen Menschen kennengelernt, der Leben so achtete, wie er! Es wird für mich immer ein bitterer Gedanke bleiben, daß gerade diesem Menschen am Ende kein Arzt mehr helfen konnte.

In den letzten schweren Jahren wurde er sehr, sehr geduldig. Er fügte sich allen Anweisungen, war dabei immer voll Energie mit

Abb. 31 Am Kap Crozier (Antarktis) Helmut Barth (links) und Eugen Schuhmacher mit Kaiserpinguinen

Abb. 32 Begrüßung durch Angehörige des Kukukuku-Stammes in Neuguinea

Abb. 33 Eugen Schuhmacher mit einer Eskimo-Maske; er verehrt die unvermeidliche P seinem „doppelten Gesicht"

dem Ziel, seinen Film „Europas Paradiese" zu vollenden. Schwerkrank bewahrte er seinen schwäbischen Humor. Wenn ich ihm zur Aufmunterung heitere Anekdoten aus meiner Praxis erzählte, konnte ich ihm damit noch häufig ein Lachen abgewinnen.
Einmal sagte er mir: „Ohne meine liebe Frau hätte ich all das, was ich schaffen durfte, nicht zuwege gebracht." Gleich in welchem Krankenhaus oder Sanatorium er war, seine Frau durfte nicht von seiner Seite weichen. Ich habe selten erlebt, daß eine Frau mit so viel Liebe und Hingabe pflegte, wie Frau Schuhmacher dies tat. Wenn der Schwerkranke seine Tochter oder eines seiner Enkelkinder bei sich hatte, lag auch ein glückliches Lächeln auf seinen Zügen. So hat er in all dem Leiden noch viel Erhellendes um sich gehabt.

P. GUNDEKAR FLIERL

In Feuerland und auf der Spur der Inkas

Schuhmacher hatte ich 1950 bei den Schnittarbeiten an seinem Film „Natur in Gefahr" kennengelernt. Ein Film, der auch jetzt nach 23 Jahren die weite Problematik der Umweltveränderung und Umweltverschmutzung aufzeigt und dessen ganze Tendenz der Erhaltung und dem Schutz der Natur galt. Schade, daß dieser Film damals noch nicht in Farbe gedreht werden konnte. Aber auch in Schwarz-Weiß zeigte er mit aller Deutlichkeit auf, was heute immer wieder betont wird und was so wichtig ist, daß die Bayerische Staatsregierung sich veranlaßt fühlte, vor allen anderen Ländern ein „Umweltschutz-Ministerium" zu gründen.
Damals war es mir gelungen, Eugen Schuhmacher zu bewegen, im kleinen Kreis unseres Kapuzinerkonvents St. Joseph in München einige seiner früheren Kulturfilme vorzuführen. Wir alle freuten uns an diesen kurzen 12minutigen Filmreportagen über „Schnurf, die Igelin", „Der gelbe Dom" — Leben in einem Getreidefeld von der Saat bis zur Ernte, mit dem am Schluß so schön getroffenen Hamster mit vollen Backen. „Salmo, die Forelle" und „Der Weiberschreck" (die Mäuse), „Netz aus Seide" (die Spinne) und „Vorsicht Kreuzottern" waren nur einige Titel der mit tiefer Naturbeobachtung aufgenommenen Kurzfilme. Man verspürte die Liebe und Verbundenheit Schuhmachers zur Natur und seinen Ruf in letzter Stunde: „Erhaltet die Natur und deren Geschöpfe."
Damals wagte ich es, Eugen Schuhmacher zu bitten, doch einen Missions-Kulturfilm zu drehen mit dem Arbeitstitel „Indianerland am Pazifik". Viele Stunden saßen wir beisammen, um das Drehbuch zu erarbeiten mit seinen drei Teilen: Die noch unberührten Siriono-Indianer in den Urwäldern Boliviens am Nebenfluß des Amazonas (bayerische Franziskaner); die versunkene Kultur der Inkas in Hochperu und Bolivien (Franziskaner und Dominikaner); die gegenwärtige Missionsarbeit der bayerischen Kapuziner unter den Araukaner-Indianern in Südchile und die Arbeit der

Salesianer unter den heute ausgestorbenen und ausgerotteten Indianern in Feuerland.
Also ein Kulturfilm im Gebiet zwischen Äquator und Kap Horn. Fast ein Jahr arbeiteten wir unter Zuhilfenahme der damals erhältlichen und zugänglichen Literatur an der Erstellung des Drehbuchs. Dann galt es, einen Geldspender für diese Dreharbeiten zu gewinnen. Es gab lange Verhandlungen mit den Päpstlichen Missionswerken in Aachen und München und noch zähere Verhandlungen, dies Geld vom Bundesfinanzministerium in ausländischer Währung zu erhalten.
Wichtig waren auch die Vorbereitungen in den vier Ländern, die wir bereisen wollten (Visa für Brasilien, Bolivien, Peru und Chile, dazu die Transitvisen durch Argentinien); außerdem die Zollabfertigung mit diesen Ländern wegen der Einfuhr des Filmmaterials (10 000 m) und der entsprechenden Filmgeräte mit allen Zusatzapparaten. Heute stellt man sich das leichter vor, damals war das ein langwieriges, zähes Verhandeln und kostete viel Geduld und Nerven. Doch wir ließen uns von unserem Plan nicht abhalten.
Ende 1952 war es dann soweit und unsere Drei-Mann-Expedition konnte aufbrechen mit 750 kg Gepäck und gut vorbereitetem Arbeits- und Reiseplan.
Schuhmacher reiste mit seinen beiden Filmkameras, diversen Objektiven und 10 000 m Schwarz-Weiß-Film von Genua direkt über Panamakanal nach Valparaiso.
Sein Assistent Ronald Martini und ich folgten mit dem übrigen Material (Tonbandgerät, Zelt, Paddelboot und anderen Ausrüstungen) von Genua über Dakar nach Buenos Aires und von dort mit der Andenbahn nach Chile. Trotz des Transitgutes wollten die argentinischen Zollbeamten unser ganzes Gepäck von oben bis unten durchfilzen. Auf mein energisches: „Ja, wir haben da drinnen nur Atombomben", ließen sie lachend ab und gaben es für den Transit frei.
In Valparaiso neue Scherereien im Zoll, bis wir alles frei hatten. Nun kamen die ersten Dreharbeiten in Santiago selbst, dann im Süden bei den Araukanern und am Neujahrstag 1953 fuhren wir per Schiff von Puerto Montt nach Punta Arenas ins Feuerland, wo wir bei den Salesianern freundlichste Aufnahme fanden. Bischof Guido Beck von Araukanien hatte mittlerweile vom Präsidenten

Ibañez in Santiago erreicht, daß wir auf einem Patrouillenschiff der chilenischen Kriegsmarine uns einschiffen durften zu einer Reise durch die Fjorde und Gletscherwelt der Feuerlandinseln. Nun surrte die Kamera und Rolle um Rolle kam ins Gepäck. Schuhmacher führte genau Buch über all das, was gefilmt worden war. Tagelang durchwanderten wir Junggehölz und Inseln in der Hoffnung, doch noch Reste von Indianerfamilien aus dem Stamm der Onas und Yagans aufzustöbern. Außer einigen armseligen, aus Ästen und Baumstangen hergestellten unbedachten Zeltgerüsten, Blockhäusern, Haufen von Muschelresten und einigen Skeletten fanden wir nichts. Das Patrouillenschiff „Lautaro" mit seinem Kapitän Don Julio diente uns für Wochen als Heimat. Schuhmacher hatte Gelegenheit, herrliche Landschaftsbilder einzufangen, Pflanzen, Tiere und Fjorde mit kalbenden Gletschern. Bei der Fahrt über das Kap Horn holten wir den seekranken Eugen aus Bett und Kabine. Den hohen Wellengang und die 17 herausragenden Masten der hier versunkenen Segelschiffe aus vergangenen Jahrzehnten und Jahrhunderten brachte Schuhmacher in seine Filmkamera. Kurz vor dem Südpolarland, auf der Insel Ramirez, filmte er die bis zu 5 Tonnen schweren See-Elefanten. Das Zusammenleben mit der kleinen Besatzung von Offizieren und Mannschaft auf „Lautaro" stand in einem herzlichen Einvernehmen und führte zu einem lebhaften Austausch von Erlebnissen. Oft gedachte Eugen Schuhmacher in späteren Jahren noch dieser abenteuerlichen Forschungsreisen auf „Lautaro".

Nach der Rückkehr von unseren Inselreisen nach Punta Arenas mußten noch manche Exkursionen ins Innere des chilenischen Patagonien gemacht werden. Im Salesianer, P. Agostini, hatten wir den besten Kenner und Berater Feuerlands, der auch persönlich im Film auftrat, um klar zu dokumentieren: „Die weißen Farmer haben die Indianer auf Feuerland ausgerottet."

Eugen Schuhmacher war mit seiner Filmausbeute sehr zufrieden. Es war sehr viel Kleinarbeit, die oft nur meterweise eingebracht werden konnte. Das gegenseitige Kennenlernen und die Gespräche mit den Salesianermissionaren öffneten ihm und mir eine ganz andere Welt, in der auch der Weltenschöpfer seinen Platz hatte.

Dann kam Araukanien an die Reihe, das schöne herrliche Land vom Ufer des Pazifik bis zu den Gipfeln der Andenkette.

Im Haus des Bischofs Guido Beck von Villa Rica und in den vielen Missionshäusern wurde uns stets herzliche Gastfreundschaft geboten. Das ganze Leben der Indianer, mit all ihrem Tun und Treiben, auch mit ihren religiösen Feiern, ihr langsames Hineinwachsen in die moderne Zeit durch Unterrichtung seitens der Missionare, wanderte in die Kamera. Eugen Schuhmacher lernte dadurch auch die Leistungen der Kapuzinermissionare aus Bayern in Theorie und Praxis kennen und war allüberall gern gesehener Gast, an den man sich heute noch mit frohem Gedenken erinnert und dessen Tod mit aufrichtiger Anteilnahme bedauert wurde.
Aber auch Bischof Guido Beck und seine Mitarbeiter, wie deren Arbeit, ein Naturvolk zu kultivieren, haben Schuhmacher persönlich tief beeindruckt, und er kargte nicht mit Worten echter Anerkennung. So gewann der ganze Film auch eine wahre missionarische Note, die er seinen deutschen Landsleuten auf der Leinwand aufzeigen wollte.
Ende Mai 1953 fuhren wir mit Sack und Pack über Santiago nach Antofagasta und mit der Anden-Gebirgsbahn nach Oruro in Hochbolivien. Dort fanden wir freundliche Unterstützung im Franziskanerbischof Berthold Bühl und die bolivianischen Franziskaner waren uns treue und eifrige Berater auf unseren Reisen an den Titicacasee mit seinem jahrtausendalten Sonnentor und merkwürdigen Steinstatuen. Eine wieder ganz anders geartete Kulturwelt der Hochlandindianer vergangener Jahrhunderte tat sich uns auf und erregte im Kulturfilmregisseur Schuhmacher größtes Interesse, wie auch die Eisenbahnfahrt nach der fast 4400 m hoch gelegenen Stadt Potosi. Diese war von spanischen Eroberern zur Ausbeutung des dortigen Silberberges im altspanischen Barockstil erbaut worden. Hoch vom Dach der Franziskanerkirche ließ Eugen Schuhmacher in einem langen Schwenk seine Kamera über Stadt, Land und „Silberberg" von Potosi gleiten.
Das Höhenklima machte auch unser Expeditionsteam schlaff und müde. Wir waren froh, als wir nach La Paz zurückkehren konnten. Von dort aus brachte uns ein bolivianisches Flugzeug nach Santa Cruz de la Sierra und hinein in die Urwaldregion ins Missionsgebiet der bayerischen Franziskaner. Der Missionsobere und spätere Missionsbischof Kilian Pflaum zeigte uns die Schönheit dieser Urwaldlandschaft am Guapuré. Auf seinen ärmlichen Missionsstatio-

nen im Urwald mit gerodeten Indianersiedlungen genossen wir schönste Tage der Filmarbeit und Unterhaltung.
Doch auch diese Zeit ging zu Ende, ebenso unser reiches Filmmaterial und noch mußten die Inkabauten oder Inkaruinen in Hochperu eingefangen werden.
Gerne halfen uns die bei den dortigen Regierungen angesehenen Franziskanermissionare über alle Zollschwierigkeiten hinweg. Unsere Fahrt über den Titicacasee (4000 m hoch gelegen) und per Bahn von der Stadt Puno aus über das Hochland nach Cuzco brachte stets neue Einblicke in Leben und Kultur der Aymaras und Ketschuas, aus denen das Regierungsgeschlecht der Inkas hervorgegangen war. Cuzco selbst und seine nähere und weitere Umgebung boten Schuhmachers Arbeiten reiches Betätigungsfeld.
Der Mann, der die meiste Zeit seines Lebens damit verbracht hatte, fast ausnahmslos die heimische und exotische Tierwelt und ihre Verhaltungsweise zu filmen, hatte sich in den beiden Filmen: „Auf den Spuren der Inkas" und „Unterwegs nach Feuerland" bemüht, ein die Filmleinwand bereicherndes Lebensbild der kulturarmen und kulturreichen Indianerrassen in ihrer Umwelt aufzuzeigen. Und das war in den Jahren 1952 und 1953, wo jede Filmarbeit im Ausland noch so erschwert war.
So lernte ich Eugen Schuhmacher, den Preisträger zahlreicher Kulturfilme, der oft auf dem Bildschirm mit seinen besten Filmausschnitten zu sehen war, kennen und als echten Freund schätzen. An seinem Grab durfte ich ehrlichen Herzens sagen: „Eugen Schuhmacher war keineswegs ein alltäglicher Kulturfilmregisseur, sondern ein gläubiger Mensch, der in der Natur auf den Spuren seines Schöpfers von Spitzbergen bis Neuseeland, von Alaska bis Südafrika, von Japan bis Feuerland reiste, um das einzufangen, was — Gott sei Dank — heute noch lebt und zu bestaunen ist, was aber leider bald nicht mehr da sein könnte."
An der großen weiten Gottesnatur hat er herausgefischt, was zu sehen ist und des Menschen Bewunderung verdient, diesen aber auch fordert zu erhalten, was noch möglich ist.
In mehr als zwei Jahrzehnten hat sich meine Freundschaft mit Eugen Schuhmacher zu einer beglückenden und bereichernden Begegnung gestaltet, in dem ich eine echt franziskanische Natur- und Tierliebe entdecken durfte.

ERIC FLIPSE

Bei den Eisbären im hohen Norden

Am 30. Juni 1968 flog ich mit einer Maschine DC 9 der SAS hoch über den norwegischen Fjorden und Bergen in nördlicher Richtung. Ich war damals 24 Jahre alt und studierte Biologie. Ich wollte mich an einer Expedition beteiligen, deren Aufgabe es war, ins Polareisgebiet östlich von Spitzbergen einzudringen, dort die Eisbären, soweit wie möglich, zu zählen, und zu markieren. Die Eisbären sollten für kurze Zeit gefangen, untersucht und mit einem Kennzeichen (einem Nummernscheibchen im Ohr) versehen werden. Danach sollten sie natürlich wieder ihre Freiheit erhalten. Der Grund für diese Aktion war, den Tierbestand in etwa festzustellen und die Tiere selbst vor weiterer Ausrottung zu schützen. Es galt, die Weltöffentlichkeit auf die Gefahren, die auch dieser Tierart drohen, aufmerksam zu machen. Das Ziel meines Fluges war der norwegische Hafenort Bodö, von dort aus sollte dann unser Expeditionsschiff abfahren.

Berggipfel und Wolkenfetzen lagen unter unserem Flugzeug. Wir hörten nur das Dröhnen der Motoren und das Geräusch der Luftventile. Sonst war nichts in unserer Kabine zu hören. Plötzlich aber wurde die Ruhe unterbrochen: einige Reihen vor uns gab es eine Lachsalve nach der andern. Neugierig lugte ich zur Seite, um zu sehen, was da vorne los sei. Ich erkannte zwei Herren, die schon wesentlich älter waren als ich selbst. Sie sprachen deutsch miteinander und schienen sich fortwährend Anekdoten und Witze zu erzählen. Es waren wohl keine normalen Touristen, denn sie waren ausgesprochen sportlich gekleidet. Und da sah ich auch zwischen ihrem umfangreichen Handgepäck ein schweres Filmstativ. Da ahnte ich, was die beiden Passagiere vorhatten.

Nachdem das Flugzeug in Bodö gelandet war, stiegen auch die zwei deutschen Passagiere aus. Ich verlor sie zunächst aus den Augen. Am nächsten Morgen aber, als wir gerade am Schiff mit dem Einladen beschäftigt waren, erschienen auch die zwei Deutschen am

Kai und kamen an Bord. Sie stellten sich vor: es waren Eugen Schuhmacher und sein Begleiter Hajo Bopst. Aha, das waren also die Filmleute, die sich an unserer Expedition beteiligen wollten. Wir lernten die beiden bald näher kennen und gewannen sie als Freunde.

Noch einmal wurde unser Ziel festgelegt: im Barentsmeer wollten wir in diesem Sommer 1968 möglichst viele Bären aufspüren und markieren. Danach sollte eine aus je vier Personen bestehende norwegische und holländische Gruppe auf der unbewohnten und von Polareis umgebenen Edge-Insel überwintern. Außer den Eisbären waren auch Rentiere, Polarfüchse, seltene Vögel und Pflanzen in diesem kurzen Polarsommer von uns zu beobachten.

Aber die Hauptsache blieb für uns der Eisbär. Wir wollten möglichst viele Unterlagen sammeln, um die einzelnen Regierungen, und vor allem die angrenzende norwegische Regierung, zu veranlassen, den Eisbären durch Gesetze zu schützen. Und Eugen Schuhmacher sollte mit seinen Filmen bei einem breiten Publikum Interesse für unser Anliegen erregen.

Die Filmarbeit im Barentsmeer war allerdings auch wegen des häufigen schlechten Wetters mit vielen Schwierigkeiten verbunden. Wenn sich aber die Sicht verbesserte oder wenn gar die Sonne herauskam, wurden unsere Filmleute außerordentlich aktiv. Eugen Schuhmacher stand dann viele Stunden hinter seiner Kamera oder er kletterte über das Polareis. Bei seiner unermüdlichen Tätigkeit vergaßen wir anderen beinahe, daß er 30 oder sogar 40 Jahre älter war als die meisten übrigen Expeditionsteilnehmer.

Immer wieder gelang es uns, einen Bären für kurze Zeit einzufangen und zu kennzeichnen. Eugen hielt mit seiner Kamera unsere Arbeit fest, dazwischen filmte er aber auch Vögel oder andere auftauchende Polartiere. Da gab es z. B. zwischen den Eisfeldern des Barentsmeeres oder in der Nähe der arktischen Inseln verschiedene Alkenarten (Krabbentaucher, Dickschnabellummen, Teisten). Eissturmvögel und Eismöwen flatterten dauernd rings um das Schiff. Eine der schönsten Erscheinungen im Eis war die Elfenbeinmöwe. Dieser makellos weiße Vogel ernährt sich von allerlei tierischem Abfall, den er auf dem Eis oder an den verlassenen Küsten findet. Seine Nester sahen wir auf kahlen Felsen, die meist von Schnee und Eis umgeben waren.

Bisweilen besuchten uns auch Brutvögel aus dem sibirischen Tundragebiet, sie zogen während der Sommerwochen gegen Westen und erschienen dabei in der Nähe von Spitzbergen.
Neben unserem Haupttier, dem Eisbären, beobachteten wir natürlich auch Seehunde, es waren meist Ringelrobben und Bartrobben, aber auch Sattelrobben tauchten auf. Mitglieder der Schiffsbesatzung machten mitunter Jagd auf die Seehunde. Manchen Teilnehmern unserer Expedition war das gar nicht recht, besonders Eugen Schuhmacher regte sich über solche Jagden sehr auf, nicht selten trat er zwischen die Jäger und kaufte bedrohte Seehunde „frei". Nach solchen Szenen war Eugen wieder unermüdlich bei der Arbeit mit seiner Kamera. Wenn er einmal Pause machte, sprachen wir über die Probleme, wie unsere menschliche Umwelt in immer größere Gefahr geriet, oder wir tauschten Reise- und Fotoerfahrungen aus.
Nach dem Ende des kurzen Polarsommers fuhr unser Expeditionsschiff nach Kap Lee auf der zu Spitzbergen gehörenden Edge-Insel. Mit drei Kameraden wollte ich dort noch ein Jahr in einer selbstgebauten Hütte zubringen. Andere Angehörige unserer holländischen Gruppe befanden sich bereits dort und hatten auch schon die Wände unserer Hütte errichtet.
Eugen Schuhmacher und Hajo Bopst gingen mit uns an Land, um sich unser werdendes Winterhaus anzusehen. Eugen meinte besorgt, da sei aber vor dem Polarwinter noch allerlei zu tun, um das Haus sturmfest zu machen.
Dann mußten wir uns von unseren deutschen Freunden trennen. Eugen und Hajo verabschiedeten sich von uns. Als Eugen mit dem Kleinboot zum Schiff zurückfuhr, rief er uns noch einen Gruß zu und versprach uns ein Lebenszeichen aus Deutschland zu schicken, falls im nächsten Jahr ein Postboot hierher nach Spitzbergen gelangen sollte.
Am 11. September fing der Polarwinter bereits an. Schneestürme und Orkane tobten rings um unsere Hütte. Einen Monat später sank die Temperatur unter 20 Grad. Zum letztenmal sahen wir die Sonne Ende Oktober über dem Horizont, dann fing für vier Monate die Polarnacht an. Bald erreichte die Temperatur Werte von 30 Grad unter Null. Wir hatten nur noch über das Radio Verbindung zur Außenwelt. Erst sieben Monate später erreichte uns in

dieser Abgelegenheit wieder die Post. Um sie aber zu erhalten, mußten wir auf Schiern bei 40 Grad Kälte zu einer norwegischen Niederlassung auf West-Spitzbergen ziehen, die 180 Kilometer von uns entfernt war.

Eine große Freude war es, als wir bei der Post auch Grüße von Eugen Schuhmacher fanden. Er konnte sich ja so gut in unsere Verlassenheit versetzen. Darum gab er uns auch wohlgemeinte, väterliche Ratschläge.

„Eric, verlier den Mut nicht, es geht alles vorüber und wir werden uns dann in München wiedersehen", schrieb er. Er wollte uns für die lange, bedrückende Polarnacht im Winter Trost geben. Als dann der Brief uns endlich nach Monaten erreichte, war freilich die dunkle Periode schon vorüber. Aber wenn ich mich in den folgenden Jahren manchmal in fast aussichtslosen Situationen befand, stärkten mich oft die Worte: „Verlier den Mut nicht, es geht alles vorüber . . ."

Später von der Winterexpedition heimgekehrt, besuchte ich Eugen Schuhmacher und seine Frau Maria wiederholt in ihrem Grünwalder Heim. Oft saß ich dann mit Eugen in seinen Arbeitsräumen, wir sahen uns dabei Filme und neue Aufnahmen an. Häufig arbeitete er auch zu unserem Gespräch am Schneidetisch oder an filmtechnischen Geräten.

Wir unterhielten uns über unsere Reisen und machten neue Pläne. Wenn mich dann zwischen meinen Fahrten der Weg in die Nähe Münchens führte, machte ich bei Eugen halt. Einmal kam ich zu Beginn einer Asienreise bei ihm vorüber, da musterte er dann das Inventar meines Wagens, fand die Ausrüstung unvollständig und kritisierte freundschaftlich: „Du, Eric, wie fährst du auf die Reise!" Schnell holte er noch eine Axt und eine Schaufel und stopfte beides ins Auto.

Herzlich sagte er dann: „Und auf der Rückreise kommst du wieder bei uns vorbei!"

„Ja", meinte ich, „wenn du zu Hause bist und nicht gerade auf Madagaskar herumspazierst."

Immer bewunderte ich seine Aktivität und Energie. Einmal rumpelten wir mindestens fünf Stunden in seinem schweren Landrover durch die Gegend und erst dann drückte er mir, dem viel Jüngeren, das Lenkrad in die Hand. Ein anderes Beispiel: Beim

Filmen von Trappen in Österreich mußten wir jede Nacht um zwei Uhr aufstehen und dann den ganzen Tag im Feld verbringen. Über Wochen war Eugen dabei immer der erste, der aufstand, er mußte mich wecken. Als besonderer Tierfreund erwies sich Eugen auch in der Heimat. Wie er im hohen Norden mehrfach Seehunde „freigekauft" hatte, so machte er das nach meiner Beobachtung auch öfters in heimatlichen Revieren, wo er Tiere, die sich in Fallen selbst gefangen hatten, loskaufte.

Mehr und mehr wandten sich dann auch seine Gespräche den Problemen der Umwelt zu. Eindringlich sprach er auf mich ein: „Eric, du darfst nicht einfach abwarten! Du mußt möglichst viele Menschen darauf aufmerksam machen, daß die Menschen die Welt, in der sie leben, nicht zugrunde richten dürfen. Du hast viel unterwegs erfahren, mit deinem Bildmaterial mußt du Vorträge über die bedrohliche Situation unserer Umweltverschmutzung halten!"

Ich habe mir denn auch die Worte von Eugen Schuhmacher zu Herzen genommen. Im Herbst 1972 war meine Bildserie fertig. Seither habe ich über die Probleme der Menschen und aller Lebewesen zu ihrer Umwelt vor unerwartet vielen Menschen sprechen können. Oft habe ich dabei an den älteren Freund gedacht, mit dem ich im hohen Norden den Eisbären begegnet war.

WILHELM FUGMANN

In Neuguinea

Wenn man auf der großen Tropeninsel Neuguinea lebt und dazu noch in der Stadt Lae wohnt, die als Eingangstor für das wilde, zerklüftete und zum Teil von undurchdringlichen Wäldern überzogene Innere des Landes gilt, dann lernt man alle möglichen „Weltreisenden", Anthropologen, Missionare, Geologen oder sonstige Einzelgänger kennen. Zu den liebenswertesten, denen wir dabei begegneten, zählen wir Eugen und Maria Schuhmacher. Sie kamen im Oktober 1959 mit einem kleinen australischen Küstendampfer an und wir luden sie ein, bei uns zu wohnen. So wurde unser Haus zum Standort der Schuhmacher-Expedition. Von hier aus unternahm Eugen Schuhmacher seine großen Reisen in die verschiedensten Gebiete des Landes. Wir kamen uns näher und es entwickelte sich eine Freundschaft, die den Tod von Eugen Schuhmacher überdauert. Es konnte dann in den nachfolgenden Jahren passieren, daß man plötzlich einen Brief oder eine Karte von Alaska oder der Antarktis oder Afrika bekam. War man in Deutschland, dann gehörte ein Besuch in Grünwald zum Programm. Bei meinem letzten Besuch im Dezember 1972 in einem Münchener Krankenhaus war Eugen Schuhmacher schon ein vom Tod gezeichneter Mann. Und doch verlebten wir, man kann schon sagen, eine fröhliche Stunde. Er unterhielt sich angeregt, erkundigte sich nach alten Bekannten, schwelgte in Erinnerungen und meinte am Schluß: „Menschenskind, war Neuguinea schön!"

Eugen Schuhmacher, der von Königen und den Großen dieser Erde geehrt wurde, war einfach und bescheiden geblieben. Dafür hatten vor allem die Papua ein feines Gespür. Er kam glänzend mit ihnen zurecht. Seine tiefe Naturverbundenheit war wohl die Brücke zu ihnen. Er wirkte dann selbst wie ein „Naturbursche". Da konnte er etwa einen alten Häuptling am Bart zupfen, oder sie umarmten sich und betätschelten sich gegenseitig. Für ihn gab es keine Rassenschranken. Er verlangte von seinen braunen Begleitern nicht wenig, wenn es sich um das Aufspüren seltener Tiere oder um den Bau von Tarnhütten handelte. Da er sich aber selbst auch nicht schonte, konnte er mit ihnen rechnen, es sei denn, daß bei den wirklichen Hinterwäldlern, infolge ihres Aberglaubens und ihrer „Heidenangst" jedes vernünftige Zureden auf taube Ohren stieß. Von einer solchen Situation erzählte mir Missionar Dr. Strauss, dessen Station tief im Innern des Landes am Hagenberg liegt; beim Hagenberg handelt es sich um einen Viertausender, er liegt etwa 500 Kilometer im Innern des Landes:

„Eugen Schuhmacher wollte im Hochgebirge, zwischen 2500 und 3500 Metern, die sehr seltene Paradies-Elster und den herrlichsten aller Paradiesvögel, den sogenannten „König von Sachsen", filmen. Der Anmarschweg von unserer Station aus war weit und führte durch tiefe Schluchten, reißende Flüsse und über steile Gebirgswände. Die Begleiter Eugen Schuhmachers waren in der großen Überzahl abergläubische Heiden. Zuerst ging es gut, aber im Hochgebirge begannen sie sich zu fürchten. Wovor? Vor den Nebelschwaden, die vorübertrieben und wie mit Greifhänden und Krallen nach dem Wanderer griffen. Vor möglichen Erdbeben, vor Stein- und Hagelschlag, vor Kälte, vor Hunger, aber mehr noch vor menschenfeindlichen Geistwesen und Dämonen.

In ihrer lebhaften Phantasie tauchten Geisterhunde auf, die nach ihrer Überlieferung im Hochgebirge hausen sollten und besonders gerne kleinere Gruppen oder einzelne Menschen anfallen. Dann war da noch der „König der Berge", eine Art Rübezahl. Er wandert in den Bergen umher und verwirrt die Sinne der Menschen. Man kann ihn nur schlecht erkennen, weil er im Rücken wie ein verwitterter und mit Moos bewachsener Fels anzusehen ist. Andere wußten von geheimnisvollen Felsenhöhlen zu erzählen, die von Totengebeinen angefüllt sein sollen. Bei einem großen Sterben, vor unvordenklichen Zeiten, hätten sich die Menschen dorthin geflüchtet und wären vor Hunger und Krankheit umgekommen. Sie hausen dort als Totengeister weiter und sind den Lebenden gram.

Durch solche Überlieferungsstücke aus der einheimischen Religion steigerte man sich immer tiefer in die „Heidenangst" hinein. „Warum das Leben riskieren? Vielleicht konnte man den Weißen überzeugen, andere Vögel, die näher bei den Wohnbereichen freundlicher Menschen wohnen, zu filmen. Was hier versucht wird ist Frevel. Laßt uns die Gefahren meiden und umkehren, zurück in eine freundlichere Umwelt."

Der Versuch, den „König von Sachsen" zu filmen, konnte nach Eugen Schuhmachers eigener Einschätzung als so gut wie gescheitert gelten. Als schließlich noch von einer Begegnung mit einem Trupp von Männern berichtet wurde, die nach dem Glauben der Leute den „bösen Blick" hatten, da konnte niemand und nichts mehr sie halten. Eugen Schuhmachers Begleitmannschaft floh. Er wäre damals einsam und verlassen in unbekannten Bergen ohne ortskundige Führer zurückgelassen worden, wenn nicht etliche Christen unter seinen Begleitern gewesen wären. Sie ließen sich nicht von der allgemeinen Angst und Furcht anstecken, sondern hielten tapfer aus. Die Expedition wurde, trotz mancher Strapazen, noch zu einem Erfolg. Eugen Schuhmacher spendete seinen Begleitern, die bei ihm aushielten, ein hohes Lob wegen ihrer Tapferkeit." Soweit Dr. Strauss.

Wenn Schuhmacher dann nach Hause kam, konnte er fesselnd von seinen „Abenteuern" erzählen. Er machte auch oft kürzere Touren in die Urwälder der Küste entlang. Als er in der Nähe von Lae im Urwald die Brutstätte des äußerst scheuen Buschhuhns ausfindig gemacht hatte — einen großen Laubhaufen, in den das Huhn seine Eier legt, die dann von der sich entwickelnden Hitze ausgebrütet werden — saß er tagelang in einer kleinen Tarnhütte dem Nest gegenüber, um den Moment abzuwarten, bis das äußerst scheue Tier sein Nest besuchte, um die Wärme zu kontrollieren. Da zog Schuhmacher jeden Morgen los und kam abends spät nach Hause. Endlich kam er zum „Schuß".

Einmal wollte er morgens vor Sonnenaufgang den Gesang der Vögel auf Band aufnehmen. Immer wieder versuchte er es und immer wieder krähte irgendwo ein Hahn dazwischen. „Das geht doch nicht, wir können doch keinen Haushahn im Urwald krähen lassen." So fuhren wir eines Morgens gegen 4.30 Uhr mit einem Landrover tief in den Urwald hinein. Langsam begann das Konzert. Hie und da ein verschlafenes Gepiepse. Immer mehr Vögel stimmten ein. Es wurde lauter, es schwoll an und dann wurde es zu einem hundertstimmigen Konzert. „Hör dir doch das an, so was Schönes", brach es aus dem Lauschenden heraus.

Wenn aber in unserem Garten auf den hohen Palmen die Lederkopfvögel sich gegenseitig beschimpften, konnte er das Tischgespräch unterbrechen. „Hört doch, was die sich wieder zu sagen haben!"
Sein besonderer Freund war unser großer schöner Hund „Bello". Bello begrüßte ihn, wenn er heimkam, stets sehr stürmisch, und noch nach Jahren erkundigte sich Schuhmacher in seinen Briefen nach „Bello".
Wenn ich an Eugen Schuhmacher denke oder seine Bildbände durchblättere, dann fällt mir immer jene Stelle aus Psalm 148 ein: „Lobet den Herrn auf Erden, ihr Berge und alle Hügel, Tiere und alles Vieh, Gewürm und Vögel." Im Laufe eines langen Lebens draußen in der Welt lernt man viele Menschen kennen. Nur einige bleiben im Gedächtnis haften; dazu gehört Eugen Schuhmacher. Es ist schön, daß wir ihn zu unseren Freunden zählen durften.

ION E. FUHN

Im rumänischen Donaudelta

Im Juni 1969 benachrichtigte mich mein langjähriger Freund Dr. J. Steinbacher vom Senckenberg-Museum, daß er das Donau-Delta in Kürze wieder besuchen würde, diesmal als wissenschaftlicher Berater des bekannten Filmregisseurs Eugen Schuhmacher. Im Auftrag der Internationalen Naturschutz-Kommission sollte ein Film über die Vogelwelt des Donau-Deltas, insbesonders über die Pelikane, gedreht werden. Da es sich um Naturschutzgebiete handelte, mußte ich für die nötigen Genehmigungen bei unserer rumänischen Naturschutzkommission sorgen. Ich kannte Schuhmacher nicht und hatte auch keinen seiner Filme gesehen. Wir machten Bekanntschaft im Hotelrestaurant, beim Abendessen. Außer Dr. Steinbacher war sein Mitarbeiter und alter Freund, Herr Höchst, anwesend. Wir griffen sofort das Thema an: welches sind die geeignetsten Stellen für die gewünschten Filmaufnahmen?
Unterdessen betrachtete ich meinen Gesprächspartner: eine energische, ausdrucksvolle Figur, auffallend dunkles Haar für einen Sechzigjährigen, das sonnengebrannte Antlitz und die starke Nase wirken etwas streng, condottiere-artig, aber den letzten Eindruck geben die tiefen, braunen Augen mit dem intelligenten, milden, humorvollen Blick. Das gemeinsame Pfeifenrauchen trug dazu bei, daß wir bald vertraut wurden. Trotzdem, wegen seines zurückhaltenden, bescheidenen Auftretens hatte ich den wirklichen Schuhmacher noch lange nicht erfaßt. Erst im Reiche des undurchdringlichen Schilfes, im Fischerboot durch die ruhigen Kanäle gleitend und im geheimnisvollen Versteck der Pelikan-Brutkolonie, hat sich mir die Figur eines außergewöhnlichen und besonders liebenswürdigen Menschen enthüllt, dessen Andenken unvergeßbar bleibt.
Die Arbeitsgruppe Schuhmacher befand sich im südlichen Delta, begleitet von einigen jungen Ornithologen aus Tulcea. Doch trafen in Bukarest, bei der Naturschutz-Kommission, manche beunruhigende Nachrichten ein, es würde mit dem Filmen nicht alles klap-

Abb. 34 Walrosse in der Beringstraße

Abb. 35 Mandschurenkraniche auf Hokkaido, Nordjapan

Abb. 36 Peter Höser (in Gummistiefeln) trägt Schuhmacher in Spitzbergen durch einen F
lauf auf der Suche nach Polarrindern

Abb. 37 Auf dem Schiff „Lautaro“ bei Kap Horn; von links: Theologiestudent Heinz Rö
Pater Gundekar Flierl, der Kapitän, Eugen Schuhmacher

pen. Man meinte, der deutsche Regisseur sei zu anspruchsvoll, stets unzufrieden, er verlange Unmögliches. Ich hatte die Partie nicht begleiten können, weil ich gerade an einem meiner allergischen Asthma-Anfälle litt. Trotzdem wurde ich nun von der Leitung des Naturschutzes dringend gebeten, an Ort und Stelle mich zu erkundigen, was tatsächlich vorging. Deshalb fuhr ich am nächsten Tag volens-nolens mit dem Zug nach Tulcea. Ich fühlte mich gesundheitlich ziemlich schlecht und dachte nach, wie es mir wohl gelingen würde, am selben Tag noch die Gruppe zu erreichen. Sie weilte ja jetzt weit drin im Deltagebiet, auf einer Insel am See Rosca. Langsam ging ich zum Museum Donau-Delta, dort hatte man Verbindung zu der Filmgruppe. Man bestätigte mir, daß es Schwierigkeiten gäbe. Durch das Entgegenkommen des stets hilfsbereiten Direktors, Prof. Simion, bekam ich ein Schnellboot und kurz nachher befand ich mich auf dem Sulina-Arm, in der Richtung von Crisan fahrend.

Der Himmel war bewölkt und bald fing es an zu regnen. Bei Crisan bog das Boot nach Norden ab, der unendlich scheinende See Matita wurde durchquert. Am Spätnachmittag kamen wir ans Ziel: eine kleine Insel auf dem Grind Rosca, vom Schilf umzingelt! Eine riesige Weide wuchs in einer Ecke, ein kleines Fischerhaus stand in der anderen. Unter der Weide befand sich das umfangreiche Gepäck der Schuhmacher-Expedition: außer der Filmausrüstung war es eine Last von etwa 250 Kilogramm. Alles war in kleinen Aluminium-Kisten verpackt, die bereits in Indien und im Himalaja herumgereist waren. Daneben standen Vorrats- und Mineralwasser-Kisten. In der Mitte waren zwei Zelte aufgestellt. Überall sickerten Regentropfen herab, der Boden war schlammig und mit Wasser durchtränkt. Im Häuschen waren Wächter des Naturschutzes und Fischer; vier schwarze, gondelartige Fischerboote lagen am Ufer. Der junge Kollege aus Tulcea begrüßte mich freudig, als ich aus dem Boot stieg. Er erklärte mir, er sei froh, daß er endlich nach Tulcea heimkehren dürfe. Schuhmacher sei anspruchsvoll und barsch, es herrsche Unzufriedenheit unter den Wächtern und Fischern. Er fuhr fort, seinen Unmut zu äußern.

Ich sprach danach mit Schuhmacher; er war schlechter Laune, der lang andauernde Regen machte ihn nervös, auch die bis jetzt gemachte Arbeit befriedigte ihn nicht, daneben hatte er über manches sich zu beklagen. Im kleinen Fischerhaus hatten sich inzwischen die Wächter und Fischer versammelt, und als ich hineintrat, waren die Gemüter sichtbar erregt. Die Leute sagten, daß sie untätig dasitzen, nichts zu arbeiten hätten und nicht bezahlt werden. Am liebsten wollten sie heimkehren.

Ich erkundigte mich bei Schuhmacher. Hastig antwortete er, daß er schlechte und unnötige Arbeit nicht bezahle. Die Luft war auf der kleinen Insel tatsächlich stickig und nicht nur mein Asthma war daran schuld. Da es bald dunkel wurde, entließ ich zunächst das Motorboot, damit es nach Tulcea zurückfuhr; auch den Wächter von Sf. Gheorghe ließ ich wegfahren, denn hier bei den Pelikanen brauchte man ihn kaum. Dann berichtete mein Freund Dr. Steinbacher gelassen und sachlich, wie gewöhnlich, über die Lage, und ich verstand endlich, was hier nicht in Ordnung war. Der Ornithologe aus Tulcea verstand und sprach nicht gut deutsch; die meisten Wünsche und Anweisungen Schuhmachers wurden daher falsch weitergeleitet und seine selbstverständlichen Einwendungen wurden als ungerechtfertigte Unzufriedenheit ausgelegt.

Wir gingen nun alle vier zu Rate, allmählich beruhigten sich die Gemüter. In Schuhmachers Augen blinzelte es wieder mit mildem Humor. Er erzählte lachend, was für Pläne er in den vorigen Tagen gehabt habe und wie so vieles schiefgelaufen sei. Genau erklärte er mir, was er bei den Pelikanen aufnehmen möchte. Der blaue Rauch unserer Pfeifen umhüllte uns. Ich beschrieb die Lage der Kolonie, den schwierigen Zugang und die Naturschutz-Maßregeln. Das Betreten der Kolonie wird ja nur ausnahmsweise genehmigt. Schuhmacher stellte nun seinen Plan für die Filmaufnahmen fest. Es genügten dafür zwei Boote. Wir hatten aber viel zu viel Kräfte hier. Ich machte den Leuten die Lage klar und erkundigte mich nach ihren Ansprüchen. Diese wurden von Schuhmacher ohne weiteres akzeptiert und sogar mit einem Zuschuß anerkannt. Bei fleißiger und verständiger Mitarbeit hat sich Schuhmacher auch in der Folge großzügig gezeigt. Jetzt konnte ich ersehen, daß alle Gerüchte über Schuhmachers Verhalten tatsächlich auf Mißverständnisse zurückzuführen waren.

Friede herrschte nun auf unserer Insel, so daß ich mich ins Zelt zum Schlafen zurückzog. Hier war freilich alles in bester Unordnung: das Zelt war direkt auf den nassen Boden gestellt. Es gab

keine Schlafsäcke, keine Decken. Ich selbst hatte nichts mitgebracht und es regnete immerfort. Ich zitterte die ganze Nacht hindurch, nur in meinen leichten Regenmantel gehüllt.
Am nächsten Morgen aber schien draußen die Sonne und alle waren heiter. Gleich nach dem Frühstück fuhren wir zur Brutkolonie der Pelikane. Die Luft war kühl und frisch nach dem Regen, der Himmel zeigte viele blaue Fenster. Wir ruderten durch den Rosca-See am wallendem Schilf entlang, drangen dann durch ein Schilfdickicht bis zum berühmten langen, fast unbesiegbaren, mit Froschkraut dicht bewachsenen Kanal, wo die Boote nur zentimeterweise vorwärtskommen. Endlich waren wir am Buhaiova-See und hörten jetzt deutlich das tiefe Grunzen der Pelikane. Langsam und stillschweigend rückten unsere Boote zum Rande der Kolonie vor.
Auf der offenen Wasserfläche, auf dem „Plaur", waren viele Hunderte der riesigen und seltsamen Vögel. Die Jungen, schwarz und häßlich, versteckten sich im Schilf. Nun flog ein Teil der alten Vögel schwerfällig und lärmend auf. Ein unvergeßlicher Anblick. Schuhmacher winkte entzückt aus seinem Boot uns zu. Schnell wählte er die Stelle, wo er seine getarnte Hütte bauen wollte; zusammen mit Herrn Höchst schnitt und band er meisterhaft die Schilfstengel. Bald war die Hütte fertig. Mitgebrachte Bretter vervollständigten die Plattform aus Schilf. In diesem Unterschlupf blieben die Filmleute jedesmal allein bis abends, mit Mineralwasser und ein paar Biskuits versehen.
Wenn die Sonne strahlte, war es in der Kolonie unerträglich heiß, dabei stank es furchtbar nach faulenden Fischresten. Unter diesen schwierigen Bedingungen, auf ihrer schwankenden Plattform, die Stiefel meist im Wasser, arbeiteten Schuhmacher und Höchst drei Tage lang, je neun Stunden. Sie kehrten immer erst spät nach Sonnenuntergang zu unserer Insel heim, ohne über die harte Arbeit in der Kolonie oder die Länge der Fahrt zu klagen. Wie strahlte Schuhmachers Gesicht, als er mir das Tonband vorführte, auf dem er die Stimmen der Pelikane registriert hatte! Abends kam es dann zum normalen Essen. Unser „Speisesaal" stand unter der großen Weide, die Holzkisten waren Tisch und Sessel. Die Fischer brachten genügend Fische, und es wurde gut geschmaust: Fischsuppe („Tschiorba") und in Öl gebratener Fisch. Als Zugabe schmeckte Münchener Konserven-Bier, im Kanal-Strom gekühlt, ausgezeich-

net. Nach Tischende bot mir Schuhmacher von seinem besonderen Teegemisch an. Dieses würde mir vielleicht gegen meine Allergie helfen, sagte er, genauso „wie es meinen Nieren wohltut". Bei dieser Gelegenheit erfuhr ich von seiner Nierenkrankheit, die ihm zuletzt verhängnisvoll wurde. Herr Höchst sagte mir, daß Schuhmacher sich oft schlecht fühle, aber seine Leiden durch Jovialität tarne.

Während wir an jenem Abend unsere Pfeife rauchten, erzählte Schuhmacher viel Interessantes aus seinem Leben. Er berichtete von seiner ersten Südamerika-Expedition, von seiner damaligen Arbeit als Tierpräparator und Filmoperateur. Damals bewegte man sich viel mühsamer, meist hatte man keine Autos, sondern nur Karren zur Verfügung. Bei Tag wurde gejagt und gesammelt. Dann hatte man bis spät in die Nacht hinein zu präparieren und schließlich wurde noch einmal mit der Laterne gesammelt. Für den Schlaf war wenig Zeit.

„Wie Sie wohl verstehen können", lächelte Schuhmacher, „ist es daher auch kein Wunder, daß ich bei der Arbeit widerstandsfähig bin."

Nachdem die Aufnahmen in der Brutkolonie der Pelikane, die im Mittelpunkt des Films standen, beendet waren, mußten wir nach Tulcea zurück. Unterwegs aber hatten wir mit unserem schweren Gepäck von über 250 Kilogramm Schwierigkeiten, ein geeignetes Schiff zu erhalten. Da saßen wir irgendwo an einem Kai vor der gewaltigen Pyramide unserer Aluminiumkisten und warteten darauf, daß uns ein Kapitän mitnahm.

Mißgestimmt überlegten wir, wie wir weiterkommen sollten. Nur Schuhmacher hatte seine gute Laune nicht verloren; er war zufrieden mit der Arbeit in der Kolonie und dachte nun an einige Ergänzungen, die wir bei Murighiol zu machen beschlossen. Inzwischen klärte sich auch unsere schwierige Lage. Dank der Freundlichkeit des Kapitäns des Schlepperdampfers „Tulcea", der uns samt Gepäck aufnahm. Die Reise bis nach Tulcea verlief dann sehr angenehm. Der Dampfer landete am Kai dicht vor dem Hotel, die Schiffsmannschaft half, das Gepäck auszuladen. Bis zum Hotel waren es noch etwa hundert Meter, aber niemand war zu finden, der uns helfen konnte. Natürlich packten Dr. Steinbacher und ich je eine Kiste an, wir hatten aber nicht mit Schuhmacher gerechnet.

Ganz empört rief er uns zu: „Aber lassen Sie das, Sie sind hier nur für die wissenschaftliche Beratung!“ Unser Drängen war vergeblich, wir mußten machtlos zuschauen, wie Schuhmacher und sein Begleiter, die älter waren als wir, das schwere Gepäck sich aufluden. Uns aber wurde nur erlaubt, ein paar leichte Sachen hinüberzutragen.

Am nächsten Tag fuhren wir mit vier Booten durch den Murighiol-See, wir verfolgten eine Schar Pelikane. Schuhmacher hätte diese gern beim Fischfangen gefilmt. Wir ruderten ihnen den ganzen Tag nach, aber immer flogen sie davon. Schuhmacher ließ sich trotzdem nicht entmutigen. Am kommenden Tag, um acht Uhr morgens, waren wir wieder auf der Suche und gegen neun Uhr ließen sich etwa hundert dieser Vögel in der Nähe der Uzlina-Hütte nieder und — unglaublich — begannen im Halbkreis schwimmend zu fischen. Schuhmacher und sein Freund sprangen sofort ins seichte Wasser, befestigten die Filmapparate und registrierten eine gelungene Szene der Pelikane beim Fischen.

Als wir das Camping Murighiol erreichten, erschöpft, aber glücklich, wollte Schuhmacher seinen Sieg mit einer guten Mahlzeit feiern. Einen schönen Wels hatten wir draußen auf dem See von den Fischern gekauft. Die meisten Besucher des Restaurants im Camping waren Deutsche aus der Bundesrepublik. Jetzt zeigte es sich, wie weit bekannt und beliebt bei den Fernsehzuschauern Schuhmacher war! Sofort wurde er erkannt und von allen umringt; ein großer Tisch wurde aufgestellt und der gewaltige Wels gemeinsam verspeist. Wir hatten kein Auto für die Rückkehr nach Tulcea, wir bekamen aber mehr Angebote als nötig. Sogar in Bukarest, beim Abschiedsmahl im Hotel „Nord“, erkannte der Leiter des Restaurants, der in Deutschland gewesen war, den Mann, der im Fernsehen so oft mit seinen Tierfilmen zu sehen war. Bevor Schuhmacher das Flugzeug bestieg, das ihn nach München heimtragen sollte, lud er mich ein, ihn in seinem Grünwalder Heim zu besuchen, um dort ein paar seiner Filme anzusehen. Leider konnte ich aber in den darauffolgenden Jahren nicht nach Deutschland reisen. Es war mir nicht beschieden, diesem freundlichen Menschen, der die Natur so tief liebte, noch einmal zu begegnen.

HERMANN GERSTNER

Karibische Reise

AUS EINEM TAGEBUCH

Eine Nacht im Dezember 1969. Unser Zug mit dem Schlafwagen rollt durch Süddeutschland, die Schweiz und ist jetzt, da der Morgen graut, schon in Italien. Gestern abend haben wir auf dem zugigen deutschen Bahnhof noch gefroren, hier empfängt uns die Sonne. Ich mache mich reisefertig, bin gleich rasiert, lasse aber Inge, meine Frau, noch ein wenig schlafen. Auf dem Gang draußen will ich nachsehen, ob Eugen schon wach ist. Ich muß Geduld haben, endlich taucht er auf.

„Servus Eugen", sage ich, „verschläfst ja die Einfahrt nach Genua! Mußt deine Frau wecken!"

„Maria wickelt sich gerade aus den Decken", lacht er.

Der Schaffner des Schlafwagens bringt uns Kaffee. Das macht munter. Wir stopfen unser Nachtgepäck in die Handtaschen. Um die großen Koffer brauchen wir uns nicht zu kümmern, wir werden sie auf dem Schiff wiederfinden.

Draußen sind schon die Vorstädte von Genua. Jetzt fährt der Zug auf ein Sondergleis im Hafengelände. Ah, eine laue Brise kommt vom Meer her! Wir vergessen, daß Dezember ist, und bald ist es soweit. Über die Gangway betreten wir unser Zwanzigtausend-Tonnen-Schiff. Aus dem weißroten Kamin wölkt schon der Rauch, die Wimpel sind am Mast gesetzt.

*

Den nächsten Tag erleben wir auf See. Es ist ein heller Tag mit Sonne. Wir lagern auf dem Sonnendeck. Zuverlässig wummert die Maschine, leicht vibrieren die Bohlen, der Fahrtwind schwingt sich darüber, unter und neben uns schwappt der Gischt laut ins Meerblau hinein.

„Wie lange kennen wir uns eigentlich", sagt Eugen, ohne die Augen aufzumachen.
Auch ich schaue nicht auf, als ich antworte: „So an die dreißig Jahre."
Langes Schweigen. Aber ich weiß, daß wir jetzt an das gleiche denken, an den Krieg 1939, da wir zur selben Münchner Nachrichtenabteilung eingezogen wurden ...
Mitten im Frankreichfeldzug sagte der Kommandeur damals zu uns: „Ihr beide fahrt ins Land hinaus! Heute und in den nächsten Tagen! Überallhin, wo was los ist. Ihr fotografiert und schreibt alles auf, was es da zu sehen gibt. Vielleicht wird das mal ein Zeugnis für spätere Zeiten. Einen Pkw stelle ich euch zur Verfügung, einen Fotoapparat hat der Schuhmacher ja dabei und Papier gibts in der Schreibstube."
Er drückt uns eine Karte in die Hand, deutet an, wo die Stellungen gerade verlaufen.
So sind wir also unterwegs, fahren durch die französische Landschaft. Heller, sonniger Himmel! Es wird uns heiß in der Uniform. Am Rand eines menschenleeren Dorfes halten wir. Ein paar Häuser sind zerschossen. Irgendwo im nahegelegenen Wald kracht es. Einschläge, Maschinengewehrfeuer. Wir hocken uns an eine Böschung. Vor uns eine wellige Wiese. Eugen steht auf, geht in die Wiesenwellen hinein, ich folge ihm.
Da liegen in einer Mulde zwei, drei Kühe. Sie sind tot. Eine Granate ist mitten in ihrer Gruppe explodiert. Über ihre Wunden haben sich die Mücken hergemacht, ganze Schwärme. Ihre Bäuche sind aufgequollen. Der Wind treibt uns den Gestank der Verwesung in die Nase.
„Mensch, mach ein paar Aufnahmen, daß wir weiterkommen", sage ich.
„Hab' gar keine Lust, diese armseligen Tierleichen aufzunehmen."
„Worauf hast du denn Lust?"
Eugen packt seine Leica fester an: „Worauf ich Lust habe? Lebendige Tiere will ich aufnehmen, wie damals in Südamerika!"
„Freilich, das Lebendige ist immer schöner als das Tote."
Eugen weiß, daß der Kommandeur ein paar Bilder sehen will, auch von dieser Fahrt, er fotografiert die toten Kühe, dann die zerschossenen Häuser.

Wir gehen auf die Straße zurück. Im Wald drüben kracht es noch immer. Wir sitzen am Wegrand, kauen ein Stück Brot. Da fliegt ein Schmetterling, gar kein besonderer, ein Kohlweißling vor unserer Nase herum, manchmal landet er auf einer Rispe, dann torkelt er wieder in die Höhe.

„Schau hin", sagt Eugen, „auch wenn es nur ein Kohlweißling ist, schau, wie er aufsteigt dort vom Klee! Du, ich freu' mich darauf, wenn ich wieder meine Tiere filmen kann, daheim, wenn der Krieg vorbei ist."

Wenn der Krieg vorbei ist . . .

Wohin haben sich meine Gedanken verlaufen?

Hier auf dem Schiff dehnt sich Eugen neben mir im Liegestuhl. Es soll ein Erholungsurlaub für ihn sein nach einer vor kurzem überstandenen Operation. Gleichzeitig wollen wir auf Motivsuche gehen. Er für seinen Film. Ich für ein Buch über die „Karibische See".

Eugen schaut mich jetzt mit großen Augen an, gibt mir einen Rippenstoß, lacht und sagt: „Hörst wohl gar nicht, daß ich dich etwas gefragt habe? Weißt es nicht mehr, wie wir nach dem Krieg in München wieder unsere Spur gefunden haben?"

„Natürlich weiß ich es noch. Sind uns da über den Weg gelaufen. Hast mir erzählt, daß du Tieraufnahmen für den Unterricht machst. Schau dir die Bilder bei mir an, hast du gesagt, besuch mich in der Kidlerstraße mit deiner Frau!"

„Ja, als ihr kamt, war auch ein Zahnarzt unter uns, er führte uns einen Farbfilm vor, wie er Zähne extrahiert und wie er im Mund operiert."

„Kann mich genau erinnern. Sah im Film recht gefährlich aus. Rot lief das Blut über die Leinwand."

„Der Zahnarzt hat damals gemeint: Schuhmacher, machen Sie medizinische Lehrfilme. Das hat Zukunft!"

„Ich weiß noch genau, was du geantwortet hast: Doktor, hast du gesagt, von der Medizin versteh' ich nicht allzu viel, ich bleib' lieber bei meinen Tieren, da kenn' ich mich aus."

„Daß du dir das gemerkt hast", staunt Eugen.

„Es gibt Stunden, in denen wir uns so oder so entscheiden müssen, das merkt man sich dann. Nach dem Krieg haben wir ja alle neu anfangen müssen."

„Das sind nun auch schon wieder fünfundzwanzig Jahre her", sagt Eugen.

*

Heute am 24. Dezember 1969 sind wir auf See zwischen Malaga und Madeira. Von Steuerbord aus sehen wir bei Tageslicht den Felsen von Gibraltar, davor Schiffe, die durch die Meeresstraße ziehen, dahinter Häuser, den Hang hinaufsteigend.
„Hier könntest du Affen filmen", sage ich, „die einzigen frei lebenden Affen von Europa."
„Hab' genug Affen gefilmt", meint Eugen, „die Orang-Utans von Borneo sind mir lieber."
Der Felsen bleibt zurück. Vor uns wellt der Atlantik, das Schiff macht gute Fahrt.
Plötzlich fährt Eugen an der Reling auf: „Schau hin, dort springen Delphine! Mußt genau hinsehen, sind leider ziemlich weit weg. Hab' mir gleich gedacht, hier könnten sie sein."
Man sieht die Tümmler nur für Augenblicke, wie sie aus den Wellen hochschnellen und wieder ins Wasser tauchen. Geschwind gleiten sie an uns vorüber.
Während wir uns immer schneller vom europäischen Festland entfernen und hier durch die Sonne fahren, kämpft man daheim bei uns mit dem Winter. Aus der Bordpresse haben wir erfahren, daß verheerende Schneestürme die Straßen verweht haben, daß man in Bayern 24 Grad unter Null gemessen hat. Unser gemeinsamer Heimatort Grünwald ist gewiß auch tief verschneit.
„Da liegen unsere Gärten unterm Schnee begraben", sagt Eugen.
„Bei mir daheim werden sie heute Lichter auf die Kanadafichte vorm Haus stecken", sage ich, „auf die Fichte, die du mir einmal geschenkt hast, du weißt doch, aus dem Samen, den du von Kanada mitgebracht hast."
Ein weihnachtliches Licht kommt dann auch in unsere Kabine, als Eugen und Maria uns eine dicke Wachskerze bringen . . .
In dieser Nacht steigen wir aufs oberste Schiffsdeck und schauen in den Sternenhimmel hinauf.
„Jetzt gehen sie daheim in Grünwald durch den Schnee in die Christmette", sagt Eugen und fügt nach einer Weile hinzu: „Son-

derbar, diesmal laufen meine Gedanken immer heim ... früher liefen sie mir immer voraus, dorthin, wo mein Reiseziel war."
„Kommt wohl von deiner Operation", sage ich, „aber du hast sie ja gut überstanden."
„Hat wenigstens der Arzt gesagt", meint Eugen.
„Keine trüben Gedanken heute, frohe Weihnacht, Eugen!"
Er zögert ein wenig, gibt mir dann die Hand und wiederholt: „Frohe Weihnachten!"

*

Als wir am 25. Dezember, dem ersten Weihnachtsfeiertag, in Funchal, der Hauptstadt von Madeira, für ein paar Stunden anlegen, will Eugen nicht von Bord gehen. Er fühlt sich nicht gut. Schade, daß er diese Berglandschaft nicht erleben kann, diese Gärten und Parkanlagen mit Feigen- und Bananenbäumen, mit dem Zuckerrohr, den Weihnachtssternen und den hohen Agaven, diese berühmten Hänge, wo der Madeirawein gedeiht. Ich will ihm doch eine Flasche von diesem süßen, schweren Wein mitbringen.
Ewiger Frühling von Madeira ...
Unser Schiff hat von hier Kurs nach Westen genommen, quer über den Atlantik, fünf – nein, sechs Tage werden wir auf See sein und am 31. Dezember drüben in der Karibischen See die erste unserer Inseln, Martinique, erreichen ...
Es sollen erholsame Tage werden, auch für Eugen, der in den vergangenen Jahren trotz herannahender Krankheit sehr viel gearbeitet hat.
Da aber hören wir von Maria, daß er Fieber hat und in seiner Kabine im Bett bleiben muß. Der Schiffsarzt hat ihm Medikamente gebracht. Offenbar Grippe, in Deutschland war vor der Ausreise eine Grippewelle, von dort hat er die Bazillen mitgebracht.
Wir besuchen ihn in seiner Kabine. Die Frauen gehen dann für eine halbe Stunde aufs Promenadedeck, ich leiste Eugen solange Gesellschaft.
Er meint: „Für mein Buch ‚Ich filmte 1000 Tiere' muß ich noch ein paar Kapitel hier auf dem Schiff schreiben, ich hab' einen Termin, hoffentlich werde ich bald wieder gesund. Und den Film ‚Europas Paradiese' möchte ich in einem Jahr starten, es fehlen mir dafür noch einige Aufnahmen. Technisch gibt's da auch noch

furchtbar viel zu tun mit Schneiden, mit der Musik, mit dem Mischen."
„Moment, Eugen", sage ich, „ich weiß noch genau, wie du mir vor zehn Jahren deinen Plan von den ‚letzten Paradiesen' entwickelt hast. Es war nach einer Teestunde bei dir daheim. Du hast mich danach durch die Grünwalder Straßen begleitet."
„Na, was war da?"
„Von deinem großen Plan hast du gesprochen, in die entlegensten Erdenwinkel hinauszufahren, um sie aufzunehmen, die selten gewordenen Tiere. Sieben Jahre, hast du gesagt, wird es dauern, sieben Jahre mindestens."
„Na und? Hab' ich es geschafft?"
Eugen stützt sich im Bett empor, er lacht: „Sag, hab' ich es geschafft, damals hast du gemeint, die Aufgabe sei vielleicht zu groß ..."
„Natürlich hast du es geschafft, ich war doch in der Premiere der ‚Letzten Paradiese' 1967 und habe keinen schöneren Naturfilm gesehen. Und ‚Europas Paradiese' kriegst du auch noch hin."
Die alte Tatkraft erwacht wieder in Eugen, trotz Fieber, trotz Grippe! In zwei Tagen wird er mit der Krankheit fertig, er erscheint wieder im Speisesaal. Aber stundenweise zieht er sich immer aufs neue in seine Kabine zurück, obwohl da draußen vor dem Schiff die Wellen bunter, blauer, leuchtender heranschäumen.
„Er schreibt an seinem Buch ‚Ich filmte 1000 Tiere', hat sich aus dem Büro eine Schreibmaschine geborgt", sagt Maria.
Und die Kapitel seines Buches runden sich, er läßt sie mich lesen.
„Gut", sage ich, „nun mach mal wieder Pause! Du hast manches so schön geschrieben wie ein Dichter."
„Ach was", sagt er, während er neben mir über die Reling in das Wellengebrause hinunterschaut, „ich bin doch kein Dichter. Will rein sachlich die Dinge erzählen, wie ich sie erlebt habe."
„Keine Angst", wehre ich ab, „die Tatsachen veränderst du natürlich nicht. Aber denk mal an die Überschriften deiner Filme oder Bücher: Da sagst du nicht einfach ‚Die Vogelnester', sondern du sprichst von ‚gefiederten Baumeistern'. Du sagst nicht einfach ‚Das Netz der Kreuzspinne', sondern ‚Ein Netz aus Seide'. Die Murmeltiere sind deine ‚Wichtelmännchen' und die Fledermäuse ‚kleine Nachtgespenster'. Und da meinst du, du seiest kein Poet!"

Er schweigt eine Zeitlang, wiegt den Kopf langsam hin und her.

*

Wir haben schon viele Meilen auf der Sonnenroute des Atlantiks zurückgelegt. Achtern auf dem Bootsdeck spielt die Steelband, die wir an Bord haben, „Karibische Klänge". Die Musikanten sind Schwarze von der Insel Trinidad. Toll, wie diese Burschen auf ihren Ölfässern Rhythmus und Melodie beherrschen, obwohl sie kaum Noten kennen!

Sobald sie fertig sind, wandern wir zu viert, Eugen, ich und unsere beiden Frauen, über das Promenadedeck zum Bug hin, wo das Ankergeschirr mit Winden und Ketten untergebracht ist. Hinter uns die weißen Aufbauten der Kommandobrücke. An der Schiffsglocke vorbei, die im Licht der Sonne wie Gold glänzt, erreichen wir die vorderste Spitze des Schiffes, von hier aus können wir direkt zur Bugwelle hinuntersehen.

„Dort schau hin", sagt Eugen und deutet auf blitzende Streifen, die auf die Seite huschen. „Fliegende Fische! Wie sie vor unserem Schiff davonflitzen!"

Man sieht eine ganze Schar richtig fliegen, wie silberne Vögel über dem Wellenschaum. Dann tauchen sie wieder unter Wasser, sind wieder in ihrem Element und andere flitzen in die Höhe.

Lange betrachten wir das Spiel und atmen dabei die reine Seeluft. Diese Luft begeistert Eugen, er spricht von seinem Lieblingsthema: „Hier kannst du wenigstens noch atmen! Bei uns in Europa und in den anderen Industriezentren ist sowieso die Benzinluft kaum mehr zu ertragen. Wir Menschen sind die größten Verschwender geworden. Hausen mit dem, was wir zum Leben brauchen, wie Verrückte. Längst wären wir schon an den Abgasen der Autos, der Flugzeuge, der Industriekamine erstickt, wenn wir nicht . . ."

Er unterbricht sich und fährt dann eindringlich fort: „Weißt du, wovon unsere europäischen Lungen leben? Von den Wäldern des Kongo, von den Wäldern des Amazonasbeckens. Gottlob, daß es einen Wind gibt! Der treibt uns den Sauerstoff nach Europa."

Wir schauen hinunter in den durchsichtigen Meeresschaum. „Wie sauber hier noch das Wasser ist", sage ich, „klar, mitten auf dem Atlantik!"

„Aber sonst ist man nirgends sicher", lacht Eugen und erzählt eine Anekdote aus Indien, wo er seinen Karakorum-Film gedreht hat.
„Wir waren dort in den Bergen zweitausend Meter hoch und ein Wasserfall kam herunter. Ich dachte, jetzt endlich kann ich mal gutes Wasser trinken. Ich hatte Durst, die andern auch. Wir tranken uns an dem reinen Quellwasser satt und stiegen dann am Bach entlang höher bis zu einem einsamen Bergdorf. Da sahen wir eine Kuhherde. Breitbeinig standen die Kühe im Wasser und machten ihr Geschäft mitten hinein in den Bach, aus dem wir unten getrunken hatten!"
Eugen fährt fort: „Bald wird man auch bei uns in Europa das Wasser nicht mehr mit Appetit trinken können, wenn es mit der Verschmutzung so weiter geht. Vielleicht baut man dann von der Schweiz her eine Pipeline und füllt das Gletscherwasser in Flaschen ab! Dann kommt es noch soweit, daß eine Flasche reines Wasser teurer ist als eine Flasche Wein!"

*

Unser Schiff macht gute Fahrt, gegen Wellen und Wind. Morgen werden wir die erste Antilleninsel erreichen, Martinique! Aber heute ist noch kein Landstreifen zu sehen. Ringsum bis zum Horizont spielen die grauen und grünen, die blauen und violetten Wellen miteinander.
Und während wir hier mit fast zwanzig Knoten westwärts der „Neuen Welt" entgegenschwimmen, wandern unsere Gedanken noch einmal in unser heimatliches Grünwald zurück.
„Hoffentlich machen sie unseren Grünwalder Forst nicht auch noch kaputt mit ihren Autostraßen", sagt Eugen. Und er erinnert mich an unsere gemeinsamen Wege dort durch den Wald und durch das „Deininger Moor".
Freilich ist das ein schöner Platz. Dort hat Eugen früher mehrere Lehrfilme gedreht. Er kennt die Birken, das Unterholz, die schwarzen Wasserlaken, das angestochene braune Torf und die zerfallenden Holzhütten dazwischen.
„Weißt du", hat Eugen mal gesagt, „am liebsten möchte ich das ganze Moor kaufen — wenn ich das Geld dazu hätte. Vielleicht hab' ich's einmal, dann kaufe ich es, das soll dann ein unberührter

Erdenfleck bleiben. Da sollen die Eidechsen, die Vögel und meinetwegen auch die Schlangen ihre Ruhe haben."
„Und wenn ich einmal Geld habe", wende ich ein, „kaufe ich mir eine Hütte am Meer. Eine Fischerhütte vielleicht, wo man immer die Brandung hört. Stundenlang könnte ich dann auf das Wasser hinausschauen, ohne mich zu rühren."
Wir bauen Wolkenschlösser.
„Ich hab' noch einen Plan im Kopf", meint Eugen, „eine Almhütte möchte ich haben, droben im Allgäu. Aber kein Touristenweg darf vorbeiführen, nur eine Quelle muß in der Nähe sein. Aber keine solche wie in Indien! Dann richte ich mir ein Bauernzimmer ein, mit einem alten Schrank, einem schweren Eichentisch und einem Herd, wo man noch richtiges Feuer machen kann."
„Das kannst du dir doch erfüllen", sag' ich.
Eugen antwortet nichts, er pafft aus seiner Pfeife eine dicke Wolke in die Luft. Die Pfeife scheint ihm wieder zu schmecken.

*

Zum Nachdenken haben wir in den nächsten Tagen nicht mehr viel Zeit. Denn nun sind wir mittendrin in der Inselwelt der Karibischen See, mitten unter den Antillen.
Gleichsam zur Einleitung feiern wir Sylvester an Bord. Man bietet uns ein exquisites Sylvester-Dinner mit Kaviar, Hummer, Roast-Beef und so weiter. Es geht hoch her im Musiksalon, auch Eugen tanzt, er hat alle tristen Gedanken vergessen. Mit einem Schampus trinken wir um Mitternacht aufs neue Jahr.
„Auf dein Wohl, Eugen, besonders für die Gesundheit!"
Er setzt das Glas ab, legt beide Hände auf meine Schultern, sagt dann plötzlich ernst geworden: „Danke dir, kann die guten Wünsche brauchen ..."
Und dann kommen sie alle, diese Inseln mit den wunderbaren Namen, bei denen wir anlegen und Station machen. Schon ihre Namen sind wie Träume: Martinique, Grenada, Trinidad, Tobago, St. Margarita, St. Thomas, Puerto Rico!
In ihrer Landschaft ähnlich, aber im Charakter verschiedenartig, je nach dem Wesen der früheren Kolonialherren, so gleiten die Bilder der Inseln wie ein leuchtender Farbfilm vorüber.

Sie tauchen aus dem Meerblau auf, diese grüngesäumten Inseln. Nach der Landung schlendern wir an den Stränden entlang, diesen weiten weißen Stränden, über denen die Wedel der hohen Palmen wehen.
Dann die karibischen Berge, die so mild mit ihrem Wolkenschleier aussehen und die so gefährlich mit ihrem vulkanischen Feuer explodieren können. An ihren Hängen und in den Tälern Anpflanzungen von Bananen, Ananas, Kaffee- und Kakaobäumen. Wie es überall blüht und duftet! Wie sich in den Regenwäldern Bäume und Pflanzen verfilzen, verstricken — wie die Wasserläufe dazwischen strudeln oder versumpfen! Tropisches Wuchern überall!
Und in den Städten und Dörfern: Menschen aller Hautfarben und Rassen. Schwarz, weiß und gelb! Dazwischen alle Schattierungen. In grelle Farben gekleidet, schnell und gewandt dahinhuschend. Exotisch, an die vergangenen Jahrhunderte erinnernd, klingen die Namen der Hauptstädte: Fort de France in Martinique, St. Georges in Grenada, Port of Spain in Trinidad, La Asuncion in Margarita, Charlotte Amalie auf St. Thomas und San Juan auf Puerto Rico. Hier in den Städten die Pracht klassizistischer staatlicher Gebäude, drangvolle Geschäftsstraßen und dann — ein wenig abseits — die armseligsten Hütten, aus Wellblech und ein paar Brettern zusammengebastelt, ein schwacher Schutz gegen Sonne und Regengüsse. Und überall Geruch von Rum und Öl, von Fischen und gegrilltem Fleisch, Parfums der Frauen, Zigarettenrauch der Männer, laute Stimmen in allen Gassen, das Hämmern der Steelbands aus den Nachtlokalen.
Am schönsten aber ist es, wenn man aus den Städten hinauskommt, zu den Stränden, zu den Palmenhainen, zu den Wäldern. Da glaubt man es dann, daß diese Inseln als paradiesische Eilande, als Inseln der Seligen gerühmt werden. Aber daß dort auf Martinique der Mont Pelé in diesem Jahrhundert in wenigen Sekunden 30 000 Menschen mit seinem Feuer umgebracht hat, daß ein Hurrikan in wenigen Minuten so ein Inselparadies in eine Wüste verwandeln kann, daran denkt man nicht, wenn man es in der Sonnenhelle durchstreift und wenn man dabei den fröhlichen Kreolinnen begegnet ...

*

Meist durchqueren wir mit Taxis oder Kleinstbussen die Inseln.

Einmal quält sich so ein uraltes Vehikel, das kaum mehr ein Profil auf den Reifen hat, einen Berg hinauf. Das Kühlwasser kocht und dampft wie bei einer alten Lokomotive, dann ist es ganz verdampft. Aber der Fahrer weiß sich zu helfen. Er rennt zu einem Rinnsal, das dort aus dem Hang des Regenwaldes herabgluppert, das fängt er in einer Gießkanne auf, füllt den Kühler triumphierend nach.

Wir trapsen inzwischen ein Stück in den Urwald hinein, in den Regenwald. „Fast so mühsam wie in Neuguinea", sagt Eugen und dann legt er den Finger auf den Mund. Ganz still sein! Im gleichen Augenblick singen, pfeifen, schrillen die Zikaden, tausend müssen es sein, ein einziges schrilles Konzert! Das gefällt Eugen, gefällt ihm besser als Steelbandmusik.

„Ein wenig lauter als damals am Mittelmeer bei Toulon, wo wir gezeltet haben", sage ich.

„In Frankreich war's doch nur ein Gezirpe", sagt Eugen geringschätzig, „hier hörst du erst, was die Zikaden für einen Lärm machen können."

Als wir wieder drunten am Uferkai sind, bietet ein Negerjunge uns Tritonshörner an. Ein paar Dutzend hat er da auf einem Brett ausgebreitet, selbst aus dem Meer heraufgeholt, versichert er. Wunderbare Stücke dabei, mit gedrechselter Spitze und großer bunter Muschelöffnung.

Eugen holt eines heraus, hält es mir ans Ohr: „Horch, da hast du dein geliebtes Meer, wie es rauscht, in einem einzigen Tritonshorn! Das mußt du mitnehmen!"

„Was kostet es?" Ich halte es wieder ans Ohr, handle ein wenig. Ach was, soll der Junge seinen Dollar haben!

Ein andermal stehen wir vor einer Ananasplantage. Da wachsen die Früchte mit ihrer geschuppten Hülle aus den grünen Blattlanzen heraus, verlockend. Ein Aufseher kommt. „Nehmen Sie ruhig", sagt er. Wir lassen es uns nicht zweimal sagen, genießen hier die Frucht aus erster Hand.

Zu Mittag gibt's im Hotel Schildkrötensteak. Eugen will darüber meine Meinung wissen.

„Wenn man hier ist, muß man es schon essen", sage ich, „Schildkröten gehören ja hier nicht zu den seltenen Tieren?"

Er nickt: „In München würde ich's auch nicht essen, da ist mir ein Rindfleisch lieber."

Abb. 38 Schuhschnabel in einem ostafrikanischen Sumpfgebiet

Abb. 39 Brütender Königs-Albatros in Neuseeland

Abb. 40 Filmen in Ostafrika vom Autodach aus

Wir spülen den letzten Bissen mit einem Schluck Rumpunsch hinunter, man kann den Rum mit Mineralwasser verdünnen, so löscht er prima den Durst.

Eigentlich sollten wir auch mal probieren, wie ein Haifisch schmeckt! In einer Grünanlage am Meer hocken auf einer Steinbank drei Indianerfrauen, die schwarzen Haare zu einem Dutt verknotet, kurze billige Kleidchen aus Baumwolle übergestülpt, die Füße nackt. So hocken sie auf der Steinbank, alle drei qualmen mächtige schwarze Zigarren.

„Stinkt noch mehr als dein Pfeifengemisch", sage ich zu Eugen.

Der aber überhört meine Kritik großzügig, deutet auf ein paar Kübel: da drinnen liegen große Fische fein säuberlich nebeneinander, an- und aufgeschnitten, die Fleischseiten rötlich blutend.

„Haie", sagt Eugen, „kannst dir ein Filet abschneiden lassen. Der Schiffskoch brät dir's."

Aber ich verzichte auf diesen Genuß, zudem die Indianerinnen mit keinem Wort, mit keiner Geste ihre Ware anpreisen. Als wäre es ihnen gleichgültig, wenn sie die unverkauften Fische in der Hitze wieder heimschleppen müßten.

*

Es ist in diesen Tagen so warm, daß selbst Eugen sich entschließt, in die Brandung einer Bucht hineinzuschwimmen. Die Frauen sind mit von der Partie. „Paß auf", rufe ich Maria zu, „daß dich nicht wieder eine Meduse erwischt wie damals bei Marseille." Eugen lacht mich aus: „Ah pah, das bißchen Brennen von damals!" Ich werfe ein: „Und die Haie!" Eugen spottet: „So nah ans Ufer ran schwimmen die nicht . . . da müßten wir uns schon weiter raus wagen." Und unbeschwert lassen wir uns bei 29 Grad Wassertemperatur durch die Brandung tragen. „So warm sollten halt unsere oberbayerischen Seen sein", schlägt Eugen vor.

Plötzlich aber hält es ihn trotz des wiegenden Wellenganges nicht mehr im Wasser. Er stapft schnell hinaus auf den Sandstrand am Ende der Felsenbucht, deutet hinauf in die Baumwipfel jenseits der Steinquader: dort ist ein ganzer Schwarm von Meerespelikanen gelandet. Wir andern folgen Eugen zum Strand hin. Dann beobachten wir ein faszinierendes Schauspiel:

Die Pelikane lösen sich von den Baumwipfeln und kreisen mit gebreiteten Schwingen über der blauen Bucht. Dann plötzlich stößt ein Pelikan aus seiner luftigen Höhe wie ein Geschoß herunter aufs Wasser, der Schnabel, der ganze Körper taucht pfeilartig ein, es klatscht, als sei ein Stein hineingeworfen worden. Und dann hebt sich der Pelikan mit seiner Fischbeute wieder in die Höhe, kreist befriedigt zu einem der Bäume hin. Einmal, zweimal, ein paar dutzendmal wiederholt sich das. Immer wieder stößt einer der Pelikane herab, senkrecht und unglaublich schnell klatscht er ins Wasser, spritzt hoch, hebt sich dann wieder zum wolkenlosen Himmel empor.
Eugen strahlt, das ist seine Welt, er strahlt, als habe er dieses Schauspiel eigens für uns bestellt. Erst als die Pelikane sich wieder auf die Baumwipfel verteilen, wendet er sich etwas anderem zu. Da hat er zwischen den Uferfelsen und den hochkriechenden Buschgirlanden ein kleines Tier entdeckt, so etwas Ähnliches wie eine Eidechse oder einen Gecko, ich weiß gar nicht mehr den Namen des Tieres. Eine Stunde und länger ist er nun mit seiner Kamera auf der Jagd nach diesem scheuen Wesen, während wir andern uns wieder mit der Brandung herumbalgen.

*

Es gibt noch einmal ein Vogelwunder zu schauen: auf Trinidad. Von Port of Spain fährt man mit einer Limousine zum Caroni-Vogelschutzgebiet. Dort muß man ein flaches Boot besteigen, das einen in die Swamps bringt. Wasserläufe erschließen das Sumpfgebiet.
Zu beiden Seiten steht der Uferwald, undurchdringlich mit seinem Pflanzen- und Baumgewirr, auf schwabbeligem moorigen Grund. Die immergrünen Laubwälder der Mangroven wölben sich über die Kanäle, überschatten alles, hängen bis zur Wasserfläche herunter, man muß sich bücken, daß sie einem nicht das Gesicht zerkratzen. Langsam arbeitet sich unser Boot, angetrieben von einem kleinen Motor, durch die Wasserlachen, die mitunter schmal wie Bäche werden, sich dann aber auch wieder wie Lagunenflüsse verbreitern. Außer dem Tuckern unseres Motors hört man nur, wie das Wasser um unsere Planken plätschert. Manchmal kreischt aus

der Tiefe der Sumpfwälder ein Vogel, mitunter schaut ein Reiher aus dem Dickicht. Unser Boot gleitet schnell weiter.
Auf einmal öffnet sich vor uns ein weiter Sumpfsee, nicht tief, wir sehen es an dem Bootsruder, das unser Führer hineinsteckt in den Grund. Er muß direkt aufpassen, daß wir nicht im Schlamm auflaufen.
Wir fahren hinaus auf den Sumpfsee. Ringsum steht die Wand der Mangrovenbäume, sie grenzt den See von allen Seiten ein. In der Mitte aber stehen ein paar mächtige Bäume, Urwaldriesen mit gewaltigen Stämmen, offenbar haben sie ihre Wurzeln tief in den Schlammgrund getrieben, und ihre Laubkronen runden sich wie ungeheure grüne Hauben über dem Brackwasser.
Später Nachmittag, schon scheint die Sonne hinter den Baumwänden zu entschwinden, der See wird grauer, aber noch erfüllt ein Leuchten die Luft. Und da geschieht es:
Vom Meer her kehren die Vögel zu ihren Nistplätzen auf den Baumkronen heim. Zuerst einzelne, dann ganze Scharen, ganze Schwärme. Es sind einmal die weißen, hochbeinigen Reiher, und dann die feuerroten Scarlet-Ibisse, die Scharlach-Ibisse. Auch wenn man kein „Vogel-Fan" ist, vergißt man diesen Anblick nie.
Vor einer Wolkenwand heben sich die weißen und roten Vogelscharen vom Himmelsblau ab und lassen sich dann, um hier zu übernachten, auf die grünen Baumhauben nieder, die weißen Reiher auf den einen Baum und auf den andern die roten Ibisse. Die Bäume sehen aus wie riesige Blumensträuße. Und immer neue Vogelzüge erscheinen am Himmel, dessen Blau sich einen Ton dunkler färbt. Wie elegant sie alle heruntergleiten! Wie weiße und rote Blüten schweben sie auf die grünen Bäume herab, um hier zu schlafen.
Nun ist die Sonne untergegangen, wir müssen den See verlassen, eine rote Laterne wird am Bootsmast entzündet und wir gleiten wieder in einen der Wasserläufe hinein. Vorsicht, wir müssen den Kopf einziehen, sonst schlagen uns die Luftwurzeln ins Gesicht! Der Uferwald ist schwarz geworden, auch das Wasser ist schwarz, nur der Lichterschein unserer Lampe bringt ein wenig Helle zwischen die Mangrovenwände und den Dschungel der Swamps ...
Abends komme ich ins Schwärmen und sage zu Eugen: „Da müßtest du noch Aufnahmen machen!"

Er meint: „Ich muß einmal längere Zeit hierherfahren. Da sie immer erst abends heimkommen, die Reiher und die Ibisse, ist das nicht ganz leicht für mich, man braucht Licht. Man muß sich auch irgendwie einen Weg in die Mangrovenwälder hineinbahnen. Aber — wenn ich ‚Europas Paradiese' fertig habe — dann möchte ich gern noch einmal hierher kommen."

Diesmal macht er mit Maria im Flugzeug noch einen Luftsprung zur Insel Tobago, während ich mich mit meiner Frau auf Trinidad herumtreibe. Tobago, das ist die Insel, auf der Daniel Defoe an seinem „Robinson Crusoe" geschrieben hat. Einsame Strände sind dort, exotische Vögel, Pflanzen und Blumen.

„Dazu", sagt Eugen, als er mir nach der Rückkehr von Tobago berichtet, „dazu das Wasser klar wie Kristall!"

Ich werfe ein: „Na, da seid ihr doch hoffentlich auch mit einem der Boote, die einen Glasboden haben, hinausgefahren."

Eugen lacht: „Du, das wäre was für dich gewesen. Ich wette, solche bizarren Fische hast sogar du beim Schnorcheln noch nie gesehen."

Wir sind uns einig und es steht fest: hierher wollen wir noch einmal kommen. Für längere Zeit, nicht nur zur Motivsuche, sondern um alles ausführlich in Wort und Farbe aufzuzeichnen. Auch das vorgelagerte Inselchen Little Tobago mit seinen Paradiesvögeln, die vor Zeiten ein Engländer aus Neuguinea hier eingeführt hat, werden wir dann nicht vergessen.

*

Wieder auf See! Es tut einem gut, nach dem Kreuzen zwischen der Inselwelt der Caribic wieder nichts anderes zu sehen als den Himmel und das Meer, nichts anderes zu hören als den gewohnten rauhen Singsang der Maschinen, das Surren des Fahrtwindes, das Quirlen der Wellen ...

Bald sind wir in Südamerika. Während das Schiff sich den grünen Küstenbergen von Venezuela nähert und dann langsam in den Hafen La Guaira hineingleitet, stehen wir an der Reling. Zentimeterweise schiebt sich das Schiff an den Kai heran und legt jetzt fest. Die Formalitäten sind bald erfüllt. Über die Gangway geht es hinab, wir stehen vor den mächtigen Hafengebäuden auf dem Boden

Südamerikas. Es ist der Erdteil, zu dem Eugen lange vor dem Krieg ausgefahren ist, den er auch später wieder von Süden nach Norden durchquert hat. Meine Frau und ich sind zum erstenmal hier.

Über eine moderne Autobahn geht es in etwa einer Stunde nach Caracas, der Hauptstadt von Venezuela. Man rühmt sie, es sei eine der schönsten Städte der Welt, wie sie da in einem Hochtal zwischen aufragenden Bergen liegt, supermodern im Zentrum mit Wolkenkratzern, armselig am Rand mit den bescheidensten Hütten.

Wir pilgern durch die Straßen mit den eleganten Geschäften, es ist laut, Autos füllen die Fahrwege. Wir besuchen das Geburtshaus von Simon Bolivar, dem Befreier Südamerikas, betrachten das Kapitol mit der goldglänzenden Kuppel, die Kathedrale, Gebäude aus der spanischen Kolonialzeit und die „Torres“, die modernen Turmbauten auf der Avenida Bolivar. Dazwischen wie überall in Mittel- und Südamerika das bunte Völkergemisch.

Wir wollen die Stadt in ihrer Weite auch von oben kennenlernen! Mit der Kabinenbahn erreichen wir den 2000 Meter hohen Avila. Von dort aus hat man einen weiten Blick über das untenliegende Caracas, bis ins ferne Land der Berge.

Eugen sagt: „Dort jenseits der Berge fließt der Orinoco und noch tiefer im Süden der Amazonas zwischen seinen Wäldern. Und erst der Gran Chaco! Von dort stammt das Foto, wo ich als junger Mann mitten unter den Indianern sitze, ihr habt es schon bei mir daheim gesehen. Eigentlich möchte ich noch einmal durch die Anden ziehen, hinunter nach Feuerland, auf den Spuren der Inkas ... Von dort habe ich meine ersten großen Filme heimgebracht ...“

Er erzählt uns viel aus jenen Jahren, während wir uns im Restaurant des Berghotels, das nach dem Forschungsreisenden Alexander von Humboldt genannt ist, mit einem Parachita-Fruchtsaft erfrischen.

Dann geht es wieder nach Caracas hinunter ...

*

Tage später. Wieder auf See. Wir steuern der Insel Puerto Rico entgegen. Von dort, von San Juan aus, wollen wir heimwärts mit dem Flugzeug.

Wir gleiten wieder an den Kleinen Antillen vorüber, an den Jungferninseln, den „Inseln über dem Winde".
„Haben wir nun da drüben ein Stück vom Paradies gesehen?" frage ich.
„Ferienparadies vielleicht", meint Eugen, „aber die Einheimischen haben ihre Probleme wie überall in der Welt."
„Freilich, zwischen Hütten und Palästen, Amtsgebäuden und Betonsilos müssen sich die Menschen durchschlagen. Leben von ihren Geschäften, von ihren Plantagen, vom Meer."
Eugen besinnt sich: „Ein paar Meeresbuchten haben die Menschen unberührt gelassen. Auch die Regenwälder sind kaum anders als früher, na und die Pelikane, die weißen Reiher und die roten Ibisse, die sind ja auch immer noch da. Ein paar Stücke aus dem Paradies!" . . .
In San Juan endet unsere Karibische Fahrt. Eines Abends besteigen wir die Maschine nach Europa und am nächsten Tag landen wir im deutschen Winter . . .

*

Drei Jahre später. Wieder ein Wintertag. Ich sitze am Krankenbett von Eugen. Wir sprechen von unserem „Karibischen Traum".
„Ich werde die roten Ibisse von Trinidad nun doch nicht mehr filmen", sagt er.
Ich versuche ihn zu trösten: „Du hast so viele andere Vögel gefilmt, Kraniche in Japan, Paradiesvögel in Neuguinea, Pinguine in der Antarktis, die letzten Adler bei uns . . ."
Er bemüht sich um ein Lächeln, er ist müde, macht die Augen zu. Ich glaube, er schläft jetzt.
„Servus Eugen", sage ich leise und gehe hinaus. Die Straßen sind grau. Kaum kann man sich's denken, daß um diese Zeit, da bei uns der Winter immer mehr eintrübt, drüben über der Karibischen See die Sonne leuchtet.

BERNHARD GRZIMEK

Der Natur helfen

Was war für meine Eltern um die letzte Jahrhundertwende eine Reise nach Italien noch für ein Ereignis! Man war tagelang in D-Zügen unterwegs und alle Bekannten in der schlesischen Kleinstadt sprachen davon.

Heute kann man jedermann in ein paar Stunden erreichen. Aber gerade das ist der Grund dafür, daß wir unsere Bekannten und Freunde in Wirklichkeit dann Jahre hindurch nicht sehen. Immer wieder wird es hinausgeschoben, und eines Tages bekommt man dann eine Todesanzeige. Dann merken wir, daß scheinbar so wichtige, und in Wirklichkeit doch recht unwichtige Tagesgeschäfte uns von eigentlich wesentlichen Dingen abgehalten haben.

Schon ein gutes dutzendmal habe ich Bekannte, die ich in England, Deutschland oder Frankfurt jahrelang nicht gesehen hatte, auf einmal unvermutet in Afrika getroffen. So ging es mir eines Tages auch mit Eugen Schuhmacher. Ich ging durch die Kenyatta Road in Nairobi an der Ecke des New Stanley Hotels vorbei. Da winkte mir von den Gästen, die unter dem Thorn Tree Kaffee tranken, auf einmal jemand zu, jemand mit einer Tabakpfeife im Mund.

Es war Eugen Schuhmacher. Ich glaubte, er steckte irgendwo in Asien oder Alaska.

Wir haben einen Nachmittag zusammen verbracht. Natürlich größtenteils mit Fachsimpeln über Tierfilme drehen, aber auch mit Gesprächen darüber, was wir beide für unsere eigentliche Lebensaufgabe hielten. Eugen Schuhmacher war nämlich einer der zwei oder drei Tierfilm-Macher, die nicht nur den verständlichen Ehrgeiz haben, erfolgreiche Kinofilme oder Fernsehprogramme zu produzieren. Er wollte der bedrängten, vergifteten, immer mehr vernichteten Natur wirklich helfen, und er scheute sich nicht, deswegen auch mit Politikern oder Fernsehchefs Ärger zu bekommen und vielleicht wegen einiger aufgebrachter Zuschauer etwas geringere Beurteilungsnoten seiner Sendungen in Kauf zu nehmen. Er hat damals in Nairobi versucht, mich auch zum Pfeifenrauchen zu bekehren und hat mir sogar eine schöne Meerschaumpfeife gekauft.

Dann sind wir wieder jahrelang aneinander vorbeigelaufen.

Wieder in Afrika, fast genau an der gleichen Stelle in Nairobi, bekam ich dann die Nachricht, daß Eugen Schuhmacher nach qualvoll langer Krankheit gestorben war. Warum kann so ein Mann, der auf soviel Berge gestiegen ist, soviel im Leben in Kleinflugzeugen herumgeflogen ist, der soviel gefährlichen Tieren gegenübergestanden hat, nicht irgendwo verunglücken, rasch sterben?

Er hat so viel Schönes in fernen wilden Landschaften unserer Erde gefilmt. Millionen haben es ehrfürchtig gesehen. Millionen, die vielleicht noch nicht einmal geboren sind, werden diese seine Filme, werden von diesen Wundern des Lebens in seinen Filmen noch nach Jahrzehnten ergriffen werden.

Hoffen wir, daß nicht nur diese Filme Schuhmachers erhalten bleiben, sondern auch die letzten Wildlandschaften auf dieser Erde selbst. Dazu jedenfalls hat Eugen Schuhmacher wirklich seine Filme gedreht.

HEINRICH HARRER

Rettung von Mensch, Tier und Landschaft

Es gibt im Leben Begegnungen, bei denen sofort ein Kontakt vorhanden ist. Es bedarf keiner Worte, das freundschaftliche „Du" ergibt sich wie von selbst. Das gütige Gesicht Eugen Schuhmachers mit der gemütlichen Pfeife im Mundwinkel war mir auf Anhieb vertraut – er war eben Mensch. Dazu kam die geistige Verwandtschaft, die auf gemeinsamen Interessen gegründet war.
Von seinem Podium aus lehrte er uns, die Natur zu lieben. In ihr waren alle die Tiere zu sehen und zu schützen. Welch Gewinn, daß die Stimme dieses aufrichtigen Mannes, abhold jeder Gewaltanwendung und Effekthascherei, immer deutlicher vernommen wurde, obwohl unsere wirkliche Welt mehr und mehr der Mißachtung aller Werte von Natur und Umweltschutz anheimfällt.
Dennoch – sein unermüdliches Wirken durch Bücher und eindringliche Fernseh-Sendungen war nicht umsonst.
Als ich einmal Gelegenheit zu einem längeren Gespräch mit Eugen Schuhmacher hatte, hörte ich Einsichten, die profund und klug darstellten, was wir zur Rettung von Mensch, Tier und Landschaft tun müssen. Seine Ideen waren weitblickend und aufklärend mit dem Wissen, worum es geht und was alles geschehen müßte, um wenigstens die „letzten Paradiese" zu retten.
Eugen Schuhmacher ist tot und mit ihm ist die ohnehin schon kleine Gruppe jener, die mit Idealismus und Geduld bereit sind, Entbehrungen auf sich zu nehmen, um unzähligen Menschen diese Paradiese in Film und Ton nahe zu bringen, noch kleiner geworden.
Ich möchte nur hoffen, daß sich viele junge Leute finden, die seinem Beispiel nacheifern – denn vieles gibt es noch auf unserer Erde zu entdecken und zu schützen.

JOSEF HAUSNER

Filmtechnisch beraten

Seit 1948 kenne ich Eugen Schuhmacher. Ich war damals als Filmtechniker bei der Bavaria-Filmatelier-Gesellschaft in München-Geiselgasteig angestellt. Hier wirkte ich bis 1968. Durch all die Jahre, bis zu meiner Pensionierung, habe ich Eugen Schuhmacher filmtechnisch beraten und zum Teil seine Apparaturen betreut und gewartet.

In dieser Zeit lernte ich nicht nur den tatkräftigen Fachmann, sondern auch den charakterlich hochstehenden Menschen in ihm kennen. Im Jahr 1948 war die Filmarbeit noch recht schwer. Es gab wenig Rohfilme, keine Filmgeräte, es gab kaum Devisen, daher konnte man die Apparate nur unter großen Schwierigkeiten beschaffen. Es fehlte besonders eine gute Filmkamera. Da nahm er Objektive von seiner Leica, ich mußte Zwischengewinde anfertigen, so bastelten wir eine Kamera zusammen. Trotz dieses behelfsmäßigen Gerätes waren auch die ersten Filme Schuhmachers nach dem Krieg schon hervorragend, sein meisterhaftes Können überwand vielerlei technische Schwierigkeiten.

Wenn er dann später von seinen Expeditionen zurückkehrte, erzählte er manchmal von den Mühseligkeiten, die er unterwegs gehabt hatte. So berichtete er einmal, wie die beladenen Maultiere so schlammige Wegstrecken vorgefunden hätten, daß sie tief eingesunken wären. Missionare hätten ihm geholfen, die Tiere wieder auf einen festen Grund zu führen.

Daheim begannen dann wieder die technischen Arbeiten, Montage und Schnitt des Filmes, da man ja Bild und Ton getrennt aufnimmt. Ein Schneidetisch – eines der wichtigsten Geräte bei der Filmherstellung – kostete damals noch ein kleines Vermögen. Schuhmacher suchte sich selber zu helfen: er richtete sich im Keller seines Grünwalder Hauses Arbeitsräume ein. Dabei war er in seiner Schaffenslust unermüdlich.

Manche Reparatur, manche kleine Neuerung hatte ich dort auszuführen. Wenn wir dann nach getaner Arbeit bei schönem Wetter in seinem großen Garten saßen, sprachen wir lange über alle Fragen der Filmtechnik. Dabei ging es auch häufig um technische Probleme bei seinen künftigen Unternehmungen. Dazu tranken wir Schuhmachers Lieblingsgetränk, geräucherten indischen Tee, den er als Hausherr selbst vorzüglich zubereitete.

Wenn er auf den Spuren seltener Tiere war, suchte er zugleich den Geheimnissen von Gott und seiner Schöpfung näher zu kommen.

ANDERL HECKMAIR

Im Schatten des Karakorum

So hieß der Film, den Eugen Schuhmacher während unserer Himalaja-Expedition im Jahr 1954 im Lande der Hunzas drehte. Während der Vorbereitungsarbeiten sah ich Eugen Schuhmacher zum ersten Male in unserem Expeditionsbüro im Alpenvereinshaus München und, wie mir schien, saß er mißmutig in einer Ecke und taxierte uns Bergsteiger. Von vorneherein war ich gegen die Filmerei, denn ich hatte schlechte Erfahrung mit Filmleuten, die immer glauben, alles müßte sich um sie drehen und besonders dann, wenn sie ihre Arbeit ernst nehmen. Ich brachte also keine besondere Sympathie dem Eugen Schuhmacher entgegen. Doch das änderte sich bereits während unserer Überfahrt nach Karatschi, wo Eugen sich schon auf dem Schiff als sehr menschlich entpuppte. Meine Voreingenommenheit war aber erst gebrochen, als ich mit dem Kameraden Martin Schließler spät nachts von einer strapaziösen Erkundungstour zum Rakaposchi nach Gilgit müde und ausgepumpt zurückkam. Eugen verscheuchte den pakistanischen Koch mit den Worten: „Ich weiß, was ihr jetzt braucht; ich koche euch etwas, was euch schmeckt." In kürzester Zeit servierte er uns einen dampfenden Topf mit Nudeln, Soße und Fleisch. Das rutschte nur so hinunter. Er hatte ja bereits Expeditionserfahrung hinter sich und wußte, was Strapazen sind und wie man sich dabei fühlt. Daraufhin war die Freundschaft geschlossen, insbesondere, da sein Verhalten in diesem Fall nicht einmalig war, sondern er sich ständig immer mehr als wirklicher Kamerad und Helfer in der Not bewährte.

Meine Bedenken, daß uns der Filmboß mit seinem Team zu sehr in Anspruch nehmen und uns auf die Nerven fallen würde, erwiesen sich als völlig grundlos. Im Gegenteil, ich bestaunte ihn immer wieder, auf welche Kleinigkeiten er bei der Filmerei einging und zum Beispiel Raupen filmte, die doch bestimmt nichts mit unserer Expedition zu tun hatten. Auf meine Frage, was er damit bezwecke, gab er zur Antwort: „Der Film wird's dir zeigen." Auf die Kenntnisse Schuhmachers in Bezug auf die Tierwelt braucht man nicht näher einzugehen. Sie waren jedoch für uns eine ungeheure Bereicherung der Reise. Denn sobald Schuhmacher merkte, daß man auch nur im geringsten Interesse für die Fauna zeigte, war er bereit, mit seinem Wissen uns in die Tierwelt einzuführen. Besonders die Vogelarten, von denen ich keine Ahnung hatte, schilderte er so interessant, daß man nicht genug davon zu hören bekam. Ob es nun ein Wiedehopf oder ein Gänsegeier war, sofort fesselte Eugen uns mit seiner Schilderung über die Lebensweise dieser Vögel.

Doch ein Bergsteiger war Schuhmacher nicht, aber er lehrte uns, das Erlebnis des Bergsteigens nicht nur im Sturm auf die Gipfel zu suchen, sondern auch das zu sehen und zu erleben, was in der Natur alles geboten ist.

Ein Beispiel: Die Anbauflächen des Hunzavolks werden durch kleine Terrassen in dem steilen V-Tal geschaffen, wobei in die Flanke eine Steinmauer gebaut und durch ein kleines Kanälchen Gletscherwasser geleitet wird. Der mitgeführte Schlamm füllt die Böschung bis zur Mauer auf und schon sind wieder einige Quadratmeter fruchtbaren Landes gewonnen. Dies filmte Eugen Schuhmacher vom Beginn bis zur Vollendung des anbaufähigen Bodens. Wir hätten gar nicht darauf geachtet, hätte nicht Schuhmacher das so aufmerksam beobachtet und uns gezeigt.

Einmal freilich erregte ich seinen berechtigten Zorn ganz fürchterlich, als ich von der Raffik (einem in einer Felswand mit losen Steinen eingebauten Pfad) abstieg, um von unten her den Aufbau des Pfades zu fotografieren. Hatte doch Eugen den tödlichen Absturz eines unserer Expeditionskameraden kurz vorher von der Raffik beim Fotografieren miterlebt. Als ich ein Stück in diese Wand abgestiegen war und Eugen dies bemerkte, war er so außer Rand und Band, daß ich schleunigst wieder zum Pfad zurückkehrte, ohne fotografiert zu haben. Er war um alles besorgt, was um ihn geschah, und ließ nichts durchgehen, was einer Gefährdung gleichkam.

Sein Film von unserer Expedition „Im Schatten des Karakorum", in dem hauptsächlich auf das Leben der Hunzas eingegangen wurde, war ein großer Erfolg und wurde überall mit Begeisterung aufgenommen.

GRETL HÖSER

So hat es begonnen

Als Eugen Schuhmacher vor etwa 45 Jahren mit meinem Verlobten in unser Haus kam, war er nichts anderes als ein junger Mann, den die Notwendigkeit eines Geldberufes in die Stadt zwang. Er trug, wie's bei uns üblich war, die Lederhose und den Janker, nicht ganz so selbstverständlich wie die Unseren, jedoch mit einer schlecht versteckten Freude und dem unverhohlenen Stolz in seinen frohen Augen, die etwa sagten: „Gel do schaugst". Ja und so blieb es, wohin es auch ging in diesen glücklichen schönen Jahren. Er trug die kurze „Wix" nicht mehr ostentativ, sondern als wäre sie ihm auf den Leib gewachsen. Bei jedem neuen Zusammensein spürten wir in Blick, Haltung und abwägender Beobachtung die schon ganz in sich gefestigte Persönlichkeit — sein Format.
Wie oft aber auch merkten wir, daß nicht angelernte Kenntnisse, mühsam erworbene Gescheitheit sein damals schon erstaunliches Wissen in Natur und Tierwelt ausgemacht haben, sondern daß von „Haus aus" etwas in ihn eingegangen war, was er uns Stadtkindern voraushatte.
Denke ich zurück an die frohen sorglosen Tage, die vielen Wanderungen hinaus in den „Rauhen Forst", einen tiefen weitausgebreiteten Wald, der im Westen die Stadt Augsburg umschließt, oder an manche Exkursion hinauf zu den Ufern des Lechs mit seinen großen Kies- und Sandbänken, den idealen Brutplätzen der Flußseeschwalbe und anderer Wasservögel, steigt eine vergangene Welt in mir auf. Keine Jahreszeit war langweilig, keine Finanzmisere der beiden Freunde Anlaß zum Daheimbleiben. Ich erinnere mich, daß Fritz und Eugen nach manchen Sonntagen am Lech mit leerem Magen zur Abendzeit am Heimweg Eugens Leiblied sangen: „Frühmorgens wenn die Hähne krähn." Die Ausflüge an den Lech hatten es Eugen besonders angetan. Im Dienstplan, als Funker der Augsburger Polizei, war es ein großes Anliegen der beiden Freunde, so anzukommen, daß das Wochenende nach Kissing am

Lech möglich war. Viele Tag- und auch damals schon Nachtstunden verbrachte Eugen zur Brut- und Nistzeit bei „seinen“ Vögeln. Beim Erzählen über die entstehenden Gelege der Lachseeschwalben, die schon damals sehr selten waren und die es nun schon lange nicht mehr in Bayern gibt, der Uferläufer, Regenpfeifer und Möwen spürte man die Freude, aber auch die Sorge, daß alles gut zum Abschluß kam. Was machte es ihm für Unruhe, konnte er beruflich einmal nicht zum rechten Tag abkommen, um an seiner Kolonie zu sein. Und gab es da oben dann wirklich ein Unglück, etwa daß ein Hochwasser die Sandbank mit den Gelegen und der inzwischen zum Teil geschlüpften Brut überflutete, war er mit den betrogenen Vögeln traurig und brummte den ganzen Heimweg. Mußte er aber in der frohen Gewißheit, daß nach günstigem Wetter alles programmäßig verlaufen konnte, entdecken, daß „Nesträuber“ ihm seine Gelege geleert hatten, konnte er kotzengrob schelten und fluchen. In dieser Wut ließ man ihn dann am besten allein, bis er sein Gleichgewicht wieder hatte.
Über Jahre dauerte die Freundschaft Eugen Schuhmachers zum Lech, bis die Eingriffe der beginnenden Industrialisierung die Idyllen des Lechs mit seiner Fauna und Flora zerstörten.
Vorher aber konnten wir mit einem neuen Bekannten erlebnisreiche Stunden am Lech verbringen. Es war im Frühsommer 1929, da kam Eugen mit diesem Herrn, es war ein Herr Fischer, an. Am Roten Torwall war der vereinbarte Treffpunkt, bei dem Herr Fischer zum ersten Male mit uns ging. Er war in naturwissenschaftlichen Kreisen als besonders geschickter Präparator bekannt und hatte auch im Augsburger Naturwissenschaftlichen Museum mehrere Vitrinen mit seinen Präparaten ausgestellt. Eugen lernte ihn bei Zusammenkünften im Naturwissenschaftlichen Verein kennen. Ein glücklicher Zufall! Eine neue Zeit begann für Eugen, er entdeckte neue Wünsche für ein ganz anderes berufliches Leben. War Eugen Schuhmacher bis dahin fasziniert von den Erlebnissen und Vorgängen in der Natur, so kamen nun, angeregt durch das handwerkliche Können des Älteren der Wunsch und Wille dazu, mit der Konservierung des erlegten Tieres vertraut zu werden. Er hätte es ja auch nicht übers Herz gebracht, etwas auf halbem Weg zustande zu bringen. Manchmal war er wie besessen von seiner Arbeit – manchmal wie ein Verliebter, der auf Weg und Steg

von nichts anderem erfüllt war. Sein unvorstellbarer Fleiß hat ihn auch dem vorschwebenden Ziel, als Mitarbeiter an die Zoologische Staatssammlung München zu kommen, näher gebracht. Ich glaube nicht, daß Eugen länger als einen Tag ohne Kontakt mit seinen Arbeits- und Berufsidealen war. Sein Metier war ja was Lebendiges, so lebendig wie er selbst. Für Zeit und Ruhe hatte er schon damals kein Gefühl mehr, sobald ihn etwas fesselte. Wenn wir zufrieden und erfreut vom Schauen und Erleben am Abend alles in uns ausklingen ließen, saß er abseits und schrieb und fixierte mit der ihm eigenen Gewissenhaftigkeit den vergangenen Tag; jede Beobachtung und Entdeckung. Manchmal war er uns so abgewandt, als ginge uns das alles gar nichts an. Dann wieder strömte es aus ihm wie aus einem Brunnen, der nicht auszuschöpfen ist. Mit dem Temperament seines schwäbischen Wesens übersprudelte er sich in Ideen und Plänen.
In der Hinterriß war es einmal, es regnete, daß man den Karwendel mit Wäldern und Almen nur ahnen konnte. Tage saßen wir, seine junge Braut Maria war mit, in einer gemütlichen Holzknechthütte. Eugen schlich herum wie ein „kranker Kater"; denn bei dieser Karwendelfahrt sollte mit bergsteigerischer Hilfe des Freundes ein längst herumgetragener Plan in Angriff genommen werden. Ach, er machte aus seiner Bedrängnis kein Hehl! Es war doch das erste größere filmische Unternehmen. Ein Vorhaben, das ihn auf manchem Berggang seit Monaten beschäftigte. Rückblickend kann ich dazu nur noch berichten, dieser damals buchstäblich im Wasser ertrunkene Adlerfilm, der in seiner ersten Phase im Karwendel entstehen sollte, kam erst nach Jahren zustande. Preisgekrönt und mit Auszeichnung steht er heute in der Reihe der von Eugen Schuhmacher geschaffenen Filme.
Die Jugendzeit ist immer schön. Beglückend und bereichert aber war sie für uns durch die Erlebnisse mit Eugen Schuhmacher und durch seine Freundschaft. Alt geworden kann man vieles nicht mehr so erzählen, manches nicht mehr so wiedergeben. Es liegt heute wie damals im Bereich des nur Erahnten, des Erfühlten. In der bis zu seinem Tod bestandenen Beziehung zum Menschen Eugen Schuhmacher und zu seinem in unserer Jugend begonnenen Lebenswerk bleibt nur eines als Gewißheit: „Es leuchtet noch lange nach."

Abb. 41 Schimpanse im Urwald von Ostafrika

Abb. 42 Fischende Bären in Alaska

Abb. 43 In Neuguinea 1959 bei Aufnahmen zu dem Film „Geisterland der Südsee"

Abb. 44 Lagerfeuer in Alaska, Eugen Schuhmacher (rechts) mit Expeditionsteilnehmern

PETER HÖSER

Zwischen Arktis und Tropen

An einem schönen Herbsttag saß ich mit Eugen in seinem Grünwalder Garten und da – wir haben gerade Tarock gespielt – hat er dann erzählt. Er hat gesagt, daß er jetzt endlich das Geld beisammen hat, um seinen großen Naturschutzfilm, den er schon so lange geplant hatte, anzufangen. „Weißt", hat er gesagt, „ich möcht' alle seltenen und vom Aussterben bedrohten Tiere in ihren natürlichen Lebensräumen und mit ihren natürlichen Lebensgewohnheiten in einem großen Naturschutzfilm festhalten, bevor sie halt ganz aussterben." Und dann haben wir wieder weitergespielt – Tarock. Und auf einmal sagt er dann: „Machst mit?" Und so ist es gekommen, daß wir dann miteinander viele schöne Reisen gemacht, viele schöne Augenblicke miteinander erlebt haben. Von ein paar solchen Augenblicken, von lustigen und besinnlichen erzähl' ich Ihnen jetzt.

*

UNTERWEGS MIT EUGEN ...

Es war in Lappland. Wieder einmal saßen wir auf einer kleinen Hügelkuppe. Vor uns lagen kleine blaue Seen, wie Augen in der Landschaft. Man spürte die Stille fast körperlich. Die kleinen Vögel hatten ihr Zwitschern eingestellt und der Ruf des Regenpfeifers war verstummt. Das helle Tüten der großen Brachvögel war nicht mehr zu hören. Der Seeadler saß wohl irgendwo aufgebaumt. Jene eigenartig helle Nacht war im Kommen, die für das Land im hohen Norden charakteristisch ist. Blutrot stand die Sonne im weiten Westen. Langsam kroch der Bodennebel über die Sümpfe. Verträumt starrten wir in die rote Sonne, die der Nacht ihren dunklen Schleier nimmt, sie aber doch nicht verhindern kann. Die Nacht ist in Lappland nicht schwarz, sondern nur still. Still und einsam. Weit in der Ferne heult ein Wolf, aber das unterbricht die Stille nicht, es unterstreicht sie.

Plötzlich – Eugen springt auf – zwei Schnee-Eulen! Die Tiere, die wir da oben in Lappland schon so lange suchen, kommen in den Aktionsradius unseres Fernglases. Schnell wird die Kamera ausgepackt, aber es ist zu dunkel, das Licht reicht nicht und so bleibt uns nichts anderes mehr, als die Vögel eben zu beobachten. Majestätisch und lautlos schweben die großen hellen Eulen über die Vidda – hierhin, dorthin, bald im Schatten, bald im Licht. Dann aber ist es Eugen zu dumm geworden.
„Schluß jetzt", hat er gesagt, „jetzt wird g'kocht."
Schnell haben wir dann ein kleines Holzfeuer entfacht und haben angefangen eine Suppe zu kochen. Zuerst hab's ich probiert; mir ist es nicht recht geglückt, als Koch bin ich nicht gerade ein Genie. Aber Eugen war eines.
„Geh' weg", hat er gesagt, „schau her! Zuerst muß Wasser nei und 's Wasser muß kochen und dann schütt'st d'Suppn nei und net zuerst die Suppn und dann das Wasser. Ah, geh weg, laß mi machn!" Dann hat er gekocht. Ja – gut, ich habe dann zugeschaut und er hat das Wasser reingeschüttet und das Wasser hat allmählich zu sieden angefangen und dann hat er noch so weitergeraunzt mit seiner Suppe und das, was ich nicht recht mache, und dann habe ich auf einmal gesehen, daß da eine Mücke drin liegt in seinem Wasser.
„Ja", sag' ich, „die Mück'n?"
„Na ja", sagt er, „die eine Mück'n da. Wirst schon nicht ersticken dran! Des macht nix!" Dann ist eine zweite reingefallen.
„Ja", sag ich, „und jetzt sans zwoa!"
„Ah, zwoa Mück'n, wirst schon nicht ersticken dran! Des macht nix!"
Und dann sind gleich zwei oder drei auf einmal reingefallen.
„Und jetzt sans sechs oder sieben", sag' ich.
„Ach was, die Mück'n. – Wirst schon nicht ersticken dran", sagte er und war schon ziemlich grantig. Er hat weitergekocht und weitergekocht und noch eine Mücke ist rein und noch eine Mücke und die Suppe ist immer dunkler geworden.
Und wie die Suppe fertig war, hab' ich gesagt:
„Jetzt san zweiundsiebzig Mück'n drin!"
„Oh", sagt er, „zweiundsiebzig Mück'n – zweiundziebzig Mück'n – zwei zuviel. Schütt'n wir's weg, Peter!"

*

Silbern leuchten die Gletscher in der Sonne. Spitzbergen, die Insel im Vorfeld des Nordpols, liegt vor uns. Auf Spitzbergen versuchen wir die letzten Polarrinder, die es auf dieser Insel gibt, zu finden, um sie in Film und Bild festzuhalten.

Der erste Gang nach Ankunft unseres Schiffes gilt dem Besuch eines alten Pelztierjägers. Er wird jetzt nach allen Regeln der Kunst ausgefragt. Aber es ist nicht viel, was er weiß. Niemand weiß viel über das äußerst seltene Moschusrind. Nachdem zwei Tage alles, was größer als ein Frosch war, ausgequetscht wurde, erfuhren wir doch, daß es diese Tiere gäbe und ungefähr die Richtung wo. Doch wie weit weg, das wußte niemand. Vielleicht 10, vielleicht 50, vielleicht 100 Kilometer, vielleicht in einer der vielen Schluchten und Einschnitte versteckt. Was wissen wir, hieß es, ihr müßt halt suchen. Und so ziehen wir also los; wir, d. h. Eugen, Helmut und ich. Jeder hat einen Mordstrumm Rucksack mit gut und gern 40 Kilogramm.

Die Nacht unterscheidet sich nicht mehr vom Tag. Wir schlafen, wenn wir müde sind, essen, wenn uns hungert. Sieben Tage sind wir dann schon auf den Spuren der Tiere. Wir ziehen ihnen nach, wie unsere Vorfahren ihrer Jagdbeute. Nie gelingt es uns, auch nur eines zu sehen. Es scheint fast so, als wolle es uns die Arktis nicht so leicht machen, eines dieser seltenen Tiere zu finden. Flüsse stellen sich uns in den Weg, die so reißend sind, daß erst lange nach einer Stelle zum Überschreiten gesucht werden muß. Eugens Gummistiefel sind zerfetzt; ich trage ihn durchs Wasser. Schluchten werden gequert und Sümpfe durchwatet. Das Wasser ist eisigkalt, die Luft jedoch ist so rein, daß es keinem von uns gelingt, auch nur einen Schnupfen zu bekommen. Strecken, die wir auf einige Kilometer geschätzt haben, werden zu einem Tagesmarsch; so täuscht man sich in den Entfernungen. Wir überschreiten eine Bodenfalte und dann stehen sie vor uns — die Polarrinder. Urweltlich und geheimnisvoll, wie aus einer anderen Welt, so kommen sie mir vor. Der Leitbulle mit einer 14 Stück umfassenden Herde — 200 Meter entfernt stehen die Tiere Kopf an Kopf. Die Rucksäcke liegen am Boden, die Kameras surren. Leider schieben sich jetzt Wolken vor die Sonne und aus ist es mit der Arbeit. Als sie wieder zu lächeln geruht, sind die Moschusrinder ein paar Kilometer weiter.

„Halt", sagen wir zu Eugen, „jetzt schleppen wir unser Zeug nicht mehr nach. Du bleibst mit der Kamera da stehen und wir umgehen die Moschusochsen und treiben sie auf dich zu."

„Oh", sagt er, „meinst, das geht?"

„Ja ja", sag' ich, „des geht — des geht scho."

Und dann machen wir das. Wir gehen den Tieren nach, umgehen sie und dann stehen wir uns gegenüber und glotzen uns an so auf 100 Meter Entfernung. Wir die Moschusochsen, die Moschusochsen uns, wir die Moschusochsen.

„Herrgott", denke ich mir, „das mit dem Treiben, ob das klappt?" Die Tiere stellen sich jetzt zusammen, sie nehmen Kälber und Jungtiere in die Mitte, der Leitbulle steht ein wenig weiter vorn und stampft. Naja, wir beschließen, mit dem Treiben anzufangen. Wir schwenken unsere weißen Anoraks, rennen bellend hin und her.

Was ist das? Die Moschusochsen rühren sich nicht! Näher und näher trauen wir uns. Plötzlich aber, mir stockt fast der Atem, unter Führung des Leitbullen rennt die ganze Herde auf uns zu. Blitzschnell spritzen Helmut und ich nach verschiedenen Seiten auseinander mit einem Tempo, das ich mir nie zugetraut hätte. In einem Graben stehen wir dann. Am Rand läuft der Leitbulle auf und ab und schnaubt zornig. Als er endlich wieder abzieht, schleichen wir zu Eugen zurück, der uns mit überheblichem Grinsen erklärt, daß wir eben im entscheidenden Augenblick kläglich — was heißt kläglich, sagt er — allerkläglichst versagt hätten. Naja auf den Film bekommen haben wir die Tiere dann später doch noch. Gelaufen sind wir auch noch einmal. Und als dann Eugen von einem Moschusochsen im Zoo von Kopenhagen angegangen worden war, da hat er dann auch nicht mehr über uns gelacht.

*

Viele Wochen sind wir ein andermal kreuz und quer durch Afrika gefahren. Wir haben schöne Aufnahmen bekommen von den großen afrikanischen Tieren. Aber einen Leoparden haben wir noch nicht gehabt. Wir haben nun versucht, in der Serengeti einen zu finden. Eugen war schon ganz verdrießlich. Er hat immer wieder geschimpft auf die Damen, die mit den Leopardenfellen rumlaufen. Was die wohl sagen würden, wenn eine Leopardin mit

ihrer Haut rumlaufen würde, hat er immer wieder gesagt, mindestens dreimal jeden Tag, so hat er sich geärgert, weil halt weit und breit von einem Leoparden nichts zu sehen war.
Aber dann, plötzlich mitten am Tag, fast am Mittag, als man gar nicht damit rechnen konnte, haben wir ganz weit weg ein kleines gelbes Pünktchen gesehen und das hat sich dann beim Näherkommen als Leopard herausgestellt.
Von unserem Landrover war die hintere Tür ausgehängt, da war die Kamera dringestanden. Eugen ist hinter zur Kamera, hat sich hingesetzt und der Leopard ist schön auf unser Auto zugegangen. Er war noch mindestens 300—400 Meter weg. Es war noch viel zu weit zum Filmen, aber Eugen hat schon immer durch die Kamera durchgeschaut und hat nun das Tier beobachtet, wie's näher gekommen ist. Auf einmal höre ich dann, wie er eine Kamera einschaltet. Zuerst machen wir es mit dem großen Objektiv, dann wird es noch einmal gewechselt, wir nehmen ein bisserl ein kleineres, dann ein etwas größeres und so, wie es eben bei der Filmarbeit ist.
Eugen vergißt alles rings um sich, sagt: „Schalt den Motor ab, der Wagen wackelt."
Ich schalt' den Motor ab und immer hat Eugen den Leoparden im Okular. Der kommt näher und näher und noch näher.
„Eh", sag' ich, „Eugen — aus — weg, wegfahren mußt."
„Sei staad", sagt er, „sei staad."
Und die Kamera schnurrt weiter. In solchen Momenten durfte man ihn nicht stören und so war ich dann still und dachte: „Naja, er wird schon wissen, wann er aufhören muß mit dem Filmen und wann wir lieber ein bisserl wegfahren."
Ja — aber — Eugen sagt nichts, er filmt und filmt und filmt und auf einmal sagt er zu mir: „Jetzt hab' ich ihn schön derwischt, Peter. Fahr weg!"
Und wie er gerade so von der Kamera aufschaut und sich zu mir rüberdreht, schaut der Leopard beim Auto rein mit seiner Schnauz'n, keine zehn Zentimeter von den Zehen Eugens weg. Die Katze ist ihm zu nahe an die Filmkamera hergegangen, hat dann den Bereich des Objektivs verlassen und Eugen hat gemeint: „Naja, der ist an der Seite vom Auto vorbei und ist weg."
Aber der ist nicht vorbei. Der hat reingeschaut. Nach wenigen

Augenblicken hat er sich's aber dann doch überlegt, der Leopard, und ist rübergestrichen zu einem Waldrand.
Wir waren alle zwei ein bisserl weiß und ich hab' dann ganz scheinheilig gefragt: „Ja Eugen sag' a mal, hätt' ich dich vielleicht doch a bisserl eher stören soll'n und dir sagen, daß der Leopard zu nahe kommt?"
Zuerst hat er nichts gesagt. Auf einmal fängt er an: „Was – stören – ja spinnst denn du?! Der hat höchstens reing'schaut, ob net wir a so a spinnerts Weiberleut' mit am Leopardenmantel im Auto herinn hab'n. Der hätt' er 's vielleicht zeigt, aber mir doch net."
Ja, gestimmt hat's dann schon, er war mit allem, was da kreucht und fleucht, auf gutem Fuß gestanden.

*

Ein anderes Mal haben wir vom Rand des Amboseli-Parks beim Kilimandscharo einen jungen Mann, einen jungen Massai als Führer angeworben, der uns zu einem besonders großen Elefanten führen wollte. Nun, wir haben den Elefanten nicht gefunden. Wir sind dafür dann mit diesem jungen Mann in sein Dorf gefahren und haben ihn dort abgeliefert.
Als wir da am Dorf standen – die Massai umgeben ihre Dörfer meist mit einer Dornenhecke –, sind wir mit einigen anderen ein bißchen ins Gespräch gekommen und am Ende hat uns dann der Dorfälteste eingeladen, doch ein wenig zu bleiben. Wir durften zwar nichts fotografieren, das haben sie sich strikt verbeten. Wir sind also dann beisammengesessen am Abend und sie haben uns erzählt von ihrem Leben und wir haben ihnen von unserem Leben erzählt. Sie haben sich dabei oft sehr amüsiert und haben dann nach einiger Zeit ein Abendessen aufgetischt, das ein Gemisch aus Kuhblut und Quark war. Es hat für uns ganz fürchterlich ausgeschaut, aber sie haben darauf bestanden, daß wir mit ihnen essen. Nun gut, wir haben uns also alle in einen Kreis gesetzt und auf einmal fängt Eugen an, er bittet doch um den Schutz und die Fürsprache des Dorfältesten und sie palavern da so hin und her und: „Damit du siehst, daß ich nicht undankbar sein will, gebe ich dir meine Portion von meinem Festschmaus ab."
Der Dorfälteste schaut zuerst ein bißchen und nickt dann und ißt also jetzt Eugens Portion und seine eigene.

„Aha", denk' ich mir, „haut schon!"
Und wie dann die Reihe an mir wäre, daß ich meinen Teil aus dem Kürbistopf bekomme, da sag' ich dann, auch ich wäre froh, wenn ich bitten dürfte um Fürsprache und vor allen Dingen um Wetterglück und so und auch du bekommst dafür meine Portion.
„Ah", sagt darauf der Dorfälteste, „nichts da. Einer unserer Gäste bleibt in unserer Mitte und ißt in unserer Mitte."
Und Eugen steht grinsend dabei, während ich den Quark aus Blut und Milch da runterwürge.
Hintennach sagt er dann: „Ja, eher aufstehen und zuerst einfallen lassen."

*

Vor drei Tagen sind wir in Tananarive, der Hauptstadt Madagaskars, angekommen. Wir sind schon ein wenig hinausgefahren, haben uns bei allen möglichen Leuten erkundigt, wo wir etwas finden können, was wir wo finden können, so wie man es eben macht, wenn man in ein Land kommt, das einem ganz fremd ist. Wir haben in einem kleinen Hotel – Hotel ist vielleicht noch zuviel gesagt – übernachtet und ein Franzose, der sich zu uns gesellt hat, hat uns von Land und Leuten erzählt. Er hat uns erzählt von den großen Schmetterlingen, die auch wir suchen, und von der Geisterfurcht der Eingeborenenbevölkerung. Es ist ein langer Abend geworden. Der Franzose hat sich dann verabschiedet und wir haben am nächsten Tag, ein bisserl verkatert, alle unser Frühstück bekommen.
Auf einmal sagt Eugen: „Sag mal, hast du eigentlich noch Francs?"
„Na", sag' ich, „ich hab' bloß noch Dollar."
„Au weh – i a!"
„Naja", sag' ich, „das macht ja nichts, Dollar nehmens überall. Der Umwechslungskurs ist bestimmt bekannt."
Also gut, wir rufen dann den Ober, der bringt uns unsere Rechnungen und wir sagen ihm dann: „Wir haben zwar keine Francs mehr, aber wir möchten in Dollar bezahlen."
„Gut", sagt er, geht wieder und kommt dann mit der Rechnung zurück.
Da hat er irgendwo hinten in seinem Kammerl den Umrechnungskurs draufgeschrieben und hat den Betrag umgerechnet. Aber was ist jetzt das? Das ist ein ganz unverschämter Kurs. Wir zahlen ja

mindestens fünfmal so viel, als der offizielle Dollarkurs wäre. Zuerst denke ich mir, naja, da hat er sich halt verrechnet und sag's ihm noch mal.

„Nein-nein", sagt er, „nein-nein, das stimmt schon so."

„Auweh", denke ich mir, „das ist ein Haderlump!" Und Eugen kocht schon, man sieht es ihm an. Aber er sagt nichts; er grinst so ein bisserl. Ich denke mir: „Ja was hat er denn?"

Er bestellt noch einen Sprudel. Der Kellner geht weg und dann sagt er:

„Jetzt paß auf! Jetzt probieren wir mal, ob der Franzos' recht hat mit der Geisterfurcht der Eingeborenen," und so nimmt er zwei Scheren von einem kleinen Krebserl, das wir zum Frühstück bekommen haben und steckt sie in den Mund rein und läßt die Augen rausquellen — das kann er ganz prima, schaut aus wie ein Vampir und sagt zu mir: „Jetzt gehst nei und holst den Ober raus. Stell di a bisserl g'schreckt!"

Eugen stellt sich hinter die Tür, ich gehe rein, sage zum Ober: „Um Gottes willen, komm schnell raus, komm schnell raus, um Gottes willen, um Gottes willen, komm raus!" Der Ober läßt seine Serviette fallen, saust raus bei der Tür, scheinbar hat er gedacht, daß ihm Eugen mit dem Geld davon ist, sieht Eugen hinter der Tür vorschauen, tut einen Schrei, springt über das Verandageländer und ist weg. Eugen fallen seine Krebsscheren raus vor lauter Lachen. Er lacht mindestens 5 Minuten lang, legt dann den korrekten Umrechnungsbetrag auf einen Teller und wir gehen.

„Ja", hat er gesagt, „Geisterfurcht ist schon zu was nütz!"

*

Später dann, als wir schon viele Wochen im madagassischen Busch rumgekrochen sind und Lemuren gesucht, gefunden und sehr schön in Film und Bild festgehalten hatten, habe ich dann eines Tages mit Lemuren-Schorschi — das war unser einheimischer Führer, er hatte einen ganz ellenlangen madagassischen Namen, den keiner aussprechen konnte, und so haben wir ihn einfach Lemuren-Schorsch getauft, denn er war im Aufspüren und Finden von Lemuren sehr sehr geschickt — eine Boa gefunden. Wir haben die Boa gefangen und haben sie zu Eugen und zur Kamera getragen. Eugen hat gesagt: „Naja, nehmas halt mit."

Wir haben sie auf einen Baumstumpf gesetzt, Eugen hat die Kamera aufgebaut und hat dann zu filmen angefangen. Die Boa hat scheinbar das Surren der Filmkamera oder die große Linse gestört. Sie ist unruhig geworden, hat sich halb aufgerichtet und auf einmal blitzschnell zugebissen. Sie packte die Gummiblende der Kamera und riß sie vom Apparat herunter. Eugen zuckte zurück und sagte a bisserl dasig: „Gottseidank, die Pfeif' hats net erwischt, sonst wär'n wir heimg'fahrn!"

*

Der Regen hämmert an die Fensterscheiben. Ich sitze in München bei Eugen und blättere in einigen Büchern, in denen nur von Sonne und Schönwetter erzählt wird. Aber die Zeiten, in denen es noch eine Sonne gab, scheinen vorbei zu sein.

„Bestimmt ist vor acht Tagen eine neue Eiszeit ausgebrochen", sagt Eugen. „Tja und dabei wollte ich eigentlich Steinböcke filmen! Du weißt doch einen Platz. Da bei euch drin, da im Blümbachtal, im Steinernen Meer und so?!"

„Naja", sage ich, „weiß ich schon, aber ich muß halt zuerst amal schaun."

Und so kommt es, daß ich ein paar Tage hinten bei den Teufelshörnern stehe. Petrus, mein himmlischer Namensvetter, hat nach einiger Zeit ein Einsehen mit einem kleinen, tropfnaß durch die Natur schleichenden Bergsteigerlein und läßt einen Sonnenstrahl durch die Wolken blitzen. Die ganze Landschaft wird verzaubert; es atmet alles auf. Ich pack' meinen Rucksack, steig' ab ins Blümbachtal und sehe dann auch meine kleine Steinbock-Kolonie.

Später, wieder in München, erzähle ich Eugen alles ganz genau und wir machen uns dann auf den Weg.

Am Abend sitzen wir mit dem Jäger in seiner Hütte. Im Herd prasselt das Feuer. Der Teekessel surrt. Der Schein der Petroleumlampe kommt gegen den Qualm im Zimmer kaum mehr auf. Wir rauchen und erzählen und schwelgen in Erinnerung.

Dann aber spricht nur noch der Jäger. Und während er aus seiner Pfeife mehr Rauch ausbläst als drei Lokomotiven zusammen, spricht er langsam und bedächtig in der Art der Bergbewohner:

„Jaja — die Steinböck', die können schon manchmal ganz schön groß werd'n. Vielleicht an Meter fufzg lang," meint er. „100 Kilo

G'wicht und bis zu am Meter Hörner. Ja i glab, i hab an so an Bock. Den zeig' i euch morg'n."
Wir kriechen unter unsere Decken und in aller Frühe geht's dann los. Und wirklich, nach einigen Stunden Suchens findet der Jäger auf einem Band hoch oben einen wirklich starken Bock.
„Jaaa", sagt Eugen, „der is weit ob'n. Was mach' ma denn?"
Langsam steigen wir nun dem Bock nach. Er steht ganz oben unter der Wand auf einem schmalen Band. Eugen kommt von rechts und ich komme mit der zweiten Kamera von links. Näher und näher kommen wir an das Tier. Es kann nicht mehr aus. Hinter ihm ist die Wand und rechts und links von ihm da kommen wir heran.
Der Bock steht da. Erschreckt niest und pfeift er, ähnlich wie eine Gemse, aber nicht so laut. Eugen stellt seine Kamera hin, deutet mir herüber, meine wegzulegen, und sagt durch Gesten: Treib ihn noch ein Stückerl her zu mir. Zu mir her — noch ein Stückerl näher. Aber ich trau' mich fast schon nicht mehr recht. Die Hörner sind halt gar so groß und der Platz auf dem Grasband ist eng. Endlich kratz' ich meinen letzten Schneid zusammen, mach noch ein paar Schritte. Das aber wird dem verängstigten Tier zu viel. Es senkt den Kopf, rennt auf mich zu und an mir vorbei.
Mit schlotternden Knien gehe ich hinüber zu Eugen und sag': „Du mit deinem Steinbocktreiben da — du", so leicht vorwurfsvoll.
Aber Eugen lacht bloß und sagt: „Naja, da müssen wir halt das nächste Mal zum Schmetterlingsfangen geh'n, wennst das mit dem Steinbock nicht schaffst." Aber die Aufnahmen sind trotzdem gut geworden und das hat ihn dann später doch recht gefreut.

*

Eugen hat zur Unterhaltung auch recht gern Karten gespielt und so ist es gekommen, ich erinnere mich noch gut daran, wie er eines Tages mitten in der Nacht im Flugzeug irgendwo zwischen Paris und Nairobi nach der Stewardeß geläutet hat und dann das Mädchen nach Spielkarten gefragt hat. Sie hat ihn zuerst nicht recht verstanden. Es war eine Französin und wir haben es dann versucht ihr zu erklären.
„Jeu de carte", haben wir gesagt, in dem was wir für Französisch gehalten haben. Ah, dann ist es ihr auf einmal eingekommen, aber sie hat bedauern müssen.

„Ja Kruzetürken", fährt Eugen auf, ganz impulsiv, „und ihr schreibt's immer vom Service vom guten und keine Spielkart'n im ganzen Flugzeug. Ja sakradi!"
Die Leute ringsum sind gleich verblüfft in die Höh' gefahren. Wir waren gleich wieder still und dann ist uns eingefallen, daß wir ja selber ein paar ganz unten irgendwo im Handgepäck haben. Wir haben sie dann rausgekramt und zum Spielen angefangen. Es gilt immer die Landeswährung, war ausgemacht. Wo wir gerade sind, das ist gleich. Und so haben wir gespielt und gespielt; das Flugzeug ist einmal in Athen gelandet, da hat die griechische Währung gegolten. Es war in Kairo und da haben wir gesagt, jetzt gilt also die ägyptische Währung. Das ist dann so weitergegangen und wir haben gespielt und gespielt und immer wieder, wenn wir Zeit gehabt haben. Unser Zettel, den wir da gehabt haben, der war schon ganz eng vollbeschrieben. Dann wurde ein zweiter hingehängt, weil Eugen den ersten nicht wegschmeißen lassen wollte, damit er sieht, wie's gegangen ist, und dann haben wir den dritten hingehängt und haben so weitergemacht, bis wir wieder auf dem Heimflug waren. Wir waren dann nach vielem Hin und Her doch fast eben. Es war unten noch ein „neuner" gestanden, also neun Pfennig, weil wir wieder in München gelandet sind.
Wir sind auseinandergegangen, ich hab' das Kartenspiel schon lange vergessen. Auf einmal kommt dann ein Scheck daher von Eugen.
„Neun Pfennig", steht drauf – und „Spielschulden sind Ehrenschulden."

FREIMUT KALDEN

Der Film muß fertig werden

Herbst 1972. Eugen Schuhmacher lag im Krankenhaus Harlaching in München. Freunde und Bekannte wußten, wie schwer ihm jeder Tag wurde, wie hart er um Zuversicht kämpfen mußte. Während einiger Besuche und Gespräche verließ ihn die Kraft fast vollkommen, dann aber lebte er wieder auf und wir konnten über seinen letzten, großen – zu dieser Zeit noch unvollendeten Film „Europas Paradiese" in allen Einzelheiten sprechen. Ja, mehr noch, er beauftragte mich vom Krankenbett aus, in Deutschland und auch in Italien noch wichtige, fehlende Szenen zu drehen. Und wir sprachen über die endgültige Fertigstellung des Filmes, über Text, Musik, über Szenenablauf und Farbabstimmung. So war der Kontakt zu ihm immer wieder auf die Basis filmischer Gedanken und Überlegungen gestellt und sein in Wort und Bild dokumentiertes, großes Anliegen, Umwelt und Menschendasein in ein besseres, sinnvolleres Verhältnis zu rücken, war bis zu seinem Weggehen von dieser Welt Kernpunkt aller unserer Gespräche. Noch im Dezember 1972 beschäftigte sich Eugen Schuhmacher mit einer geradezu magischen Energie mit Inhalt und Aussage dieses Filmes, und wir konnten – und darüber war ich ganz besonders froh – behutsam und in Etappen, das ganze geschnittene Bildmaterial mit Hilfe eines am Krankenbett aufgestellten Film-Betrachtungsgerätes anschauen und Schritt um Schritt durchgehen. Nur wenige Änderungen wurden noch nötig, und als die letzte Rolle, die letzten Bilder auf der Mattscheibe sichtbar waren, lehnte sich Eugen Schuhmacher erschöpft, aber doch – so glaube ich fest – glücklich in die Kissen zurück; sein Gesicht war entspannt, seine Augen leuchteten und er sagte: „So Kalden, so bleibt's und geändert wird nichts!" Es ist so geblieben und der Film wird sein Publikum, die groß bemessene Verehrerschar, ganz als ein Eugen-Schuhmacher-Film erreichen und erfreuen.

Neun Jahre habe ich Eugen Schuhmacher gekannt. Vieles konnten wir gemeinsam projektieren und auch realisieren. Während der letzten Filmvorführung in seinem Krankenzimmer, angeregt durch diese oder jene Szene, gingen die Gedanken zurück in die so reiche Vergangenheit, und Erinnerungen wurden wach. Manche Begebenheit, die sich da oder dort auf unserer schönen Erde, während der Arbeit hinter der Filmkamera einstellte, stand plötzlich ganz aktuell im Raum. Es ist mir eine besondere Freude, eine dankbare Genugtuung, annehmen zu dürfen, daß diese, der Arbeit Eugen Schuhmachers geltenden Gespräche, wenn auch nur für kurze Zeitabschnitte, dem Schwerkranken etwas Ablenkung und dadurch Erleichterung verschafften. Zum Jahresende, am 31. Dezember 1972, sah ich ihn zum letztenmal. Er hat mich seinen Freund genannt und dieser Freundschaft habe ich viele Begebenheiten in meinem Leben zu verdanken, die wohl ohne das Wirken Eugen Schuhmachers nicht möglich gewesen wären.

KARL KARGUS

In Film- und Jagdrevieren

1. VOM KENNENLERNEN UND DEM STOCHERL

Wir haben uns Anfang der dreißiger Jahre in der Zoologischen Staatssammlung in München kennengelernt. Ich besuchte dort öfters den Leiter der Ornithologischen Gesellschaft in Bayern, Prof. Laubmann, der viele Jahre mit seiner Familie seinen Urlaub in meinem Heimatort Pöcking am Starnberger See verbrachte und dem ich viele Kenntnisse vom Leben unserer Vogelwelt verdanke.
Eugen Schuhmacher war damals in der Zoologischen Staatssammlung als Präparator tätig. Der Leiter der Zoologischen Staatssammlung, Prof. Krieg, plante seinerzeit eine ausgedehnte Südamerika-Expedition und erstmalig sollte auf einer solchen Forschungsreise auch eine Filmkamera mitgenommen werden. Eugen Schuhmacher war dazu ausersehen, diese Filmkamera zu bedienen, um all die Dinge festzuhalten, die der Zeichenstift von Prof. Krieg oder ein Foto nur unvollkommen wiedergeben konnten. Schon diese ersten Proben von Eugen Schuhmacher fielen so hervorragend aus, daß seine Aufnahmen bei allen weiteren Expeditionen eine immer größere Rolle spielten und daß aus dem Präparator Schuhmacher schließlich ein Kameramann wurde, den das Filmen immer mehr ausfüllte.

Es muß so in den ersten Jahren nach dem Krieg gewesen sein, da habe ich Eugen Schuhmacher in seiner damaligen Wohnung in München-Sendling, Kidlerstraße 22, aufgesucht. „Komm schnell rein, damit ich die Tür gleich wieder zumachen kann, unser Wellensittich fliegt frei in der Wohnung rum", so wurde ich empfangen. Ja, das wäre freilich ein großer Jammer gewesen bei der Tochter Annemie, sie war ja damals noch ein kleines Mädl, wenn der Vogel entflogen wäre. „Der kann ja nicht mehr zurückfinden", erklärte mir Eugen, „er hat ja die Wohnung noch nie von außen gesehen, wie soll er denn wissen, bei welchem Fenster er wieder

hereinfliegen soll! Aber wir haben schon vorgesorgt. Unser Wellensittich weiß wenigstens, wo er wohnt. Komm her, Stocherl, und sag, wie du heißt." Ich hab' da gar nicht lang warten müssen, da ist der Wellensittich zu uns auf den Tisch hergeflogen und hat zu schnabeln angefangen und auf einmal hat man es ganz gut verstehen können: „Ich bin der Stocherl Schuhmacher von der Kidlerstraße 22."
Ein Glück, daß er seine Sprachkenntnisse nie hat praktisch anwenden müssen!

2. AUF DER BIRKHAHNBALZ

Anfang der fünfziger Jahre bin ich mit Eugen Schuhmacher zu einer Aufnahme einer Birkhahnbalz fortgefahren. In der Nähe der bayerisch-österreichischen Grenze unweit von Laufen an der Salzach hatte er einen guten Balzplatz von Spielhähnen ausfindig gemacht und ich sollte gleich an Ort und Stelle zu seinen Filmaufnahmen die Tonaufnahmen machen. Von einheimischen Jägern war bereits vor Wochen ein Schirm (Versteck) gebaut worden und wir konnten gleich nach unserer Ankunft noch am Abend das Gelände inspizieren. Eine richtige Moorlandschaft, weit ausgedehnte Streuwiesen mit einzelnen Baumgruppen, meist Birken und Krüppelföhren! In einiger Entfernung größere Birkenwäldchen, sie zeigten noch ein saftigeres Grün als die Saatäcker, die sich auf der anderen Seite auf einer Anhöhe hinziehen.
Wer eine Birkhahnbalz erleben will, der muß früh aufstehen. So suchen wir am andern Morgen noch bei stockfinsterer Nacht unser Versteck auf. Nur gut, daß wir schon tags zuvor unseren Anmarschweg erkundet hatten. So können wir jetzt den Schirm erreichen, ohne in einen Moorgraben oder ein sonstiges Wasserloch zu fallen. Ja und wenn man mit seinem Arbeitszeug vertraut ist, dann kann man auch in der Dunkelheit eine Filmkamera oder ein Tonbandgerät aufbauen und startklar machen. In einer Entfernung von vielleicht 20 Metern hab' ich mein Mikrofon in einem Streuhaufen versteckt. Wenn man dann den Verstärker genügend weit aufdreht, dann hört man über das Mikrofon noch Laute und Geräusche, die sonst das menschliche Ohr nicht mehr aufzuneh-

men vermag. Ich habe natürlich Freund Eugen am Kopfhörer mithören lassen und er kann sich gar nicht genug wundern, daß man da auf einmal schon den Gesang einer Lerche und die Lockrufe der Rebhühner draußen auf den Samäckern hören kann. Sogar den Ruf eines Waldkauzes aus einem weitentfernten Waldstück kann man noch vernehmen. Von irgendeinem Kirchturm sind jetzt Glockenschläge zu hören. Fünf Uhr morgens.

Beide waren wir uns einig: wenn man nach einiger Zeit den Kopfhörer wieder abnimmt, dann kommt man sich direkt taub vor.

So haben wir uns die Zeit vertrieben und dabei gar nicht bemerkt, daß es doch noch empfindlich kalt ist und unsere Rucksäcke die Bodenfeuchtigkeit durchsickern lassen. Allmählich merkt man jetzt im Osten einen helleren Streifen, der den kommenden Tag ahnen läßt.

Da vernehme ich auch schon in meinem Kopfhörer das leise Kullern eines Birkhahns. Ist er wirklich so weit entfernt von unserm Schirm eingefallen oder ist seine Stimme noch heiser von der Kälte der Nacht? Lange brauchen wir über dieses Problem nicht nachzudenken, denn plötzlich ist das Kullern eines Hahnes recht gut zu hören und ich mache gleich eine Probeaufnahme mit meinem Mikrofonkastl. Da wird Freund Eugen nervös. Selbst mit einem guten Fernglas kann man von dem Hahn noch nichts entdecken. „Halt dich nur ganz ruhig, denn wenn jetzt der Hahn etwas merkt, dann fliegt er auf und davon und wir sitzen umsonst in unserm Versteck", flüstert mir Eugen zu. Da sitze ich wie ein Häuferl Elend am Boden und merke erst jetzt, wie eng unser Versteck ist, besonders wenn zwei Mann nebeneinander arbeiten sollen.

Aber sobald die Dunkelheit der Nacht allmählich übergeht in ein unbestimmtes Grau der Morgendämmerung, da wird es lebendig vor uns auf dem Balzplatz. Hahn auf Hahn kommt angestrichen, von allen Seiten sind jetzt die Balzlaute zu hören, und wenn ein Hahn bei seinem Tschuhui gleich einen Meter in die Höhe springt, dann kann man schon die weißen Federn auf der Unterseite des Stoßes aufblitzen sehen. Ich kann bereits recht gute Tonbandaufnahmen machen, für die Filmkamera ist das Licht noch viel zu schwach.

Da gockt plötzlich eine Henne ganz nah bei unserm Versteck und gleich darauf fällt auch schon ein Hahn mit sausendem Schwingen-

Abb. 45 Panzernashorn in den Sumpfgebieten Nordindiens

Abb. 46 Elefantenherde an Gewässer in Kenia (Ostafrika)

Abb. 47 Vortrag in der Robert-Schumann-Schule in St. Mang/Kempten

Abb. 48 Die Preisträger des Jugendwettbewerbs „Entdecke die Welt der Tiere" folgen
Kenia den Spuren von Eugen Schuhmacher

schlag bei ihr ein. Es ist noch ein junger Hahn, der bei der Henne den Kavalier spielen will, denn schon kommt der Haupthahn angestrichen und es beginnt der Kampf der beiden Rivalen, nur wenige Meter vor unserm Schirm. Wie zwei Gockel auf dem Bauernhof springen sie sich gegenseitig an, hart schlagen sie mit den Schwingen aufeinander los, daß gleich die Federn davonstieben. Da nimmt der schwächere Hahn Reißaus und sucht mit polternden Schwingenschlägen das Weite.

Ich habe natürlich jede Phase dieses Kampfes auf mein Tonband aufgenommen. Auch Freund Eugen hat zu filmen versucht, aber für gute Bilder ist halt das Licht noch zu schwach.

Mit dem Glas kann man aber jetzt schon deutlich die dunklen Hähne auf der fahlen Streuwiese ausmachen. Ein ganzes Dutzend hat sich auf dem Balzplatz eingefunden und von allen Seiten sind ihre Balzlaute zu vernehmen. Auf gut 50 Schritt können wir jetzt eine Birkhenne ausmachen, sie paßt sich mit ihrem unscheinbaren Gefieder der Umgebung gut an. Drum muß man auf sie besonders gut aufpassen, denn wenn eine Henne etwas von einem Beobachter merkt, dann fliegt sie auf und davon und natürlich der Hahn hinterher.

Da taucht plötzlich ein Sprung Rehe vor uns auf. Sie ziehen von den Samäckern, wo sie nachtsüber geäst hatten, rüber in ihre Tageseinstände in den Birkenwäldern dort drüben. Sie haben alle noch das graue Winterfell, das bei einer alten Geiß allerdings schon recht rupfig ausschaut. Werden sie Wind bekommen und dann laut schreckend abspringen? Nein, es geht alles gut und unsere Nervosität legt sich nach und nach. Jetzt kommt auch schon die Sonne als glutroter Feuerball am Horizont herauf und taucht die ganze Moorlandschaft in zauberhafte Beleuchtung. Über den Wassergräben liegen noch einzelne Dunststreifen und dahinter tauchen geisterhaft die Gipfel einzelner Birken und Föhren auf. Ganz still ist es auf einmal auf dem Balzplatz geworden. Der Birkhahn hat eine Schweigeminute eingelegt, mit der er das aufgehende Tagesgestirn würdig begrüßt.

Lange dauert diese Ruhe nicht. Sobald sich die wärmenden Strahlen der schnell steigenden Sonne bemerkbar machen, da beginnt beim Birkwild die Sonnenbalz und jetzt ist Freund Eugen in seinem Element. Immer wieder ist das leise Surren seiner Kamera zu hö-

ren, Meter um Meter seines Films kann er jetzt belichten. Mit dem Teleobjektiv kann er jetzt jede Phase der Birkhahnbalz in Großaufnahme heranholen. Lang bleiben wir noch in unserm Schirm sitzen, bis Hahn um Hahn abstreicht in die Tageseinstände dort drüben in den Birkenwäldern. Wir können beide zufrieden sein. An einem einzigen Morgen haben wir eine Birkhahnbalz in Bild und Ton festgehalten, wie man sie sich nicht schöner vorstellen kann.
Wenn wir uns dann in späteren Jahren über diese Aufnahmen unterhalten haben, da sagte Freund Eugen zu mir: „Ja einen Farbfilm hätte es halt damals schon geben sollen!"

3. DIE REIHERKOLONIE IN MORSTEIN

Ein Jahr nach den Aufnahmen von der Birkhahnbalz erreicht mich ein Anruf von Eugen aus Morstein: „Du, ich mache gerade Aufnahmen in einer Reiherkolonie, das wird ein pfundiger Film, komm schnell, dann können wir wieder Bild- und Tonaufnahmen gemeinsam machen."
Also hab' ich mein Mikrofonkastl eingepackt und bin nach Morstein ins Hohenloher Land gefahren, wo es damals die größte Graureiherkolonie im süddeutschen Raum mit 82 besetzten Horsten gab. Die Brutkolonie der Reiher befand sich auf einer Anhöhe gegenüber der Burg (heute als Schloß Morstein bezeichnet), getrennt durch eine tiefe Schlucht. Es ist nachgewiesen, daß die Reiher hier schon seit vielen Jahrhunderten zur Brut schritten. Und die Reiher waren es, die die Burg vor vielen, vielen Jahren vor der Zerstörung bewahrten und das kam so:
Es war einmal ein Burgfräulein, das hatte einem Ritter den Laufpaß gegeben. Der abgewiesene Freier aber schlich nachts zur Burg, um Rache zu nehmen, und zündete sie an. Als das Feuer an der Burg emporzüngelte, stießen die Reiher in der nahen Brutkolonie derart gellende Schreie aus, daß die Bewohner der Burg wach wurden und noch rechtzeitig das Feuer löschen konnten. Der damalige Burgherr hat für diese Rettung ein Gelübde abgelegt, wonach keinem Reiher in dieser Brutkolonie etwas geschehen dürfe, solange einer seiner Nachkommen auf der Burg lebe. Jahrhunderte

lang ist dieses Versprechen gehalten worden. Wenn in den letzten Jahren auch hier die Reiher stark abgenommen haben, so brüten doch noch immer einige dort, und es ist nur zu wünschen, daß sie nicht eines Tages ganz aussterben.

Bei meiner Ankunft in Morstein habe ich Freund Eugen natürlich bei der Arbeit vorgefunden. Tief unten in der Schlucht hatte er seine Kamera aufgebaut und machte mit einem langen Teleobjektiv Aufnahmen vom Anflug der Reiher auf ihre Horste. Mancher Reiher hatte einen langen Ast im Schnabel, Nistmaterial zum Ausbessern des Horstes. Wir haben dann gemeinsam das Gelände noch etwas inspiziert, und ich habe dabei ein solches Durcheinander von Vogelstimmen gehört, daß ich wirklich bezweifelt habe, hier brauchbare Tonaufnahmen machen zu können. Die meisten Horste waren in die riesigen Baumkronen uralter Linden hineingebaut, in eine Baumkrone allein 22 Horste. Um hier Aufnahmen machen zu können, mußte man möglichst nah an einige Horste herankommen und hier hatte Freund Eugen bereits großartig vorgesorgt. Auf einer mächtigen Linde, die ganz oben auf der Anhöhe stand, war schon vorher in luftiger Höhe ein Versteck gebaut worden.

22 Meter war diese gut getarnte Kanzel über dem Erdboden angebracht, es war ein kleines Kunststück, dorthin zu gelangen. Zunächst führte eine Leiter bis zu einer Astgabel in ca. 15 Meter Höhe. Dort mußte man umsteigen auf eine zweite Leiter, die dann bis zum Beobachtungsstand hinaufkletterte. Derartige Leitern müssen natürlich eigens angefertigt werden und man muß absolut schwindelfrei sein, wenn man da hinaufklimmen will.

Das Gelände rund um die Reiherkolonie war zusammen mit dem Förster Martin sowie dem Helfer Willi Dortenwald rasch erkundet, wir wollten die prächtigen Vögel nicht weiter in ihrem Brutgeschäft stören. Am andern Tag sollten die Aufnahmen aus dem Beobachtungsstand beginnen ...

Es ist ein wunderschöner Frühlingstag und Eugen sagt zu mir: „Du wirst staunen, was wir heute alles zu sehen und zu hören kriegen.“ Mit unserem Helfer aus dem Dorf nähern wir uns der Reiherbrutkolonie. Unsere Geräte sind in zwei Rucksäcken verpackt, auch eine gute Brotzeit nehmen wir mit, denn der Ansitz kann recht lange dauern. Schon bei unserm Anmarsch streichen einzelne Reiher von den Horsten ab und kreisen über der Anhöhe der Burg. Weithin sind ihre Rufe zu hören. Jetzt sind wir an unserem Baum mit der eingebauten Kanzel angelangt. Wir klimmen nacheinander die Leiter empor, Freund Eugen zeigt mir noch einen Trick, wie man in der Astgabel von der unteren Leiter in die obere umsteigen muß, es geht alles gut und schon sind wir in der Kanzel angelangt. Sie ist außen mit Zweigen verblendet, innen aber mit Rupfen ausgekleidet. Die Reiher mögen dieses Gebilde durchaus für einen Horst halten, denn auch die Reihernester haben ein ganz beträchtliches Ausmaß.

Inzwischen hat unser Helfer den Rucksack an einem Seil befestigt und wir ziehen unsere Geräte zu uns herauf. Während unserer Baumkletterei ist in der Brutkolonie ein richtiger Tumult entstanden. So weit wir es überblicken können, sind alle Reiher von ihren Horsten hochgeflogen und kreisen mit lautem Rufen über ihrem Brutgebiet. Schnell machen wir den Einstieg in unsere Kanzel dicht und der Helfer geht recht auffällig in Richtung Dorf davon.

Das ist für die Reiher das Zeichen für Entwarnung. Der Eindringling in ihr Brutgebiet entfernt sich — Gefahr vorüber! Die Vögel beobachten dies ausgezeichnet, nur zählen können sie halt nicht. Durch die Verkleidung der Kanzel nach allen Seiten vor Sicht geschützt, machen wir uns gleich an die Arbeit.

Ich habe mein Mikrofon einige Meter an dem Baumstamm hinuntergelassen, Freund Eugen richtet sein Objektiv auf einen Horst, der ca. sechs Meter vor uns in eine Baumkrone eingebaut ist. Vier meergrüne Eier, etwa in der Größe eines Gänseeis, liegen drin. Es dauert gar nicht lange, da kommt auch schon der Reiher an den Horst zurück, stellt sich langbeinig auf den Horstrand und dreht mit seinem langen Schnabel die Eier um, damit sie gleichmäßig von allen Seiten bebrütet werden. Dann setzt er sich umständlich auf das Gelege, schüttelt noch ein paarmal sein Gefieder, er brütet. In einiger Entfernung sitzt ein altes Reihermännchen auf einem Ast vor uns und macht ein recht griesgrämiges Gesicht. Wahrscheinlich hat er noch kein Weibchen gefunden. Von Zeit zu Zeit bringt er ganz komische Laute hervor, das hört sich dann an, wie das Knallen eines Sektpfropfens. Ganz dicht bei uns ruft jetzt eine Hohltaube. Diese Vögel sind Höhlenbrüter und finden hier in den alten Bäumen immer eine Nisthöhle. Es sind höchstens zehn Meter, daß die Hohltaube vor uns auf einem dicken Ast herumturnt, ich kann ganz deutlich sehen, wie sie ihren Kropf aufbläht, bevor sie mit ihren Rufen beginnt. So kann ich immer mein Tonband zur rechten Zeit laufen lassen. Während ich sonst immer Angst haben muß, daß ich von den Tierstimmen in freier Natur zu wenig auf mein Band draufbekomme, hier ist es gerade umgekehrt. Eine unwahrscheinliche Fülle von Vogelstimmen ist da in meinem Kopfhörer zu vernehmen. Die schrillen Rufe eines Schwarzspechtes sind hörbar, ebenso wie die etwas klagenden Laute des Grünspechtes, dazwischen der gellende Ruf des Kleibers. Sie alle haben in einem Astloch der uralten Bäume irgendwo eine Bruthöhle gefunden. Ab und zu bekommen wir Besuch von den Turmfalken, die drüben im Gemäuer der Burg nisten und mit ihren charakteristischen Rufen dicht über unsere Köpfe hinwegfliegen.

Plötzlich höre ich in meinem Kopfhörer ein Knistern und Krachen, daß ich schon an eine Mikrofonstörung denke. Es sind aber Dohlen, die nur wenige Meter unter uns eine Nisthöhle gefunden haben und sich offenbar nun dort wohnlich einrichten. Freund Eugen weiß gleich Abhilfe. Er klopft mit dem Fuß an den Baumstamm und schon ist wieder Ruhe für einige Zeit. Bei den Reihern kommen einige zurück zur Brutablösung. Das ist immer mit einer ganz bestimmten Zeremonie verbunden. Beide Reiher stehen sich auf dem Horstrand gegenüber, verneigen sich mehrmals voreinander und geben dabei ganz charakteristische Lautäußerungen von sich. Wir sind natürlich bemüht, dies alles möglichst gut in Bild und Ton festzuhalten.

So sind wir ständig beschäftigt, es wird uns keine Sekunde langweilig. Schließlich müssen Film und Tonband gewechselt werden, es müssen Notizen gemacht werden, was schon alles aufgenommen ist, dann geht zu Hause das Auswerten der Aufnahmen viel schneller.

Da sehe ich einen Star auf einem winzigen Zweig sitzen, der aus dem Stamm einer Linde herauswächst. Der Vogel hat etwas im Schnabel, es ist kein Nistmaterial, es muß ein Wurm oder eine Larve sein. Ja, hat denn die Starenfamilie schon Junge? Nein, da kommt aus dem Baumstamm der Kopf des Starenweibchens hervor und für sie ist das Futter bestimmt. Ist ein galanter Ehemann, dieses Starenmännchen!

Wenn man lange genug in so einem Versteck ausharrt, dann kann man sich gar nicht genug wundern, welche Lichteffekte die Sonne in ihrem Tageslauf auf einzelnen Punkten erzeugt. Eugen wird nicht müde, immer noch eine Aufnahme zu machen, er meint, sie könnte vielleicht doch um eine Nuance besser sein als die vorhergehende.

Erst als das Licht schwächer wird, entschließt er sich, seine Kamera einzupacken. Ich höre mir noch einmal das Durcheinander der vielen Vogelstimmen im Kopfhörer an, da passiert etwas ganz Merkwürdiges. So schrille Reiherrufe habe ich noch nie gehört, da muß etwas ganz Besonderes los sein. Als wir Ausschau halten, sehen wir einen Edelmarder in einer Baumkrone zwischen den Reiherhorsten herumturnen. Hochaufgerichtet stehen die Reiher auf ihren Horsten und stoßen dabei diese schauerlichen Warnrufe aus. Marder sind Feinschmecker und so ein Ei wäre sicher ein Leckerbissen! Angesichts der drohenden Reiherschnäbel zieht der Marder es aber doch vor, sich zu entfernen. Mit mächtigen Sprüngen holzt er von Ast zu Ast und ist schnell unseren Blicken entschwunden.

Mir ist es gelungen, diese Warnrufe auf Tonband festzuhalten. Schade, daß Eugen die kampfbereiten Reiher auf ihren Horsten nicht mehr filmen konnte.

Beide hatten wir aber keinen Zweifel, daß es dieselben gellenden Warnrufe waren, die einst vor Jahrhunderten die Burg vor ihrer Zerstörung bewahrten.

4. ZU BESUCH

Eugen Schuhmacher und seine Frau Maria waren häufig bei uns in Pöcking zu Besuch und genauso oft waren meine Frau Tina und ich bei ihnen in Grünwald eingeladen.

Wenn sich dann die Frauen oft stundenlang über Dinge des Alltags unterhalten haben, dann hat mir Eugen von seinen Reisen, seinen neuesten Filmaufnahmen und seinen Zukunftsplänen erzählt.

Meist sind wir dann in mein Jagdrevier hinausgefahren und ich habe immer wieder gestaunt, was Eugen Schuhmacher bei jedem

Pirschgang entdeckt hat. Es waren Dinge, an denen die meisten anderen achtlos vorübergehen. In jedem Wassertümpel wurde da Nachschau gehalten, mit großer Geschicklichkeit wurde jeder Frosch, jede Unke, jeder Molch aus dem Wasser geholt. Die Tiere wurden genau bestimmt und dann wieder ihrem Element zurückgegeben.

Besonders erfreut war Eugen bei unseren Pirschgängen über die vielen seltenen Pflanzen und Sträucher, die noch immer in meinem Revier wachsen. „Siehst du", pflegte er dann zu sagen, „das ist eben noch unberührte Natur, da ist noch nie ein Korn Kunstdünger gestreut worden, sonst wären diese Pflanzen schon alle ausgestorben."

Eines Tages im Spätherbst sind wir an einem kleinen Bach entlanggewandert. Da plötzlich eine Bewegung im Wasser, ein Fisch, eine Forelle schoß bachaufwärts davon.

„Soll ich sie dir fangen?" fragte mich da Eugen.

„Ich hab' nichts dagegen, aber so einfach wirst du sie nicht erwischen."

„Ja, was meinst denn, wie viele Fische ich schon mit den Händen gefangen habe, paß auf, das geht ganz schnell."

Schon hatte er Schuhe und Strümpfe ausgezogen und war in den Bach gestiegen. An einer Stelle, an der das Ufer weit überhing, da mußte der Fisch seinen Unterstand gefunden haben. Eine leichte Wassertrübung wurde noch gut erkennbar von dieser Stelle vom Wasser fortgetragen. Vorsichtig pirschte sich Eugen dorthin und untersuchte behutsam mit beiden Händen die Uferböschung. Auf einmal hatte er den Fisch in der Hand – eine prächtige Forelle!

„Was soll ich jetzt mit dem Fisch machen?"

„Ja, den verspeisen wir heute abend."

„Ist ein bißl wenig für vier Personen", meinte da Eugen.

„Für den Fischer reicht er aber bestimmt", erwiderte ich ihm.

Damit war er aber nicht einverstanden, und ehe ich mich umschaute, hatte er die Forelle wieder ihrem Element übergeben.

„Schau, wie die sich freut, daß sie wieder schwimmen kann!"

5. HASEN- UND FUCHSJAGD

An einem wunderschönen Herbstabend sitzen wir beide auf einem Hochsitz, von dem man einen großartigen Ausblick auf eine Streuwiese mit ausgedehnten Filzen hat. Ich will einen Hasen schießen, das ist bei mir immer ein Problem, so einen alten Waldhasen zu überlisten. Mehr als drei oder vier Stück bekomme ich in keinem Jahr, es ist halt ein ausgesprochenes Waldrevier.

So ein Ansitz im Spätherbst ist immer wieder imponierend. Auf der Streuwiese leuchten die einzelnen Gräser in allen Farben, vom Hellgelb bis zum Dunkelbraun. Dazwischen blinken die weißen Birkenstämme auf und bilden einen starken Kontrast zu den einzelnen Krüppelföhren, von denen die meisten nur so am Boden dahinkümmern.

„Siehst du, dort drüben aus dem Urwald könnte jetzt gleich ein Elch herauskommen, so hat es auch bei meinen Elchaufnahmen in Kanada ausgeschaut", meint Eugen.

Ich muß es ihm glauben, sage aber ganz unverhohlen, daß ich schon froh wäre, wenn jetzt wenigstens ein Hase käme.

„Ja, willst du den Hasen wirklich schießen? Ich weiß nicht, ob ich nicht einen Hustenanfall bekomme."

Da muß ich doch ernstlich protestieren, aber erst der Hinweis, daß meine Frau leidenschaftlich gern Hasenbraten ißt, scheint zu wirken.

Wir bekommen auf unserm Hochsitz Besuch von einem Meisenschwarm. Die kleinen Vögel wollen noch vor Einbruch der Nacht schnell einen Happen zu sich nehmen und suchen in den Zweigen und Ritzen der Bäume nach Käfern und Larven. Von der Ferne ist der melancholische Ruf eines Schwarzspechtes zu hören und gegen den lichten Horizont im Westen kann man noch Krähen erkennen, die ihren Schlafbäumen zustreben. Schnell wird es dämmrig. Da ist in der Dickung hinter unserm Rücken ein leises Geräusch zu hören, ich nehme vorsichtshalber mein Gewehr in die Hand. Da kommt auch schon der alte Waldhase aus der Deckung heraus und will die Streuwiese eilig überqueren. Schnell gehe ich in Anschlag und schon ist der Schuß draußen. Vom Mündungsfeuer bin ich so geblendet, daß ich die Wirkung des Schusses nicht beobachten kann. Da hat es Eugen leichter gehabt. Der Hase ist

im Schuß nicht liegen geblieben, er ist noch in das Gestrüpp vor uns hineingehoppelt.
„Dort hinter dem Busch sitzt der Has'", berichtete mein Freund Eugen. Ich kann aber den Hasen einfach nicht entdecken. Es ist inzwischen schon recht dunkel geworden. „Ja, wenn du den Hasen sitzen siehst, dann schieß halt du", sage ich und gebe Eugen meinen Drilling. Und tatsächlich, er nimmt mein Gewehr und zielt lange, bis er endlich abdrückt. Jetzt kann auch ich die weiße Bauchseite des Hasen sehen. Auf diese Weise habe ich Freund Eugen verleitet, doch auf einen Hasen zu schießen. Er hätte ihn zu gerne laufen lassen.
Mit dieser Hasengeschichte soll aber nicht der Eindruck erweckt werden, als ob mein Freund Eugen nichts mit der Jagerei zu tun haben wollte. Ganz im Gegenteil, zu einer Fuchs- oder Saujagd war er immer zu haben. Schließlich stammte er aus einer Försterfamilie.
Ich erinnere mich da an einen Neujahrstag, nachts war Schnee gefallen, aber es hatte schon bald zu schneien aufgehört und so konnte man im Wald an den Spuren und Fährten wie in einem Bilderbuch lesen, was sich nachts alles herumgetrieben hatte.
So um die Jahreswende beginnt bei den Füchsen die Ranzzeit und da passiert es öfters, daß gleich mehrere Rüden hinter einer ranzigen Fähe her sind. Da haben wir in einem großen Filz mehrere Fuchsspuren festgestellt und aller Wahrscheinlichkeit nach mußten sich die Füchse in der anschließenden großen Dickung versteckt haben.
Ich habe Eugen einen Platz gezeigt, dort sollte er sich hinstellen, während ich von der andern Seite mit meinem Hund die Dickung durchstöbern wollte. Da muß man ganz langsam hin- und hergehen, ein bißchen pfeifen oder reden und ab und zu mit dem Stock an einen Baumstamm klopfen. Wenn man dann noch einen Hund hat, der kurz vor seinem Herrn stöbert, dann kann man das Wild meist ziemlich genau zu der Stelle hinlenken, an der man es haben möchte.
So ist es mir auch damals gelungen. Ich habe die Dickung noch nicht zur Hälfte durchquert, da hat es bei Freund Eugen auch schon gekracht und kurz darauf ist nochmals ein Schuß gefallen.
Natürlich bin ich dann gleich in Richtung der Schüsse gegangen

und da habe ich auch schon den Eugen stehen sehen mit einem prächtigen Winterfuchs in der Hand. Gell, das hat wieder einmal geklappt!
„Aber wo ist der zweite Fuchs?"
„Der ist 20 Schritt weiter vorn gekommen, das war mir zu weit, anflicken wollte ich ihn nicht. Und weil sich der erste Fuchs nochmals gerührt hat, hab' ich auf den nochmals hingeschossen."
Ja, bei Eugen sollte kein Tier leiden!

6. LEBENSGEWOHNHEITEN

Wenn man mit einem Menschen viele Jahre befreundet ist, dann lernt man auch seine Lebensgewohnheiten recht gut kennen.
Gerade in den letzten Jahren ist Eugen immer mißtrauischer geworden gegen die vielen Lebensmittel, die durch Düngung und Fütterung mit chemischen Stoffen nach seiner Ansicht zu viele Giftstoffe enthielten. So mußte ich ihm immer Eier von einem Bauern besorgen, der seine Hühner nicht in den Stall einsperrte, oder, wie Eugen sich ausdrückte, er wollte Eier von Hühnern, die noch einen Misthaufen und einen Gockel kannten. Er wollte auch keinen Fisch essen aus den verseuchten Gewässern. Bei mir hat er sich manchen Hecht und Karpfen gut schmecken lassen, weil er wußte, daß sie aus einem reinen Wasser herausgefischt waren. Ich habe mich oft im stillen amüsiert, wenn er aus einem Hechtkopf all die guten Schmankerl andächtig herausholte, die von den meisten Menschen achtlos weggeworfen werden. Da konnte man recht den erfahrenen Feinschmecker und zugleich den ehemaligen Präparator bewundern.
Er hatte eine Abneigung gegen die modernen Düngemethoden und gegen die chemischen Zusätze zum Viehfutter, die ein schnelleres Wachstum bewirken sollen.
Wir haben in punkto Giftstoffe gemeinsam einige trübe Erfahrungen sammeln können. Ein Kohlmeisenpaar hatte in einer Felsspalte hinter unserm Haus sein Nest angelegt und wir konnten die muntern Vögel täglich beobachten. Als die Jungen geschlüpft waren, trugen die Altvögel unermüdlich Futter zu. Aber von einem Tag zum andern hatte dieses emsige Treiben ein Ende. Wir unter-

suchten das Nest und fanden darin acht gut entwickelte Meisenkinder tot auf. Was war geschehen? In der Nachbarschaft waren Obstbäume gegen Baumschädlinge gespritzt worden. Die alten Meisen haben ihre Jungen mit vergifteten Insekten gefüttert und die jungen Meisen sind daran eingegangen.
Bei den Greifvögeln ist die Anreicherung mit Giftstoffen noch tragischer. Die modernen Giftstoffe werden vom Körper nicht mehr ausgeschieden, wenn sie einmal aufgenommen worden sind. So werden z. B. Sperber unfruchtbar, wenn sie eine gewisse Menge Giftstoff in sich haben. Sie sind dann nicht mehr in der Lage, Eier mit harter Schale zu produzieren. Sie haben keinen Nachwuchs mehr.
Seit Jahren brütet in meinem Revier ein Habichtspaar. Ich beobachte es alle drei Jahre bei seinem Brutgeschäft. Vor drei Jahren konnte ich nur einen Junghabicht im Horst feststellen, der aber ganz normal entwickelt war. Als die Tage herannahten, daß er ausfliegen sollte, war er plötzlich verschwunden. Ich suchte die Umgebung des Horstes ab und fand schließlich den Jungvogel in der hohen Streu. Er konnte nicht fliegen. Was war geschehen? Bei der Untersuchung in der Vogelschutzwarte wurde festgestellt, daß an der rechten Schwinge die Knochen rachitisch waren, der Vogel wird nie fliegen können. Wie kann es zu einer solchen Erscheinung kommen? Die Untersuchung der Skeletteile am Horst ergab, daß der Junghabicht größtenteils mit Bläßhühnern gefüttert wurde. Das Gewässer, aus dem diese Bläßhühner stammten, ist aber völlig verseucht, und heute weiß man, daß gerade diese Wasservögel mit Giftstoffen stark angereichert sind.
Bei Gesprächen über diese Gefahren bin ich auch manchmal mit Eugen auf seine Verpflegung bei seinen Expeditionen zu sprechen gekommen. Er hat mir da einige recht interessante Sachen erzählt. Um die ständige Konservenkost zu variieren, werden bei jeder Gelegenheit Fische gefangen. Meist fern jeder menschlichen Zivilisation kommen diese Fische aus Gewässern, die absolut rein und sauber sind. Man braucht aber auch nur die einheimische Bevölkerung zu beobachten. So konnte Eugen einmal Indianern zusehen, wie sie sich an einem Krokodil zu schaffen machten, dem Freund Eugen kurz zuvor den Panzer abgezogen hatte. Die Rothäute hackten dem Alligator den Schwanz ab und steckten ihn in den

Kochtopf. Ja, warum soll solch ein muskulöses Tier nicht eßbar sein? Natürlich hat Eugen sich von den Indianern eine Kostprobe geben lassen, sie hat ihm so gut geschmeckt, daß er in Zukunft das beste Stück immer für sich behielt.
Er hat mir aber auch erzählt, daß er Teile von Riesenschlangen verspeist hatte, die zu wissenschaftlichen Zwecken erlegt waren und präpariert wurden. Manchem wird es bei diesem Gedanken den Magen umdrehen, Eugen aber hat mir versichert, daß nicht nur ihm, sondern auch den andern Expeditionsteilnehmern die Schlangenkost ausgezeichnet geschmeckt hätte. Es hätte auch nie Meinungsverschiedenheiten gegeben, wer nun gerade das beste Stück verwischt hätte, denn bei einer Schlangenlänge von sechs Metern seien alle Koteletts vollständig gleich gewesen.

7. TAROCK

Ich kann mich eigentlich nicht entsinnen, daß ein Besuch – gleichgültig in Pöcking oder in Grünwald – ohne einen zünftigen Tarock abgeschlossen worden wäre. Dabei ließ es sich Eugen nicht nehmen, den Schriftführer zu machen. KME war immer die Überschrift, das heißt Karl, Maria, Eugen. Darunter wurde dann genau das Ergebnis jeden Spiels notiert. Und genauso exakt wie diese Aufzeichnungen, so war auch sein Spiel. Es ist klar, daß ein Kartenspieler mit der Aß auf den Zehner schindet. Freund Eugen aber ist auch noch mit dem Ober und Unter stehen geblieben und das hat oft das Spiel dann zu seinen Gunsten entschieden. Freilich spielte er auch einmal ein Solo mit einer schlechten Karte, meist mit Erfolg. Wenn ich dann zu ihm sagte: „Mensch, hast du ein Glück gehabt", dann bekam ich zur Antwort: „Wer nichts riskiert, kann nichts gewinnen."

HANS KÖGEL

Adler-Eier im Horst bei Hinterstein

Es war Anfang Juli 1948, kurz nach der Währungsreform, da kam Eugen Schuhmacher wie fast jedes Jahr nach Hinterstein ins Allgäu, um sich nach den Steinadlern umzusehen. Er stellte dabei fest, was ihm die Jäger bereits gesagt hatten: der Horst war nicht besetzt! Oder doch? Da der Horst von der Seite her gut eingesehen werden konnte, bemerkte Schuhmacher, daß zwei Eier darin lagen. Junge Adler schlüpfen meist schon in der ersten Hälfte des Mai aus dem Ei, daher mußte wohl der Adler infolge irgendeiner Störung den Horst verlassen und das Ausbrüten der Eier aufgegeben haben.

Schnell war Eugen Schuhmacher entschlossen, die seltenen Eier zu bergen, da keine Steinadlereier aus Deutschland in der Zoologischen Staatssammlung zu München waren. Er hatte vor, das selbst mit Hilfe einiger Jäger und Bergsteiger zu machen.

In der Werkstatt vom Adalbert wurde nun für ihn ein Sitz konstruiert und 120 Meter Seil wurden bereitgestellt. Dann kam der Tag, wo sich Eugen Schuhmacher mit den Hintersteiner Berufsjägern, dem Verwalter des Prinzen Konrad sowie dem erfahrenen Bergsteiger Adalbert aufmachte, die Adlereier zu holen. An zweimal 60 Meter langen Seilen ließen wir Schuhmacher über die Wand zum Horst runter. Da geschah das Unglück! Mit 60 Meter Seil hing Schuhmacher in Höhe des Horstes noch frei in der Luft. Durch irgendeine Bewegung rutschte er vom Sitz und am Hals klemmte sich bei ihm alles zu. Ein Beobachter, der seitwärts stand, sah das und schrie uns zu, wir sollten so schnell wie möglich Eugen hochziehen, sonst ersticke er. Nun, wir waren damals alle kräftig genug, ihn schnell hochzubringen. Kreidebleich und ohne daß er die erste Viertelstunde ein Wort sprechen konnte, saß dann der Gerettete in unserer Mitte. Das erste Wort, das er endlich herausbrachte, war: „Das ist noch gut gegangen, aber die Eier müssen unbedingt geborgen werden!"

Nach einiger Zeit machten wir einen neuen Plan, da wir alle bereit waren, die Eier auf seinen Wunsch hin zu holen.
Der neue Plan war: Morgen muß uns der „kleine Xaver", ein bekannter junger Bergsteiger, begleiten und außerdem nehmen wir 180 Meter Seil mit, damit der Xaver auf den Fels unten hinkommt. Außerdem erhält er noch ein kürzeres Seil, ein paar Haken, einen Hammer und einen Korb, damit er vom festen Fels etwa 15 Meter zum Horst hochklettern kann.
Nun, alles ging gut nach dem Plan und Xaver kam mit den unversehrten Eiern wieder hoch. Die Freude bei allen war groß. Schuhmacher war begeistert, endlich einmal ein deutsches Steinadlerei in der Hand zu haben. Wir blieben lange noch oben beisammen und genossen das einmalige Erlebnis.

OTTO KOENIG

Letzte Paradiese

Als Eugen Schuhmacher das erste Mal auf den Wiener Wilhelminenberg kam, schien es so, als hätten wir ihn schon immer unter uns gehabt, als hätte er mitgebaut an unserem Forschungsinstitut. Er gehörte einfach dazu, zu den Bäumen, dem Wald, den Tieren. Es gibt Filmleute, die wollen Tierfilme drehen, und sprechen nur von Kameras. Schuhmacher sprach ausschließlich von den Tieren. Als er einmal dem Wilhelminenberger Mitarbeiterkreis einige Maki-Filme aus Madagaskar vorführte, schilderte er die Geschehnisse so anschaulich, daß man sich fast im Urwald wähnte und vermeinte, die eleganten Sprünge der Baumbewohner selbst mitzuerleben. Anschaulich erklärte Schuhmacher, wie der Führer der Maki-Gruppe immer als erster springt, um die Tragfähigkeit des Aufsprungastes zu erproben. Die anderen folgen dann getreulich dem von ihm gewählten Weg.

Genau diesen Eindruck des Wegbereiters bekam ich von Schuhmacher selbst. Er war stets ein Springer ins Ungewisse, einer, den das Abenteuer, das Fremde, Schwierige lockt, der alles erkunden und ergründen möchte, um es dann seinen Sozialkumpanen zu zeigen, um ihnen einen Weg zu weisen. Bei Schuhmacher war dies immer ein Weg zu Tieren. Zu seltenen, zu schönen, zu gefährlichen, vor allem aber zu gefährdeten Tieren. Schuhmachers Arbeitspfade führten regelmäßig zielgenau in die Problematik des Natur- und Umweltschutzes hinein. Man konnte bei jedem mit ihm geführten Gespräch sicher sein, daß schon nach wenigen Sätzen seine Empörung über neue Landschaftszerstörungen, über Vernichtung oder Ausrottung von Lebewesen anklang. Er nahm sich da kein Blatt vor den Mund, und als er einmal an einer Wilhelminenberger Fernsehsendung teilnahm, wobei wir ihn als Autor vieler Kulturfilme vorstellen wollten, sprach er nicht von sich, sondern von Naturschutz. Er sprach zwar von den „letzten Paradiesen", aber keinesfalls vom Autor des gleichnamigen Buches.

Eigentlich kennengelernt hatte ich ihn ebenfalls auf dem Weg über ein winzig kleines „Schutz"-Problem. Ich war noch sehr jung und ahnungslos gewesen, als mir durch Zufall ein Buch über eine Nordsee-Vogelinsel in die Hände gekommen war. Damals war die Nordsee mit ihren Halligen für den touristischen „Normalverbraucher" so unerreichbar weit von Wien entfernt, wie heute Alaska oder Neuguinea. Bilder von Küstenseeschwalben, Austernfischern oder Brandenten schienen märchenhaft und fremd. Als kleiner Wienerwald- oder Donauvogel-Beobachter betrachtete man sie nur mit fernwehmütigem Seufzen. Ich weiß heute nicht mehr, wie jenes Buch hieß und wo es erschienen ist. Es war auch nicht mein Eigentum. Ein paar Blicke durfte ich hineinwerfen, mehr nicht. Geblieben ist mir nur der Name Schuhmacher als Autor und die Erinnerung an einen kurzen Bericht, der von einer Seeschwalbe erzählte, die einen verwaisten jungen Säbelschnäbler aufgezogen hatte. Und als wir dann Jahrzehnte später Eugen Schuhmacher höchstpersönlich in Wien auf dem Wilhelminenberg begrüßen durften, erzählte ich ihm als erstes diese Geschichte, die sich mir unvergeßlich eingeprägt hatte. Die kleine Geschichte von der Nordsee hat mir vor Jahrzehnten ein Gesamtbild von Schuhmacher entworfen, das sich viel später als absolut richtig herausstellte. Er war der Tierfilmer aus Leidenschaft, aus Überzeugung; der Tiere wegen und nicht um des Filmes willen.

Nun — es ist stets schwer und schmerzlich, für einen, der unter uns, der mit uns war und plötzlich für immer fehlt, erinnernde Worte zu finden, wo er doch noch überall gegenwärtig scheint. So griff ich denn, um diese Zeilen zu schreiben, zu einem der vielen, einem der besten Bücher von Eugen Schuhmacher, nach dem Werk „Die letzten Paradiese". Langsam blätterte ich die Seiten von hinten nach vorne durch, betrachtete die so schönen Bilder, ließ Schuhmachers Welt sozusagen „vorüberflimmern", und mir schien, als führte ich mit ihm wieder ein Gespräch. Quer durch bis zur ersten Seite des Buches vorgedrungen, begann ich zu lesen: „Ununterbrochen schlägt das Meer auf die Klippen und Riffe vor der Neufundlandküste. Ein steifer Wind bläst den salzhaltigen Gischt wie Schneeflocken auf die kahlen Felsen. Selten ist die See ruhig in diesem sturmgepeitschten und nebelverhangenen Wetterwinkel des nordatlantischen Ozeans. Seit Seefahrer denken, wirft sie ihre

Abb. 49 Eugen Schuhmacher (vorn) mit einem Träger auf einer Raffik im Karakorum (Himalaja)

Abb. 50 Teilnehmer der Karakorum-Expedition überqueren auf einer Hängebrücke den Hunza-Fluß

Abb. 51 Ostafrikanischer Elefant in Angriffsstellung

Abb. 52 Leopard in der Serengeti-Steppe

schäumende Brandung an die zerklüftete Küste. Ein Fischerboot, schwankend wie eine Nußschale, tanzt durch diesen Hexenkessel. Man schreibt das Jahr 1578."

Ich brauchte nicht mehr weiterzulesen, denn klar und scharf zeichnete sich vor mir ab, was nun folgen würde, folgen mußte. Vor nunmehr rund 35 Jahren hatte ich selbst einen Artikel für eine Naturschutz-Zeitschrift geschrieben, der mit fast dem gleichen Bild begann, mit Sturm und Meereswogen, einem Boot und drei Fischern, die den Vogelklippen von Eldey zusteuerten, um die letzten Riesenalke zu erbeuten. Und im Geiste griff ich das alte Buch aus der Bibliothek meines Vaters, das ich als Quelle für meinen kleinen Artikel über die brutale Ausrottung einer Vogelart benutzt hatte – es muß das gleiche Buch gewesen sein, das auch Schuhmacher gelesen hatte, von dem er zutiefst beeindruckt und erschüttert worden war, ehe er seine Einleitung schrieb.

Begegnung mit Eugen Schuhmacher? Begegnung mit mir selbst? Ein gleicher Griff nach dem gleichen Buch und gleiche Gedankengänge, Jahrzehnte voneinander getrennt und doch verbunden in derselben Überzeugung, wie notwendig der Kampf ist um die Rettung der Tierwelt – um die „letzten Paradiese" dieser Erde.

Anmerkung: Das oben genannte Buch von Eugen Schuhmacher über die Nordsee-Vogelinsel hat den Titel „Unter Säbelschnäblern und Seeschwalben" (Berlin 1937).

WERNER KOEP

Die Wildstraße in der Eifel

Eugen Schuhmacher kam von Schleswig-Holstein, von den Seeadlern, die er für seinen Film „Europas Paradiese" aufgenommen hatte. Als er in dem kleinen Eifeldorf erschien, war er noch traurig von dem, was er bei den Adlern erlebt hatte. Sie hatten wieder nur zwei Jungtiere und eines davon war trotz aller Horstbewachung zur Nachtzeit hoch oben vom Baum geholt worden. Es war unten am Boden gefunden worden — tot! Noch von diesem Erlebnis bewegt und von der Fahrt ermüdet, meinte er, jetzt müsse er erst einmal eine halbe Stunde herumlaufen, um nach den Abgasen auf der Autobahn frische Luft zu atmen. Seine gute Laune kam zurück, unvermittelt konnte er sich wieder wie ein kleiner Junge freuen, wenn vor uns ein Hase aus der Sasse flitzte und am nahen Waldrand ein Habicht abstrich.

Als ich ihm vorgeschlagen hatte, er möge doch einmal in die Eifel kommen und sich die neue Einrichtung, die „Deutsche Wildstraße", ansehen, da wußte ich, daß er kommen würde — aber mit Skepsis. Denn seit 1965, als wir uns zur „Aktion Uhuschutz" erstmals an der Donau getroffen hatten, war mir mit jedem Gespräch deutlicher geworden: Eugen Schuhmacher wollte das Tier in seinem natürlichen Lebensraum sehen und filmen. Zäune und Gitter tolerierte er nur, wenn der zoologische oder erzieherische Zweck sie erforderte. Deshalb konnte er auch mordsmäßig gegen die zahllosen kleinen und kleinsten Wildgatter wettern, gegen die „Gaststätten-Gehege". Die Tiere in winzigen Gehegen zu halten — nein, damit wollte er sich nicht abfinden.

„Hoffentlich habt ihr hier in der Eifel was Besseres gemacht", sagte er unumwunden, als wir abends zusammensaßen, „sonst", und er zog heftig an der Pfeife, „sonst verreiß' ich euch!" Und wir glaubten es ihm aufs Wort.

Anderntags, als wir mit seinem Landrover in Richtung Vulkaneifel fuhren, konnte er sich am „Eifelgold" nicht sattsehen, am

Ginster, der für das Eifelland so typisch ist. Und dann lernte er die erste Station der Deutschen Wildstraße kennen: den Hochwildschutzpark Eifel in Gondorf nahe Bitburg. Als wir das Rudel Rotwild im Wald verschwinden sahen, vernahmen wir noch keine Äußerung von Eugen Schuhmacher. Doch als wir an den Gemsenfelsen standen, gab es den ersten stillen Kommentar: Unser Gast packte seine Kamera aus und begann schweigend zu filmen. Das sei gut mit den Gemsen, wie sie da auf schmalem Felsband entlangzögen, ganz wie in den Alpen, nur eben viel näher dran, das mußte er doch feststellen. Und als wir dann an der Bärenschlucht ankamen, dem größten Bärengehege Mitteleuropas, wo die Petze in alten, ausgedienten Steinbrüchen und benachbarten Waldstükken hausen, da ging ein breites Lachen über das Gesicht des Mannes, der die Tierwelt nahezu überall auf der Erde erlebt hatte wie kaum ein anderer.

Die urigen Braunbären hatten es ihm angetan, und wie sie hier in der Eifel zu beobachten waren, tatsächlich wie in freier Wildbahn, auf weitem Gelände, wie Jungbären in Höhlen verschwanden – das begeisterte Eugen Schuhmacher. Als dann der Hauptbär den Steilhang hinaufzog, wußte der Besucher zu berichten, wie er im Vorjahr im jugoslawischen Raum den Ursus mit Honig geködert hatte. Aber so ganz hatte es damals nicht geklappt: „Der verflixte Kerl kam ganz in der Früh', da hatte ich noch gar kein Licht. Aber dem Burschen schmeckte der Honig jedenfalls, ich konnte ihn richtig schmatzen hören."

So lange hatten wir uns bei den Braunbären aufgehalten, daß es an diesem Tag nichts mehr wurde mit der zweiten Station der Wildstraße, dem ersten deutschen Autowanderpark bei Daun, ganz in der Nähe der Maare gelegen, der Kraterseen, die noch vor rund 11 000 Jahren vulkanisch aktiv gewesen waren. Doch als wir einen Tag später hineinfuhren in den Hirsch- und Saupark, der über 300 Hektar groß ist und auf mehr als zehn Kilometer mit dem Auto durchfahren werden kann, da hielt Eugen Schuhmacher mit seiner Anerkennung nicht länger zurück. Zu überraschend war selbst für ihn, den Weitgereisten, all das, was sich ihm hier bot. Das Rudel Rotwild, das über eine Waldschneise preschte, der Keiler in der Suhle, die Rotte Wildschweine von über dreißig Tieren in voller Fahrt über den Waldweg – solche Eindrücke wie in völlig freier Wildbahn, und doch eben in einem Riesenpark, in dem kaum jemals ein Stück Zaun zu sehen war, das war ganz nach seinem Herzen. Da baute er dann die Filmkamera auf, und wieder sah man, daß er feste Prinzipien hatte: Die Stative, die durften wir zwar tragen, aber Kamera und Objektive, die schleppte er selbst, ob es nun einen Hang hinaufging oder ob ein Bach zu überqueren war. Und am Abend, als wir an der Mühle in der Runde saßen, da sparte er auch nicht mit Lob.

„Eine faszinierende und einmalige Einrichtung", nannte Schuhmacher die Deutsche Wildstraße. Besonders bewunderte er den Tierreichtum, der in den Parkanlagen der Wildstraße zu sehen ist, ohne daß Gatter stören. Das sei etwas Zukunftsweisendes, das hier aufgebaut werde, sagte er, er sei daran interessiert und wolle mithelfen, es weithin bekanntzumachen.

Wir sprachen darüber, daß er einen Film über die Wildstraße gern drehen würde, wenn er seinen großen Film „Europas Paradiese" vollendet habe. Allerdings klang aus seinen Worten schon die Befürchtung, daß es wegen einer Krankheit dazu nicht mehr kommen werde.

Doch wurden die aufkommenden trüben Gedanken bald wieder fortgewischt, fesselnd erzählte er von den Erlebnissen, die er in aller Welt gehabt hatte. Er sprach vom Java-Nashorn, das in seinen Filmen erstmalig in Farbe festgehalten war, berichtete von den Menschen Madagaskars, die er lieben gelernt hatte, dazwischen wurden die Landschaft und die vielfältigen Tiere von Afrika und Australien lebendig. Auch von dem redete er, was ihn so bedenklich stimmte. Vor allem die Zerstörung der Umwelt war ihm schmerzlich, allenthalben hatte er die Folgen auf seinen weiten Reisen gesehen. Ob wir Menschen es in letzter Minute schaffen würden, der Selbstvernichtung Einhalt zu gebieten, darüber wurde lange diskutiert. Es gehörte nicht viel dazu festzustellen, daß der sonst so optimistisch angelegte Mann da schwarz in die Zukunft blickte.

Besonders nahe ging es ihm, wenn er bestimmte Entwicklungen unmittelbar verfolgen konnte, ohne etwas daran ändern zu können. Da wurde der so Friedfertige ein überaus Streitbarer, etwa wenn es um den Auerhahn ging: „Endlich das verdammte Abschießen verbieten!", polterte er, und: „Warum das nicht gleich tun, solange noch ein gesunder Bestand da ist? Warum erst, wenn nur noch ein Dutzend Tiere lebt, wie das so üblich ist mit dem Schutz der Tierwelt?" Genauso erbost war er, wenn wieder einmal einer etwas über die Steinadler geschrieben und behauptet hatte, es gebe nun ja erfreulicherweise wieder mehr Adler in Deutschland. „Wie kann einer nur so optimistisch sein?" Er wurde erregt und mußte mehrmals die Pfeife nachstopfen. „Seit über zwanzig Jahren befasse ich mich mit unseren Adlern, ich kenne jedes Paar und jeden Horst und weiß wirklich Bescheid. Es sind höchstens noch fünf bis sechs Brutpaare in den deutschen Grenzen, in manchen Jahren auch nur vier!"

Schließlich ging man in der Eifel auseinander mit der Abmachung, daß ein Eugen-Schuhmacher-Film über die „Deutsche Wildstraße" gemacht werden sollte, zu dem er bereits bei diesem ersten Besuch eine Reihe von Szenen bei den Braunbären, den Gemsen und den Steinböcken drehte. Danach kam Schuhmacher nur noch ein einziges Mal in die Eifel: zur hohen Zeit des Rotwildes, um Aufnahmen von der Hirschbrunft im Park Daun zu machen . . .

Monate später trafen wir uns im Forsthaus Wörnbrunn, ganz in der Nähe von Eugen Schuhmachers Haus in Grünwald bei München. Er suchte für sich und ein Journalisten-Ehepaar, das ihn begleitete, ein Wildgericht aus. „Im Wild", meinte er, „sind wenigstens nicht die Antibiotika-Rückstände wie in vielen Schlachttieren und auch kein Quecksilber ist drin wie im Fisch." Nach der reichlichen Mahlzeit bestand er auf einem Nachtisch, und als er hörte, daß die Journalistenfrau noch keine Salzburger Nockerln kannte, stand sein Entschluß fest. „Sie hat es so nötig, ein bisserl zuzunehmen", lautete sein Bescheid, „da sind Nockerln gerade recht — es ist ja auch nicht viel." Und dann kam das „nicht viel", ein wahres Gebirge von „Möhlspeis" mit Schlagsahne. Und der hartgewordene, urwüchsige Mann freute sich diebisch, daß er die junge Frau so hereingelegt hatte. Selbstverständlich war es, daß wir erst aufbrachen, als „die Dünne" alles verputzt hatte, da gab's für den Gastgeber keinen Pardon.

Als wir uns dann verabschiedeten, fragten wir, ob Schuhmacher nun noch einmal in die Eifel kommen werde, und wann. Nun, das wisse er noch nicht, man werde sehen, er habe ja noch eine einzige große Reise vor: nach Nepal! Das sei ein herrliches Land, und er habe eine Einladung des Königs bekommen. „Das wär' schon schön", meinte Eugen Schuhmacher, er wisse nur nicht recht, ob er sich das zutrauen könne ...

Nun werde es vorläufig nichts mit Reisen, weder mit der Eifel noch gar mit Nepal, schrieb er einige Zeit danach, als er schon wochenlang im Krankenhaus lag. Dabei sorgte sich der schon Schwerkranke auch damals noch um andere; denn der Journalistenfrau schrieb er, daß er ihr, die ebenfalls in der Klinik lag, gute Genesung wünsche. Er selbst sei ja auch noch immer im Krankenhaus und warte „auf die sogenannte gute Besserung".

Eugen Schuhmacher hatte recht, es wurde nichts mehr mit der Reise, weder der kleinen noch der großen. Fünf Wochen darauf trat er die letzte, die längste an ...

Inzwischen ist der Film über die „Deutsche Wildstraße" fertiggestellt.

LEO KOPATSCH

Der Krötenbrunnen

Der Tag und die Landschaft waren wie aus einem Bilderbuch, das man nur mit den Farben aus der Urzeit der Schöpfung zu malen vermag. Jugoslawiens Nationalpark von Plitvice übte auf Eugen Schuhmacher eine selbst für ihn ungewöhnliche Faszination aus, die sich an den schwindenden Profilen unserer Bergschuhe nachmessen ließ. Ihm war kein Tal zu tief, keine Hügelkette zu lang. Die Waldarbeiter mit ihren Tragpferden, die wir in den Tiefen des Urwaldes trafen, schienen einer abenteuerlichen Erzählung von Ernest Hemingway entsprungen zu sein.

Eugen folgte den Spuren der Bären und wir keuchten mit dem schweren Filmgepäck über die Hänge und Bergkuppen. Die Waldarbeiter hatten uns eine Stelle gezeigt, an der sie in den letzten Tagen Bären gesehen haben. Wir suchten einen Beobachtungsbaum aus und brachten – eine schweißtreibende Arbeit – unsere Kameras „in Stellung".

Stunden des Wartens! Die Äste, auf denen wir hockten, drückten sich schmerzend ins Fleisch. Spechte und Raubvögel waren unsere einzige Fotobeute, aber kein Bär. Mein gemurmeltes „ich muß mal" quittierte Eugen mit einem Lachen und ich war froh über die Bewegung des Runterkletterns. Im hohen Farnkraut tastete ich mich zu einer entlegenen Stelle. Ich war sehr mit mir selbst beschäftigt, als ich in der Nähe Geräusche hörte. Sie schienen von einem kleineren Tier zu kommen und ich verhielt mich ruhig. So kam der Besuch näher und stellte sich als Petz junior heraus, der mich in seltsamer Haltung vorfand. Das Bärenbaby musterte mich interessiert und leise brummelnd, als ich aus anderer Richtung ein gefährlich klingendes Knurren hörte. Eine Kopfdrehung genügte und ich sah die Bärenmutter, die sich auf einem Stein aufgerichtet hatte und ganz offensichtlich mit dem neuen Spielgefährten von dem Kleinen nicht einverstanden war. Niemand brauchte mir zu sagen, daß mit Tiermüttern nicht zu spaßen ist. Und so raffte ich meine Hose zusammen und trat vor der nachsetzenden Bärin einen nicht gerade würdigen Rückzug an.

Ich rief laut nach Eugen, um mir Mut und der Bärin Angst zu machen, und erreichte so den Baum, eine Szene aus einer schlechten Karikatur.

Die Bären waren gründlich verscheucht, die Arbeit und das Warten vergebens, aber Eugen Schuhmacher war nicht verärgert, denn schon allzu oft hatten uns die Tiere überlistet und er hatte immer seine Freude an ihren Tricks.

Geschunden und müde machten wir uns auf den Heimweg und trafen wieder bei unseren Waldhütern ein, für die ich natürlich das Opfer eines kräftigen Gelächters wurde. Eugen war zu einem Pferdebrunnen gegangen, um sich die Hände zu waschen. Der Brunnen war nicht tief, nur noch wenig Wasser bedeckte den Boden.

Ich wunderte mich schon, warum Eugen so lange in den Brunnen blickte, da rief er mich. Er zeigte mit dem Finger nach unten und sagte: „Du mußt mir helfen. Die Kröten und Frösche müssen raus, die schaffen das nicht mehr allein.“ Wir holten uns Stöcke und fingen an, Unken zu angeln. Ein mühseliges Unternehmen. Nach zwei Stunden hatten wir sechzehn Frösche, Kröten und Unken an Land. Und einen halbverhungerten Igel, der etwas wankend auf den Beinchen stand. So wie ich.

Eugen saß erschöpft und glücklich auf dem Boden und sah zu, wie die Kröten und der Igel im Blätterwerk verschwanden.

Am späten Abend, im Zelt, legte Eugen plötzlich die geliebten Tarock-Karten aus der Hand und sagte: „Siehst du, Leo, der Tag hat sich doch noch gelohnt: keine Bären, aber sechzehn Kröten und ein Igel! Was willst du mehr? Und sag mir etwas, was an unserer Arbeit wichtiger wäre!“

FRANZ XAVER KRAUS

Ein guter Kamerad

„Das Wichtigste im Urwald sind die dritten Zähne!"
Diesen Ausspruch Eugen Schuhmachers habe ich mir am besten eingeprägt, wenn er uns manchmal über seine Expeditionen, die er vor dem Zweiten Weltkrieg nach Südamerika unternommen hatte, erzählte. Im Urwald gibt es keinen Zahnarzt und ein schlechter Zahn, der vielleicht auf Eiter sitzt, kann das Ende der Expedition für den betroffenen Teilnehmer bedeuten. Daher müssen vor der Expedition alle Zähne raus und dritte Zähne rein. Das hat mich am meisten abgeschreckt, denn wer läßt sich schon gerne gesunde Zähne reißen?
Sonst hätte ich Schuhmacher gebeten, mich auf eine Expedition mitzunehmen; denn Freiheit und Abenteuer lockten ungeheuer, außerdem fotografierte ich selber gern ...
Als wir uns kennenlernten, es war am 27. August 1939, waren wir Soldaten. Ich war bereits zehn Monate Funker in einer Korps-Nachrichtenabteilung in München, als neue Kompanien aus Reservisten aufgestellt wurden. Jedem Funktrupp wurden einige Aktive zugeteilt. Ich kam zum Funktrupp von Eugen Schuhmacher und war zuerst sehr enttäuscht, daß ein Reservist, eben Schuhmacher, unser Funktruppführer wurde, da ich selber glaubte, schon ein alter Hase zu sein. Da er vorher Polizeifunker war, wurde er als Wachtmeister übernommen. So war er von Anfang an mein Vorgesetzter — aber ein guter!
Vielleicht mochte er mich deswegen gut leiden, weil ich wie seine Frau aus Niederbayern kam.
Eugen und ich, beide waren wir gute Hörer von Morsezeichen und Tempo ist ja beim Funken die Hauptsache. Wenn er mit mir zufrieden war, sagte er immer: „Franzl, du bist ein ganz derfeites Bröckerl". Das ist das höchste Lob für einen Niederbayern, wenn „derfeit" auch soviel wie „verfault" in der Mundart heißt.
Unsere Funkstelle war ein in München samt Fahrer requirierter

Salamander-Kombiwagen, den wir uns erst im Lauf der Zeit umbauen und einrichten mußten, mit Sender, Empfänger, Antenne und anderen Geräten. Wir wurden dann auf Güterwagen verladen und ab ging's mit der Eisenbahn nach Jülich ins Rheinland.
Da waren wir bereits auf den Spuren seltener Tiere, als wir zunächst in einem schönen Laubwald Quartier machten. Bereits am ersten Abend hörten wir eine Nachtigall! Schuhmacher erkannte sie sofort, wir waren von ihrem Gesang hingerissen. Keiner sprach mehr ein Wort, so andächtig lauschten wir.
In der Nähe von Jülich bezogen wir dann Privatquartiere und waren neun Monate dort. Die Arbeit unseres Funktrupps war interessanter als sturer Kompaniedienst, da wir viel freier waren. Bald wurde ich von Schuhmacher zum Obergefreiten vorgeschlagen.
Am 10. Mai 1940 fuhren wir mit unserer „Salamander"-Funkstelle von Aachen aus nach Holland und Belgien, es war der sogenannte Einmarsch. Während der Fahrt lag immer einer auf dem Bauch im Wageninnern mit Kopfhörer und Taste auf Empfang. Bei der Rumpelei mitzuschreiben und zu dechiffrieren war nicht leicht, da die Texte ja alle verschlüsselt waren. Damals hatte unsere Kompanie die ersten Gefallenen. Ende Mai waren wir in Lille. Wir bezogen den obersten Stock eines Hochhauses, weil der Funkempfang da oben besser war. Es gab keinen elektrischen Strom, wir mußten ihn mit einem sog. Tretmaxe (Fahrradgestell mit großem Dynamo) selbst erzeugen.
Wir wurden immer in Häuser einquartiert, deren Bewohner geflüchtet waren. Schuhmacher achtete streng darauf, daß keiner etwas nahm, außer Eß- und Trinkbares, da wir uns ja selber zu verpflegen hatten. Die Hausbesitzer sollten keinen schlechten Eindruck von uns bekommen, wenn sie zurückkamen.
Am 22. Juni erlebten wir den Waffenstillstand in Colmar. Wir haben ihn mit Zwetschgenwasser gefeiert. Es war bereits Nacht geworden, die Fenster standen offen, da es sehr heiß war, und wir sangen sehr laut, dafür weniger schön. Plötzlich stand ein General vor uns in der Bude, für uns ein seltenes Tier, der schimpfte und wollte uns bestrafen, weil wir so laut waren. Wir alle waren plötzlich erstarrt und hatten die Sprache verloren. Nur Schuhmacher nicht, er machte eine zackige Meldung und der Herr General beruhigte sich wieder. Eugen hatte die Situation gerettet.

Die nächste Station war Gérardmer in den Vogesen. Hier war ein herrlicher See und wir durften baden. Das war fast so schön wie Heimaturlaub.
Ende Juni 1940 durfte ich mit Schuhmacher eine Rundfahrt über Lure und Remiremont zurück nach Gérardmer machen. Plötzlich hielt er an einem Bach an und sagte zu mir: „Hier muß es doch Forellen geben!" Wir fingen uns ein paar Exemplare mit bloßen Händen, wie wir es schon als Buben zu Hause getan hatten. Damals und jetzt waren das für uns seltene Schmankerl und viel besser als gekaufte Fische. Frankreich gefiel uns jetzt besonders gut, da der Krieg vorbei zu sein schien.
Die letzte Station war für uns Dijon.
Wir bauten wieder unsere Funkstelle auf.
Auch in Dijon waren wir einmal auf den Spuren seltener Tiere, wenigstens für mich waren sie selten. Wir gingen in ein feines Lokal und aßen Schnecken. Mir sträubten sich die Haare zu Berge, aber dann probierte ich sie doch und sie schmeckten wunderbar. Mit den Austern ging es leichter. Bei uns sagt man, was der Bauer nicht kennt, das frißt er nicht, aber Probieren geht über Studieren.
Noch einmal erlebte ich mit Schuhmacher seltene Tiere, als ich mit ihm von Dijon aus nach Dôle zur Demarkationslinie fuhr. Wir überquerten auf einer hohen Brücke den Doubs, als Schuhmacher anhielt und ausstieg. Wir schauten in den Fluß hinunter, es war ein ruhiges klares Wasser, fast 100 Meter breit. Da sahen wir einen großen Schwarm Fische, der kleinste war mindestens einen halben Meter lang. Sowas hab' ich in meinem Leben nie wieder gesehen.
Schuhmacher war selber sehr überrascht, aber er hatte eine gute Nase für solche Dinge. Der Tag war sehr schön und man sah bis zu den Alpen. Schuhmacher zeigte auf einen hohen Berg in der Ferne und sagte: „Das ist der Montblanc". Ich hätte es für eine Wolke gehalten.
An der Grenze zum damals unbesetzten Teil Frankreichs schauten wir lange nachdenklich dem Flüchtlingsstrom zu . . .
Im August 1940 wurde Eugen Schuhmacher beurlaubt. Er ging nach München und durfte wieder filmen.

OTTO KRAUS

Natur in Gefahr

Wir kannten uns von der Alten Akademie her, jenem ehrwürdigen Gebäude in der Nähe der Michaelskirche im Zentrum von München, in dem seinerzeit mehrere Universitätsinstitute und naturwissenschaftliche Sammlungen untergebracht waren, so auch die Zoologische und Mineralogische Staatssammlung. Ich arbeitete damals am Mineralogischen Institut, und wenn Schuhmacher und ich uns begegneten, kamen wir ins Gespräch über Probleme, die den Schutz der Natur angingen. Damals war neben der „Regulierung" zahlreicher Fließgewässer auch die „Neulandgewinnung" vor allem aus Moor und Heide im Gange, die uns wegen der Zerstörung wertvoller Tier- und Pflanzengemeinschaften erhebliche Sorgen machten.
Es war Ende der dreißiger, Anfang der vierziger Jahre, als Eugen Schuhmacher bereits seine ersten Filme gedreht hatte, einen Expeditionsfilm aus Südamerika und mehrere biologische Lehrfilme, darunter „Salmo, die Forelle". Diese Filme brachten ihm die ersten Auszeichnungen ein.
Etwa ein Jahrzehnt später, als der Verfasser dieser Zeilen die Leitung der Bayer. Landesstelle für Naturschutz übernommen hatte, reifte in uns der Plan, einen Naturschutzfilm herzustellen, weil es bis dahin weder in Deutschland noch in Europa einen ausgesprochenen Film dieser Art gab. Wir wußten freilich, daß wir uns mit diesem Vorhaben auf Neuland begaben, aber die Zeit war dafür reif. Ein Jahr später gelang es uns, den damaligen Innen- und damit „Naturschutz"-Minister Dr. W. Hoegner für diese Idee zu gewinnen — es war jener Mann, der seit jeher größtes Verständnis für den Schutz der Natur zeigte und an den ich mich dankbar erinnere; denn seine Ministerzeit war zusammen mit jener des heutigen Ministerpräsidenten A. Goppel die große Zeit des bayerischen Naturschutzes. Dr. Hoegner ließ 1951 die Mittel für unseren geplanten Film bereitstellen und so konnte nach dem alsbald ge-

schriebenen Drehbuch mit den Aufnahmen begonnen werden. „Natur in Gefahr" hatten wir als Titel gewählt.
Etwa eindreiviertel Jahre lang schafften wir an diesem Film und ich erinnere mich immer wieder an die prächtige Zusammenarbeit, später auch beim Schnitt und bei der nicht immer leichten Textgestaltung. Eugen Schuhmacher ging auf alle fachlichen Vorschläge ein, weil er das Verständnis für die Sache mitbrachte. Und ich selbst lernte, wie man manch schwieriges Anliegen ins Filmische übersetzte. Kurzum: Es war eine ideale gegenseitige Ergänzung. Er hatte viel Humor und ich sehe ihn heute noch, wie er manchmal nach dem geglückten Abdrehen einer schwierigen Szene — es gab damals wohl noch keinen Schwenkkopf mit Kreisel — plötzlich ausrief: „Noch in 100 Jahren wird man sagen, seht, welch ein Schwenk", ein Ausspruch, der damals möglicherweise unter Filmleuten gängig war.
Wenn wir auf günstigeres Wetter warten mußten, saßen wir manchen Abend in einem Gasthaus irgendwo im bayerischen Land, berieten und planten weiter, und endlich konnten die Aufnahmen und bald auch der Film einschließlich Synchronisation zu einem glücklichen Abschluß gebracht werden. Es mag besonders interessant sein, daß alle Probleme, die in den letzten Jahren im Rahmen des modernen Umweltschutzes sozusagen als neu herausgestellt wurden, längst in diesem Film enthalten sind! Und dies schon vor über 20 Jahren! Der Film enthält also, oft in „eindringlichen und dramatischen Szenen" — wie die Presse später feststellte — den ganzen Katalog der Sorgen der Naturschützer, darunter damals schon die Verschmutzung der Landschaft durch Müll und weggeworfene Abfälle, die Belastung von Bächen und Flüssen durch Abwässer, die beginnende Zersiedlung durch Wochenendhäuser, die Verschmutzung der Luft, die Auswirkungen der oft zu weitgehenden Eingriffe in den natürlichen Wasserhaushalt durch Entwässerungen und Regulierungen sowie durch einseitige Maßnahmen der Moorkultur und Energiewirtschaft. Wir zeigten die Übernutzung von Wäldern, die Ausräumung der Landschaft durch einseitiges Nützlichkeitsdenken, das Problem der Entnahmestellen für Steine und Erden, wir wiesen auf die Schönheit und vielfältige Bedeutung der Schutzbereiche hin und berührten auch die Landschaftspflege und Landschaftsgestaltung, wie sie damals schon von

Männern wie Prof. A. Seifert und Prof. H. Schwenkel gefordert und auch praktiziert wurden. Kurzum: wir versuchten den damals schon immer schärfer hervortretenden Dualismus zwischen Natur einerseits, Technik und Wirtschaft andererseits herauszustellen, und nichts mag dies besser zu erhärten als die Schlußszene mit dem unterlegten Text: „Wer die Natur zerstört, zerstört sich selbst!"
Am 26. Oktober 1952 fand die Uraufführung des Films in den Sendlinger-Tor-Lichtspielen zu München statt und „er wurde", wie ein Kritiker berichtete, „von der das große Lichtspieltheater dicht füllenden Zuhörerschaft mit begeistertem Beifall aufgenommen". Die „Süddeutsche Zeitung" schrieb, hier habe Eugen Schuhmacher ein Meisterstück vollbracht. In einer anderen Zeitung konnte man lesen, daß allein der Text wert sei, veröffentlicht zu werden. Der Film war also in der Tat ein voller Erfolg geworden, Ergebnis des großen filmischen Könnens von Eugen Schuhmacher und des glücklichen Umstands vollkommener Zusammenarbeit.
Mancher, der damals diesen Film gesehen hat und zudem schon über die Probleme des Naturschutzes Bescheid wußte, muß sich eigentlich wundern, wenn in jüngerer Zeit festgestellt worden ist, daß der früher mehr „idyllische Naturschutz" nun durch den modernen und umfassenden „Umweltschutz" ersetzt worden sei. Wir haben jedenfalls schon damals eindringlich darauf hingewiesen, daß die Natur in Gefahr sei.
Bereits seinerzeit wurden Signale gesetzt, die Eugen Schuhmachers Lebensarbeit mitbestimmt haben, eine Arbeit, die aus der Geschichte des Kulturfilms und des Naturschutzes nicht wegzudenken ist.

ENID LAFFEY

Gedenkblatt aus Neuseeland

Liebe gemeinsame Freunde!
Ich nenne Sie alle auch meine Freunde, da Sie alle sicher auch die große Güte, Fairneß und Hilfsbereitschaft Eugen Schuhmachers erfahren haben, ähnlich wie unsere Familie seit der Zeit, als wir ihm zum erstenmal in Christchurch in Neuseeland, unserem Wohnort, begegneten.
Er und Helmut Barth waren zu einer wissenschaftlichen Tagung während des offiziellen geophysikalischen Jahres gekommen.
Er war ein tief im Leben verwurzelter Mensch, aufs innigste mit der Natur verbunden und seinem Werk verschrieben, welches ihn um die ganze Welt führte, in der Hoffnung, die selten gewordenen Dinge der Natur mitzuerhalten. Vielleicht fühlte er sich deswegen besonders zu unserem Land hingezogen, da hier bereits große Gebiete für das wildlebende Tier geschützt sind.
Er fühlte, wie schön und harmonisch die Natur sein kann, wenn sie von den Menschen in ihrer ursprünglichen Form belassen wird.
Eine meiner teuersten Erinnerungen an Eugen stammt aus der Zeit, als er von der Antarktis zurückgekehrt war, wo er die Adelie- und die Kaiserpinguine gefilmt hatte. Er war insbesondere von den Kaiserpinguinen beeindruckt. Ja er hoffte sogar, einst in die Antarktis zurückkehren zu können, um diese Pinguine noch intensiver studieren zu können.
An einem warmen Sommerabend, den wir am Meer in unserem Landhaus verbrachten, begann er den Kaiserpinguin treffend realistisch zu imitieren. Er demonstrierte, wie diese Tiere sich auf ihren Bauch fallen lassen und sich dann mit „Flügelschlägen" fast rudernd vorwärts bewegen, wobei sie in Abständen heisere Töne ausstoßen. Dann stand er auf und ließ die Arme in typischer Pinguinmanier herunterhängen, während er das schwarz-weiße Gefieder mit dem Anzug eines vornehmen, würdigen Herrn verglich. Seine Augen funkelten mit jungenhaftem Schalk und sein Gesicht

verzog sich zu Grimassen und Fratzen, als würde er an der vornehmen Pinguinversammlung teilnehmen. Er liebte das Lachen und eine glückliche Atmosphäre um sich. Gern hörte er dabei auch die Maori-Musik. Seine Persönlichkeit strahlte Geist und Glauben aus.

Doch einmal, nachdem er Neuseeland verlassen hatte, schrieb er: „Ich habe so viel Zeit, Geld, physische und psychische Kräfte in den letzten fünf Jahren investiert, daß ich dieses Werk nun beenden muß. Manchmal verzage ich vor dieser großen Aufgabe. Ich bin ja doch nur eine kleine schwache Kreatur im Vergleich zu Gottes großen Wundern. Aber ich glaube fest, daß dieses Werk doch noch gut zu Ende gebracht werden kann."

Später, im März 1964, schrieb er auf der Heimreise von Chicago im Flugzeug: „Nun fliege ich mit einer Geschwindigkeit von 800 bis 900 Kilometern in der Stunde Europa zu und meinem Heimatland entgegen, zu meiner Frau Maria, zu meinem Haus mit allen mir liebgewordenen Dingen, die dort von mir in jahrelanger Arbeit geschaffen und bewahrt worden sind. Man soll sich nicht wundern, daß ich plötzlich eine derartige Sehnsucht verspüre, daß ich das Flugzeug wechseln mußte. Es ist nicht nur eine Augenblickslaune, sondern ein unbezähmbarer Wunsch, zu meinen Lieben nach Hause zu gelangen, zu dem kleinen Hund, den Büchern, dem Auto, dem Haus und dem Garten, den Bergen und zu unserer kleinen Dorfkirche in Grünwald bei München, wo ich daheim bin. Gleich nach meiner Heimkehr werde ich in diese kleine Kirche gehen, um die wunderschöne Plastik unserer Lieben Frau wiederzusehen. Ich bete dort immer, vor und nach einer großen Reise, besonders wenn ich glücklich und gesund nach Hause gekommen bin."

Wir hier in Neuseeland kannten und schätzten Eugen Schuhmacher hoch, er wird uns als „Bewahrer der letzten Paradiese" immer in Erinnerung bleiben.

Abb. 53 Teepause in Kanada nach Film- und Tonbandaufnahmen eines „Indianerpalavers".
Von links: Veronika Eipper, Paul Eipper, Eugen Schuhmacher, Indianer und Kind, Besucher

Abb. 54 Mit Paul Eipper (rechts) vor dem Victoria-Gletscher 1957 in den kanadischen R. Mountains

ELSE LEHNER

Habt Ehrfurcht vor dem Leben

Als Eugen Schuhmacher 1959/60 mit seinem großen Werk über „die letzten Paradiese" begann, bat er mich, ihm in seiner eigenen Filmwerkstatt zu helfen; und so habe ich mich 13 Jahre lang mit Freude um seine Tiere auf Zelluloid gekümmert.

Seine große Liebe und Aufopferung zu allen Kreaturen dieser Erde faszinierten mich, es war schön, mit ihm zu arbeiten. Einmal, als Eugen Schuhmacher mit seiner Frau nach Madagaskar flog, da bat er mich, ich sollte mich um ein sehr lebendiges Tierchen kümmern, das in seinem Hause Wohnrecht hatte.

Es war ein bildschöner, handgroßer Gecko, der auf den Namen „Josef" hörte. Ihn legte mir Eugen Schuhmacher besonders ans Herz. Sogar mit einem Kartengruß aus Madagaskar sorgte er für ihn.

Josef tummelte sich im Arbeitszimmer seines Herrn frei herum und verspeiste mit Vorliebe frische Mehlwürmer, die ich ihm laut genauer Anweisung zur Mahlzeit gab. Als sein Herr aus Madagaskar nach Hause kam, brachte er ihm ein Geckoweibchen mit, und der Josef war somit, zu seiner und unser aller Freude, nicht mehr allein. Auch mit einem anderen Tier hielt Eugen Schuhmacher eine langjährige innige Freundschaft.

Es war sein treuer Rauhhaardackel Wasti. Jedes Wort, das von seinem Herrn kam, verstand er. Mit einem Blick aus seinen treuen Augen antwortete er. Frau Schuhmacher, Wasti und ich, warteten eines Sonntagmorgens geduldig im Flughafen Riem auf die Ankunft von Eugen Schuhmacher, er war auf der Heimreise aus Indonesien.

Der Wasti mußte seinen Herrn gewittert haben, denn plötzlich riß er aus, flitzte durch einen langen Gang in das Zollgebäude und stand nun zu seines Herrn Füßen. Dabei brach er in ein so ohrenbetäubendes Freudengeheul aus, daß keiner mehr sein eigenes Wort verstand. Die Beamten des Flughafens Riem waren dann sichtlich erleichtert, als Herr und Hund gemeinsam die Zollsperre verließen.

Zu mir war Eugen Schuhmacher immer sehr korrekt, es machte wirklich Freude, mit ihm zu arbeiten. Seine Filmszenen stellte er selbst in seinem Schneideraum zusammen, dazu pfiff er meistens heitere Lieder.

Auch seine anderen Mitarbeiter hatten ihn gern. Wie gut konnte ich da seinen langjährigen Kameraassistenten Helmut Barth verstehen, als er kurz vor einer größeren Expedition mit seinem Chef zu mir sagte: „Bei Gefahr setze ich jederzeit mein Leben für Eugen Schuhmacher ein."

Eugen Schuhmachers besonderes Interesse galt auch den Amateurfotografen. So bat er auch mich einmal, zu seinem Geburtstag meine eigenen Dias aus Ceylon in seinem Hause vorzuführen.

Einen Tag vor seinem Tode habe ich mich mit dem Versprechen von ihm verabschiedet, mit allen Kräften mitzuarbeiten, damit sein letztes, großes Filmwerk über „Europas Paradiese" auch technisch fertiggestellt werden konnte.

Eugen Schuhmacher lebte sein Leben lang nach seinem Leitspruch, den er mit Albert Schweitzer gemeinsam hatte:

„Habt Ehrfurcht vor dem Leben!"

ULRICH LINK

Auf dem Festival von Trient

In diesen Erinnerungsblättern an Eugen Schuhmacher darf ein Blick auf seine Erfolge beim Internationalen Festival der Berg- und Forschungsfilme in Trient nicht fehlen. Als Münchner alpiner Journalist habe ich dieses besondere Filmfestival zwanzig Jahre hindurch besucht und war bei allen Erfolgen, die Eugen Schuhmacher dort hatte, dabei und weiß daher, wie sehr er im breiten internationalen Kreis durch seine Filme zu einem Begriff wurde. Begriff wofür? Wie überall — und wie wir alle gemeinsam hoffen wollen — für das engagierte Wirken des humanitären Imperativs der Bewahrung von Natur und Tierwelt, in seiner ureigenen und im besten Sinne deutschen Art und Weise.
So mancher, der vom Trentiner Festival nichts weiß, oder nur soviel, daß es dort an der Etsch so etwas gibt, wird vielleicht meinen, bei der großen Zahl italienischer Spezial-Filmkonkurrenzen könne man Erfolge dort wohl nur als reizvolles Beiwerk, aber nicht als Sache von wirklichem Gewicht ansehen. Wer so wertet, liegt gründlich falsch. Das Festival Internazionale Film della Montagna e dell'Esplorazione Citta di Trento — so der klangvolle offizielle Titel — ist über sein nunmehr 21jähriges Bestehen ein tatsächlich um die Welt reichender Begriff. Es hat kein Gegenstück, und es ist durch Art und Geist der Teilnehmer, Konkurrenten und Freunde in Atmosphäre und dem Fluidum von Gleichstimmung und freundschaftlicher Sympathie eine Art von Kristallisationspunkt gleichgesinnter Idealisten aus ein paar Dutzend Ländern dieser Welt, die anders in der Mehrzahl vermutlich niemals von ihrer Existenz hier und da und dort, von ihrem Wollen und ihrer Handschrift erfahren hätten.
Das Festival von Trient kommt von den Bergsteigern her und hat sich erst nach ein paar Jahren die sehr glückliche Ergänzung durch Natur- und Forschungsfilme gegeben. Mir hat es immer besonderes Vergnügen gemacht, daß auch Eugen Schuhmacher seine ersten

Preise in Trient in der Kategorie „Montagne" gewann, beginnend mit dem Karakorum-Film im Jahr 1955. Er wurde von der Internationalen Jury der Gesamtkonkurrenz mit der Goldenen Alpenrose von Trient, dem Rhododendro d'oro, ausgezeichnet und dazu mit dem Preis der Internationalen Union Alpiner Verbände, der UIAA. Es war das gleiche Jahr, in dem Hans Ertls Nanga-Parbat-Film ein großer Trentiner Erfolg war. Die Siegesfeier im Kreis der deutschen und österreichischen Kolonie, Bergsteiger, Journalisten, Freunde und ihrer Frauen war nicht von schlechten Eltern.
Die Freunde Eugen Schuhmachers wissen, von welcher entscheidenden Bedeutung sein Film „Im Schatten des Karakorum" für Reifen und Werden seiner „eigentlichen" Sache, für den Weg zu den „Paradiesen" gewesen ist. Die Deutsch-Österreichische Himalaja-Karakorum-Expedition 1954, getragen von den beiden großen Alpenvereinen, hatte den damals auch schon über den alleinigen Fachkreis hinaus bekannten Eugen Schuhmacher, obwohl er ja durchaus nicht als Berg- und Expeditionsfilmmann fixiert war, mit ausgesprochen glücklichem Entschluß für die Herstellung des Expeditionsfilmes verpflichtet. Und was machte dieser eigenwillige Schwabe daraus! Er überließ die Kamera in der hohen Eisregion der Bergriesen des Baturastocks Martin Schließler und machte selbst den großen Kulturfilm von Land und Volk der Hunza. Beides zusammen ergab dann in glänzender Zusammenstellung das Meisterstück dieses Filmes. Expeditionsfilme gibt es aus den Hochgebirgen der Welt, vor allem natürlich aus dem Himalaja, von den verschiedenen bergsteigenden Nationen in riesiger Zahl. Von unterschiedlicher Qualität sind sie sich, in der Rückschau über zwei Jahrzehnte, alle recht ähnlich und zu „Protokollen" der einzelnen Unternehmungen verblichen. Nicht so Eugen Schuhmachers Karakorum-Film.
Nach der Münchner Premiere des Filmes habe ich im „Münchner Merkur" damals u. a. folgendes geschrieben, und ich glaube, daß hier ein Selbstzitat gestattet ist:
„An der uralten Handelsstraße von Gilgit am Nanga Parbat durch die 500 Meter tiefe Schlucht des Hunzaflusses, die lebensgefährlich an die Steilwände über dem Fluß geklebt ist, tut sich inmitten der Hochgebirgswüste des westlichen Karakorum die Oase des Hunzalandes auf; in höchster Kunst bewässerte Getreideterrassen,

goldschimmernd im Höhenwind Aprikosenhaine, Blumen und ein fröhliches, patriarchalisch lebendes kleines Volk, eine weiße Burg, ein heiter strenger Herrscher, Gerichtstag, wirbelnder Schwertertanz, unermüdlich im Kreise zum Drusch über das Getreide getriebene Ochsen und Esel, Darre der goldfleischigen Aprikosen (Kernnahrungsmittel der Hunza), Jagd auf den Steinbock — und darüber unwahrscheinlich kühne Berge in blauem Eis und braunem Fels, eine ungeheure Einöde und doch auch dort noch smaragdgrüne Almoasen, wo die vom Gesteinsmehl grauen Schmelzwasser fruchtbaren Boden schaffen ... Alles dies sind nur Stichworte ... Eugen Schuhmacher beweist mit dieser Arbeit: das gute und große Recht des Kulturfilms, sogar bis zur abendfüllenden Länge, den Mut, das Schema des üblichen Expeditionsfilms zugunsten des echten Reiseberichtes zu brechen, sich selbst kraft seiner Gedanken und seiner Augen zum Medium der Erlebnisse der ganzen Expedition im fremden Land, Volk und Gebirge zu machen und damit dem Land und der Landschaft die Hauptrolle zu geben."

Der Bundesfilmpreis für den Karakorum-Film hat, wie man weiß, Eugen Schuhmacher wesentliche Hilfe für die Verwirklichung seines großen Lebensthemas gegeben. Aber damals, 1955 in Trient, hat er auch im vertrauten Kreis noch nicht ein Wort verlauten lassen. Bis es soweit war, holte er sich beim Festival in Trento seinen zweiten hohen Preis — wieder eine Alpenrose — für „Kanada — Land der schwarzen Bären". Weiß wohl jemand noch, wie glücklich ihn in diesem Film die Passagen von den Schneeziegen gemacht haben, mehr als die Bären, der Elch, die Biber? Ich weiß es von damals, als wir wieder einmal in Trient feierten.

Und das ist ein Abend gewesen, der allen, die im großen Kreis im Ristorante delli Gigante (so geheißen nach fast monströsen Figuren, die da die Decke stemmen) für immer unvergeßlich geblieben ist. In jenem Jahr 1958 feierte Trient auch (nach 20 Jahren) die Erstbegeher der Eiger-Nordwand und des Walkerpfeilers der Grandes Jorasses. Mit Anderl Heckmair saßen da eine ganze Anzahl weit berühmter Bergsteiger um den Tisch. Auch Hans Ertl war wieder dabei, der, wenn ich mich richtig erinnere, für „Paititi — ein Spähtrupp in die Vergangenheit" einen Preis gewonnen hatte. Es gab eine ganze Menge Preise für deutsche Filmer in dem

Jahr, denn ihrer vier standen auf dem langen Tisch. Eugens Aufbruch rund um die Welt in die „Letzten Paradiese" muß damals schon ziemlich gesichert gewesen sein, denn mitten zwischen den Scherzen, den beschwingten Gesprächen sagte er mir: „Komm nächstens in München mal vorbei, ich hab' was Interessantes . . ." Und als ich gleich mehr wissen wollte, winkte er ab, nicht hier und jetzt, und stürzte sich wieder ins allgemeine Gespräch, das laute und leise, wie es ging.

In München aber hat er mir dann doch erst ganz kurz vor dem Aufbruch zur ersten der großen Reisen den ganzen Plan enthüllt, an dessen Verwirklichung er zehn volle Jahre zäher Vorbereitungsarbeiten gewendet hatte. „Fossilien von morgen" war sein aus Bedrängnis und ganz bestimmter Bitterkeit gegen Profitsucht und Gedankenlosigkeit der Menschheit geborenes Stichwort für das, was er machen wollte und dann in so großartiger Weise gestaltet hat. Zwei Filme aus diesem Werk haben dann auch beim Festival den höchsten Preis ihrer Kategorie gewonnen, den „Goldenen Neptun" für den besten Forschungs- und Naturfilm innerhalb der Konkurrenz: „Geisterland der Südsee" 1960 und dann 1967 „Die letzten Paradiese".

Kenner der international so vielseitig schattierten Szene des Festivals von Trient waren immer wieder voller Spannung, wie sich Eugen Schuhmachers Film hier durchsetzen, plazieren würde. Er mit seiner sozusagen absoluten Solidität, seinem pädagogischen Impetus, seiner gewissen schwäbischen Trockenheit, eben er in seiner Art und Zucht, die sich von der Sache her und der Sache wegen eben keine „Gags" gestattete — es war gar nicht sicher, ob er voll verstanden und entsprechend gewürdigt werden würde. Er wurde es, und in einem breiteren und schöneren Maße, als wir, seine Landsleute, zu hoffen gewagt hatten. Seine Mahnung, das Dokumentarische des humanen Auftrags und die untadelig saubere, eindrückliche und schöne Darstellung, sie wurden gleichermaßen von der in der Zusammensetzung immer wechselnden internationalen Jury des Festivals voll und ganz anerkannt.

Als ich in diesem Frühjahr 1973 im großen Kreis der Freunde und Mitwirkenden des Festivals der Berg- und Forschungsfilme in Trient das Gespräch auf Eugen Schuhmacher brachte — immer wieder erlebte ich stark und bewegend, wie festumrissen und dauerhaft er in aller Erinnerung auch dort steht. Und als ich erzählte, daß sein letzter Film erst nach seinem zu frühen Tode fertiggestellt werden kann, kamen spontan und drängend die Wünsche, ihn mit diesem letzten Werk auch in Trient in aller Erinnerung zu rufen.

KARL LÜBENAU

Das Tier ißt und trinkt

Etwa Mitte der dreißiger Jahre — es wird wohl 1936 gewesen sein — wurde ich mit Eugen Schuhmacher bekannt. Ich fiel ihm auf, weil ich fast regelmäßig die Ausstellungsräume der damaligen „Akademie der Wissenschaften", die Zoologischen Sammlungen in München besuchte. So kamen wir wegen der gleichen Interessen ins Gespräch und trafen uns damals fast regelmäßig wöchentlich einmal.

Die Kriegsereignisse beendeten diese Begegnungen. Erst die Fernsehvorträge Eugen Schuhmachers nach dem Krieg sollten dann wieder Anlaß zum Anknüpfen werden. Über den Bayerischen Rundfunk erhielt ich seine Anschrift. Ich erinnerte mich zwar daran, daß wir uns vor dem Kriege duzten, fand es aber doch richtig, in meinem ersten Brief ihn mit „Sie" anzureden. Schon zwei Tage danach kam seine freudige Antwort, die dann etwa so lautete, daß er sich riesig freue, nunmehr wieder von mir zu wissen. Er erinnere sich aber, daß wir als gute Freunde „Du" gesagt hätten, und daß er keinen Grund sähe, nunmehr das unpersönliche und fremde „Sie" anzuwenden.

Durch meine Freundschaft gelang es mir, Eugen Schuhmacher für Film- und Farblichtbildervorträge an die Volkshochschule Kempten/Allgäu (in Verbindung mit der Sektion Allgäu des Alpenvereins) verpflichten zu können.

Anläßlich eines solchen Vortrages, der als Abendveranstaltung im ausverkauften Kornhaussaal stattfand, sprach Eugen Schuhmacher davon, es sei doch schade, daß an einem derartigen Vortrag meist nur Erwachsene teilnehmen könnten. Er suche immer besonders gern den Kontakt zur Jugend. So kam es, daß er auch in der Aula der Robert-Schumann-Schule in Sankt Mang bei Kempten an einem Nachmittag vor den Schülerinnen und Schülern dieser Schule und ihren Lehrern sprechen konnte und dabei viele Fragen der Jugendlichen beantwortete. Dabei fielen auch die Worte „fressen“ und „saufen“, wenn die Schüler von den Tieren sprachen. Schuhmachers Antwort darauf war: „Merkt euch einmal wohl, daß das Tier ißt und trinkt!“ Nur beim Menschen in seiner Maßlosigkeit könnte manchmal von Fressen und Saufen gesprochen werden.

Einen lustigen Akzent brachte seine Scherzfrage zum Abschluß des Nachmittags: „Warum heißt denn das kleine Tier, das – meist in südlichen Gegenden Europas – an alten Gemäuern herumläuft, Gecko?“ Seine Antwort lautete: „Weils an der Wand geh-ko (gehen kann).“

Noch heute erinnern sich die Schülerinnen und Schüler an diesen interessanten Nachmittag mit Eugen Schuhmacher. Ebenso freut sich der Rektor der Schule noch über ein großes Tierbuch von Schuhmacher, das der Autor für die Schulbibliothek mit einer Widmung versehen hat.

MICHAEL MAIRGÜNTHER

Mit der Natur vertraut

Eugen Schuhmacher und ich waren im Zweiten Weltkrieg in der selben Kompanie im Einsatz.
Nach Abschluß der Kampfhandlungen in Frankreich, im Jahre 1940, wurde der Wachtmeister Eugen Schuhmacher mit der Erstellung eines Korpserinnerungswerkes beauftragt. Mein Glück und Schuhmacher wollten es, daß er ausgerechnet mich bei der Kompanie anforderte und ich, der Gefreite Mairgünther Michael, sein persönlicher Fahrer wurde.
Im Laufe unserer ersten, gemeinsamen Fahrt und nach einigen, damals so üblichen „Jawohl Herr Wachtmeister" meinerseits, lachte er mich an und sagte: „Mairgünther, wir machen uns das einfacher, du sagst zu mir Eugen und ich zu dir Michel."
Ich glaubte nicht recht zu hören; denn für mich kleinen Landser war das eine besonders große Ehre und Freude. Derartige Angebote waren Mangelware und solch großzügige Vorgesetzte waren in der damaligen Zeit selten zu finden. So spontan, wie mir Eugen Schuhmacher diese Kameradschaft angeboten hat, so dauerhaft ist auch unsere spätere Freundschaft geblieben.
Nach dem Kriege, in der „kalorienarmen Zeit" trafen wir uns einmal zufällig in der überfüllten Straßenbahn, in der wir nach Dienstschluß nach Hause fuhren. Die Wiedersehensfreude war groß und zu erzählen gab es so viel, daß die Strecke bis zu seiner Station viel zu kurz war. Er bewog mich deshalb, mit ihm auszusteigen und ihn in seine Wohnung zu begleiten. „Er müsse mir auch noch ganz etwas Seltenes zeigen", sagte er. Trotz eines Mordshungers auf die karge „Abendration", die zu Hause meiner harrte, willigte ich gerne ein. In seiner Wohnung angekommen, begrüßte er zuerst den frei herumfliegenden Wellensittisch, verschwand dann kurz aus dem Zimmer und kam freudestrahlend mit den Worten zurück: „Was ich dir zeigen wollte, Michel, ist dieser herrliche, geräucherte Schinken und dieses Bauernbrot und ich

lade dich deshalb jetzt herzlich zu einer pfundigen Brotzeit ein."
Da hüpfte mein Normalverbraucherherz vor Freude und Appetit beim Anblick dieser leckeren Raritäten und über diese großzügige Gastfreundschaft.
Eugen Schuhmacher war stets darauf bedacht, anderen Menschen eine Freude zu bereiten. Er sah auch jedermann ehrlich und tief in die Augen und ich glaube fast, mir hat er damals sogar bis in den leeren Magen gesehen.
Wie zufrieden und glücklich Eugen Schuhmacher mit seinem Beruf war, erfuhr ich, als wir uns beim Filmen von Steinadlern einmal die Wartezeit durch ein Gespräch verkürzten. Ich fragte ihn, wann er denn gedenke, sich zur Ruhe zu setzen und nur noch gelegentlich Filmaufnahmen ohne große Beschwerlichkeiten zu machen. Da meinte er: „Fast sein ganzes Leben als Tierfilmer sei für ihn ein großer Urlaub gewesen und die dazu gehörigen Tätigkeiten habe er als sein Hobby betrachtet. Noch schöner könne er es sich doch gar nicht wünschen." Dabei steckte er schon wieder voll neuer Pläne. Diese führten uns für einige Wochen nach Jugoslawien, um Bären zu filmen. Unweit eines Urwaldes fanden wir eine ziemlich primitive Behausung, die uns als Unterkunft diente. Nun gab es hier kein fließendes Wasser. Zum Kochen und Trinken hatten wir einen Vorrat in Kanistern. Das Waschwasser bezogen wir aus einer alten, halbvollen Regentonne, deren Inhalt bestimmt schon längere Zeit nicht mehr erneuert worden war. So ist es verzeihlich, wenn wir für unsere tägliche Körperpflege nur geringe Zeit in Anspruch nahmen.
Eines Tages überquerten wir auf einer Fahrt ein Flüßchen. Eugen ließ sofort anhalten, holte seinen „Kulturbeutel" aus dem Koffer, klemmte sich ein Handtuch unter den Arm und verschwand kurz darauf im Buschwerk am Bache. Nach geraumer Zeit erschien er beschwingt und wohlgemut wieder und sagte: „Er habe eben ein tolles Vollbad genommen." Lachend empfahl er mir, diese günstige Gelegenheit ebenfalls wahrzunehmen, dabei dürfe ich sogar seine „Badewanne" benützen. Er hatte nämlich mit Kennerblick im Bach eine Stelle entdeckt, die zwischen Steinen wie eine Badewanne geformt war. Sie war so vorzüglich versteckt, daß man von der nahe vorbeiführenden Straße nicht eingesehen werden konnte. Schuhmacher war in jeder Lage mit der Natur vertraut und konnte

ihr viel Schönes abgewinnen. Ich wäre auf der Suche nach einer Badegelegenheit bestimmt an unserer „Badewanne" vorbeigelaufen.

Langeweile konnte mit Eugen nie aufkommen. Zum Beispiel beim Warten auf Aufnahmemöglichkeiten im Versteckzelt wußte er so vieles aus seinem interessanten, ereignisreichen Leben zu erzählen, daß die Zeit oft viel zu kurz wurde. Dazwischen gab er auch mal ein nettes, schwäbisches Witzle zum besten. Der Allgäuer Dialekt hatte es ihm besonders angetan. Er selbst hatte ihn auch ausgezeichnet beherrscht. So wiederholte er gerne den Ausspruch eines alten Allgäuers. Dieser Mann wollte von Eugen eine Bekräftigung, daß er in irgendeiner Sache im Recht sei und fragte ihn deshalb: „Da ha i do recht, Schuamachr, odr it odr?" Solche Redensarten bereiteten ihm besonderen Spaß und er konnte herzlich darüber lachen.

Wie andere menschliche Dialekte, so konnte Eugen Schuhmacher auch manche Tierstimmen bestens imitieren. Bei Filmaufnahmen von brütenden Kranichen saßen wir ungefähr 60 Meter von ihrem Nest entfernt, im getarnten Zelt. Diese Vögel waren so hellhörig, daß sie bei jedem ihnen fremden Geräusch, einem unterdrückten Niesen oder dem leisesten Öffnen einer Filmbüchse, sofort die Hälse reckten und unruhig wurden. Als Test ahmte Schuhmacher daher den Ruf der Wildtaube nach, und zwar so täuschend ähnlich, daß die Kraniche hierauf nicht die geringste Reaktion zeigten. Über dieses geglückte Experiment konnte er sich diebisch freuen.

GISELA MAUERMAYER

Schwarzstörche in der Lüneburger Heide

Wie Eugen Schuhmacher mir einmal erzählte, äußerten viele Menschen, die Tiere und Abenteuer lieben, ihm gegenüber den Wunsch, ihn auf seinen Reisen begleiten zu dürfen, wobei einige sogar versuchten, diesem Ansinnen durch Drohungen Nachdruck zu verleihen. Daher empfand ich es als besondere Auszeichnung, als er mich eines Tages fragte, ob ich Lust hätte, mit ihm zu Schwarzstorch-Aufnahmen in die Lüneburger Heide zu fahren.

Die wenigen Schwarzstorch-Horste, die es in dem weiten Gebiet der Heide noch gibt, werden streng geheim gehalten, um die Vögel und ihre Brut nicht der Gefährdung durch neugierige Ruhestörer oder durch gewissenlose Eierräuber auszusetzen. Eugen Schuhmacher freilich bekam von der Naturschutzbehörde die Erlaubnis, sich den Horsten zu nähern und die Schwarzstörche für seine große Dokumentation über die bedrohten Tiere zu filmen.

Der für diesen Zweck geeignete Horst war mit vier fast flüggen Jungvögeln besetzt und lag in einem Mischwald auf der Astgabel einer starken Kiefer, zirka 15 Meter über dem Boden. Mit aller Vorsicht bauten wir uns in einiger Entfernung aus Fichtenzweigen einen Unterschlupf, in dem für das Stativ mit der Kamera und zwei kauernde Menschen Platz war, und richteten uns mit Hilfe von Decken dort häuslich ein. Das Wetter war trüb, feucht und kühl. Nur selten traf ein Sonnenstrahl das Nest, und nur dann war in dem Halbdunkel des Waldes eine Aufnahme möglich.

Die jungen Störche waren hauptsächlich damit beschäftigt, sich die weißen Daunenfederchen aus dem Gefieder zu zupfen. Diese schwebten dann wie Schneeflocken auf den Waldboden hernieder. Von Zeit zu Zeit übte einer seine mächtigen schwarz-weißen Schwingen. Ein anderer drehte sich mit der Kehrseite nach außen und schoß einen weißen Strahl im Bogen über den Nestrand. Und wer bei der letzten Fütterung am meisten erwischt hatte, machte ein Verdauungsschläfchen auf dem Boden des Horstes. So vertrie-

ben sie sich die Zeit, bis sie plötzlich wie auf Kommando anfingen, aufgeregte Bettellaute auszustoßen und damit anzeigten, daß ein Elternteil mit Nahrung in der Nähe angekommen war.
Obwohl wir schweigend in unserm Versteck saßen, die Ohren spitzten und angestrengt zum Guckloch hinausspähten, bemerkten wir niemals die Ankunft eines der Altvögel. Leise wie eine Eule war er auf seinen großen Schwingen durch den Wald geschwebt und hatte zuerst in der Nähe des Horstes aufgebaumt, um sich zu vergewissern, daß die Luft rein war. Erst dann flog er zum Horst, ließ sich von den gierigen Jungen die Beute aus dem Kropf ziehen und strich sofort wieder ab.
Nachdem wir das Tun und Treiben der Jungstörche ausgiebig aufgenommen hatten, waren wir vor allem darauf aus, diese lebhaften Fütterungsszenen auf den Film zu bekommen. Das erforderte aber einige Geduld, denn es dauerte meist über zwei Stunden, bis wieder eines der Elterntiere anflog. Und nur wenn wir Glück hatten, schien dann gerade die Sonne und ließ den grünen Schimmer über dem schwarzen Gefieder des Altvogels aufleuchten.
Es waren aber nicht nur diese szenischen Höhepunkte, die Eugen Schuhmacher begeisterten, sondern es war ebenso die geruhsame Beschäftigung der Jungvögel in den langen Pausen zwischen den Fütterungen, an der er sich nicht satt sehen konnte. Dieser Mann, der in den entlegensten Winkeln der Erde, in extremen Lebensräumen, z. T. in üppiger tropischer Vegetation die eigentümlichsten und farbigsten Tiergestalten beobachtet und gefilmt hatte, hockte da neben mir im Versteck aus Fichtenzweigen im schlichten Heidewald, in den Anblick der schwarz-weißen Störche versunken, und sagte immer wieder leise vor sich hin: „Herrgott, ist das schön!"
Diese Worte und die fast ehrfürchtige Art, wie sie gesprochen wurden, machten einen unvergeßlichen Eindruck auf mich, denn sie zeigten, welch tiefe Bewunderung Eugen Schuhmacher für das Tier in allen seinen Lebensäußerungen empfand. Diese Bewunderung wollte er durch seine Filme auch in anderen Menschen wecken, und aus ihr erwuchs ihm die selbstverständliche Verpflichtung, für Schutz und Erhaltung alles Lebendigen zu kämpfen. Schuhmacher lachte gerne und war immer zu Späßen aufgelegt. Wenn aber die Rede auf die Bedrohung der Tierwelt und auf Fragen des Naturschutzes kam, sprach er so bitter ernst und mit so leidenschaftli-

cher Eindringlichkeit, daß man hätte glauben können, einen ganz anderen Menschen vor sich zu haben.
Ein weiteres Erlebnis auf jener Heidefahrt soll noch zur Zeichnung von Eugen Schuhmachers Charakterbild beitragen. Für den Fall, daß es mir zu langweilig oder zu mühsam sei, täglich stundenlang im Beobachtungsversteck zu sitzen, bot er mir sein Auto an, um damit den Naturpark der Lüneburger Heide zu besuchen, der noch den ursprünglichen Heidecharakter zeigt. Bekanntlich ist für die meisten Männer das Kraftfahrzeug ein heiliger Gegenstand, den sie selbst der eigenen Ehefrau nur ungern anvertrauen. Im Hinblick darauf, daß ich ebenfalls eine Frau bin, daß Schuhmacher nicht wissen konnte, ob ich gut oder schlecht Auto fahre und daß ich an einen Wagen mit Lenkradschaltung nicht gewöhnt war, habe ich ihm dieses überaus großzügige Angebot besonders hoch angerechnet.

DOLF MEYER

Himalaja-Karakorum-Expedition 1954

Jeder der als aktiver Bergsteiger unserer Gruppe angeschlossen war, sollte auch noch eine zweite Aufgabe mit übernehmen. Da waren Geologen, Biologen, Kartographen, Arzt und natürlich auch ein Filmmann neben den aktiven Bergsteigern in der Expedition zusammengefaßt. Unser Filmmann war Eugen Schuhmacher.

Wenn anzupacken war, hatte ich für Stative, Kamerakoffer und Filmkisten zu sorgen. Außerdem befaßte ich mich frühzeitig mit der feinmechanischen Technik von Kamera mit Zubehör. Man konnte ja nicht wissen.

In Genua gingen wir im April 1954 an Bord der „Victoria". Welterfahren erzählte uns Eugen von seinen Reisen nach Südamerika. Und schon bald hatten wir im Mittelmeer ganz schönen Seegang. Die Tischleisten wurden hochgezogen, damit Geschirr und Speisen nicht vom Tisch stürzten. Karl Heckler aus Stuttgart meinte wankend aufstehend: „I wollt, mi gäbs nimme." Eugen meinte: „Egal was ist, immer wieder versuchen zu essen und zu trinken, bis es hält." Das taten wir auch, als die See schon längst wieder ruhig war.

Ausgangspunkt per Fuß oder Pferd unserer Expedition war Gilgit im Hunzaland. Das Filmteam war sofort in Aktion und hatte auch als erste Gruppe den Ritt entlang dem Hunza-River angetreten. Auf Eseln war das Filmgepäck verstaut. Wir selbst ritten mit Pferden dazwischen. Der Pfad wurde schmal, die Abgründe tiefer. Plötzlich stürzte ein vollbepackter Esel auf einer Traverse den Abhang hinunter in die Tiefe.

Eugen wußte nicht recht, was ihm im Moment größere Sorgen bereitete: das schwerverletzte Tier zu retten oder die Funktion der Filmkamera in Frage stellen zu müssen. Schließlich mußte der Esel doch mit einem Gnadenschuß erlöst werden. Die Filmkamera konnte ich mit Feile, Polierstein und Klebstoff wieder instand setzen.

›bb. 55 Schuhmacher erhält für den Film „Im Schatten des Karakorum" 1955 das „Filmband Gold"; bei der Uraufführung von links: Expeditionsleiter Matthias Rebitsch, Eugen Schuh-acher, Prof. Hans Krieg, Bundesinnenminister Schröder

›bb. 56 Ministerpräsident Alfons Goppel überreicht 1971 Eugen Schuhmacher den ıyerischen Verdienstorden

Abb. 57 Beim Eintrag ins „Goldene Buch" der Heimatgemeinde Grünwald

Abb. 58 Beim Bieranstich 1959 nach der Rückkehr von Neuguinea, ganz links Fritz M
(Globus-Film)

Eugen Schuhmacher war beim Mir von Hunza und dem Prinzen von Chalt in Kürze ein angesehener Gesprächspartner. Dadurch konnte die Expedition mehr Unterstützung erwarten als angenommen werden durfte. Als Folge davon sei das bayrische Knödelessen beim Mir von Hunza erwähnt und das unvergessene Dinner beim Prinzen von Chalt auf einem orientalischen Teppich. Ohne Tische, Stühle, ohne Gabel und Messer versuchten wir das Lammgulasch in den Griff zu bekommen. Nach einigen Minuten im unbequemen Türkensitz haben wir in die für uns gemütlichere Bauchlage gewechselt, und dabei nicht vergessen, die orientalischen Sitten hörbar kund zu tun. Es gab noch Hunza-Wein zu trinken. Die Hände wurden uns in heißem Zitronenwasser gereinigt. Wir waren von der Gastfreundschaft sehr angetan und wußten nicht recht, wie wir uns revanchieren sollten. Eugen hatte eine gute Idee, dem Gastgeber ein Ständchen zu singen. Nun, wir waren kein eingeübter Gesangsverein und so sangen wir, kurz arrangiert zehnstimmig und sehr laut „Schwarzbraun ist die Haselnuß".
Wir erlebten noch Bären und Schneeleoparden in unserem „Bärenlager", gefährliche Ritte mit Yaks über Gletscher und Moränen und genossen die hervorragenden Menüs von Eugen. Ich selbst nahm von ihm auch noch seine Reiseerlebnisse aus Südamerika auf und war mit einem Freund 1955 auf Eugens Spuren zwischen Machu Pichu und Titicacasee.
Wir verloren uns nie aus den Augen und besprachen auch immer wieder gemeinsame Ziele, die leider nicht mehr realisiert werden konnten.

HANS MIEDANER

Singe mir etwas vor

Meine Bekanntschaft mit Eugen Schuhmacher geht auf das Jahr 1939 zurück. Wir waren beide als Funker bei der gleichen Einheit im Westen eingesetzt. Da ich gerne singe, konnte ich ihn mit manchem Lied erfreuen. Aus der Kameradschaft der ersten Kriegswochen wurde bald eine Freundschaft durch unsere gemeinsame Liebe zur Natur und den Tieren.

Gelegentlich einer gemeinsamen Dienstreise nach München im Juli 1940 kam er auch in meine Wohnung und sah dort meinen Kater Peter, von dem ich ihm schon vorher viel erzählt hatte. Von dem Körperbau meines Peters und seinem ausdrucksvollen Kopf war er begeistert, er sagte, daß er diesen Kopf, wenn mein Peter einmal sterben sollte, gerne präparieren würde. Dazu kam es aber nicht, denn mein Kater starb, während ich an der Front war.

Als unsere Einheit im Herbst 1941 nach dem Osten verlegt wurde, war Eugen Schuhmacher nicht mehr dabei. Er wurde zwischendurch als biologischer Mitarbeiter an der Kulturfilmabteilung der Bavaria-Filmkunst freigestellt. Ich schrieb ihm vom Osten und er antwortete mir unter anderem, daß er oft an uns denke und trotz der von mir geschilderten Erschwernisse, Gefahren und Entbehrungen gerne unter den Kameraden weilen würde.

Bis zum Kriegsende standen wir in brieflicher Verbindung und gleich nach meiner Entlassung aus der Gefangenschaft haben wir auch den persönlichen Kontakt wieder aufgenommen.

Ich besuchte Eugen Schuhmacher später des öfteren in seinem neuen Heim. Manchmal kam ich gerade, wenn er wieder zu einer neuen Expedition rüstete und mitten in den Reisevorbereitungen steckte. Wollte ich, um ihn nicht zu stören, gleich wieder gehen, so duldete er das nicht; während er weiterarbeitete, erzählte er mir voller Begeisterung von seinen künftigen Plänen.

Manchmal freilich konnten wir uns Monate hindurch nicht sehen, da auch ich viel beruflich unterwegs war. Wenn wir dann miteinander telefonierten, so kam es vor, daß er sagte: „Singe mir etwas vor, damit ich auch weiß, daß du es wirklich bist.“ Ich sang dann einige Takte aus dem Zarewitsch, die ihn zu dem Ausruf veranlaßten, „ja, du bist es“, und er lud mich zu sich ein mit folgenden Worten: „Jetzt ist es aber an der Zeit, daß du auch wieder einmal die Kurve zu mir findest.“ Hatte ich die Kurve endlich gefunden, wurde ich, wie stets, mit Freuden empfangen. Mitunter kam ich auch unangemeldet, und wenn er mitten in der Arbeit war, nahm er mich zu seinem Schneidetisch mit, wo ich ihm bei der Auswertung seines Filmmaterials zuschaute.

Jede Begegnung mit Eugen Schuhmacher war ein Erlebnis. Daß er nicht nur bei den Menschen, die unmittelbar mit ihm zusammenkamen, einen unauslöschlichen Eindruck hinterließ, beweist nachfolgende Erzählung meiner Frau:

„Meine Begegnung mit Eugen Schuhmacher machte ich durch sein Werk. Anfang der vierziger Jahre, als ich noch in meiner Heimatstadt Görlitz lebte, sah ich mir den Film ‚Befreite Hände‘ an, bei welchem so gute Schauspieler wie Ewald Balser und Brigitte Horney mitwirkten. Den größten Eindruck dieses Abends nahm ich aber aus dem Vorfilm ‚Nur ein Tümpel‘ von Eugen Schuhmacher mit nach Hause. In diesem Film war aufgezeigt, welch bewegtes Leben sich in einem solch kleinen Tümpel abspielt und wie groß die Schöpfung auch im kleinsten ist. Mein Gefühl sagte mir, daß hier ein gütiger Mensch am Werk gewesen sein muß, dem es gelungen ist, mit diesem wunderbaren Naturfilm den Hauptfilm des Abends in den Hintergrund zu stellen. Den Namen Eugen Schuhmacher hatte ich vorher nie gehört, ihn aber durch das Erlebnis mit diesem Film auch nie mehr vergessen. Daß ich eines Tages das Glück haben würde, den Menschen Eugen Schuhmacher kennenzulernen, hätte ich mir damals nicht träumen lassen. Wie es dazu kam? Durch den Verlust meiner Heimat kam ich 1945 nach München und lernte hier meinen späteren Mann kennen. Beim Austausch unserer Gedanken fiel eines Tages auch der Name Eugen Schuhmacher, der ein Kriegskamerad meines Mannes war. Ich fragte, ob das der Naturfilmmann Eugen Schuhmacher sei. Das bestätigte sich und nun erzählte ich meinem Mann von dem großen Eindruck, den der Film ‚Nur ein Tümpel‘ seinerzeit auf mich gemacht hatte.“

HERMANN und ELISABETH MÜLLER

Urwaldzauber auf Madagaskar

Drei Wochen währte nun schon unser Ferienaufenthalt zusammen mit Eugen Schuhmacher und dessen Frau auf dieser so gegensätzlichen, viertgrößten Insel unserer Erde. Weihnachten 1970 hatten wir auf Nossy Bé, einer kleinen Insel im Nordwesten Madagaskars, verbracht. Dort bekamen wir im Naturschutzgebiet von Ampasindava unsere ersten Halbaffen, die Lemuren, zu sehen. Mohrenmakis heißen sie mit Recht; denn ihre Männchen sind kohlschwarz, während ihre Weibchen die braune Farbe gewählt haben. Hoch in den Baumkronen der Urwaldriesen hatte sie Eugen entdeckt, wo sie sich elegant und sicher von Ast zu Ast bewegten. Und er meinte, er habe sie nie vordem so schön zu Gesicht bekommen wie gerade jetzt.

Zu Silvester und Neujahr hatte Eugen eine Kostbarkeit für uns bereit. Auf einem Motorboot fuhren wir zur grünen Insel Manga Bé, die in der Bucht von Antongil im Nordosten Madagaskars gelegen ist. Kein Mensch außer dem Leuchtturmwärter darf sie betreten; denn sie ist Schutzgebiet, vor allem für Lemuren. Nie hätten wir Zugang zu ihr gefunden, hätte nicht Eugen, dort durch seine früheren Filmarbeiten bekannt, die Erlaubnis für uns erwirkt. Freilich ließ das dürre Palmblattdach unserer kleinen Holzhütte Tropfen und Rinnsale des schweren tropischen Regens auf unser nächtliches Bretterlager herabrieseln, doch konnte dieses feucht-harte Bett dem Urwaldzauber der Insel nichts anhaben. Die Stille dieses menschenleeren Eilands wurde am sonnigen Neujahrstag nur durch das Rauschen der Blätter und der Brandung sowie durch die Schreie der Varis, schwarz-weißer Lemuren, unterbrochen, die uns aus dem Blattschirm des Urwaldes lauthals beschimpften. Sie gehören schon zu den größeren Tieren dieser Gattung und messen, den buschigen Schwanz miteingerechnet, mehr als einen Meter.

Auf einer seiner früheren Reisen war Eugen auf Manga Bé eine

Boa vor die Linse gekommen. Dabei war er mit dem Objektiv seiner Kamera so nahe an deren Kopf herangegangen, daß sie mit einem plötzlichen Stoß auf die Sonnenblende antwortete. Der augenblickliche Schreck ließ ihn zurückweichen. Sein damaliger, immer zu Späßen aufgelegter Begleiter sah ihn schon von der Boa erdrückt und meinte dazu, welche Schlagzeilen ein solches Ereignis in der Presse gemacht hätte. Diese Geschichte erzählte uns Eugen mit sichtlichem Behagen.

Unser Aufenthalt von zwei Tagen auf Manga Bé war freilich viel zu kurz, auch für Eugen; denn oft sprach er später noch von seiner Sehnsucht nach dieser stillen Insel, auf der die Natur noch so ursprünglich war und auf der kein Wasser Ölflecken oder sonstigen Unrat aufwies, gar nicht zu reden von der reinen Luft.

Perinet, im Osten Madagaskars gelegen, war unser nächstes Ziel, das wir in sechsstündiger gemächlicher Bahnfahrt von der Hafenstadt Tamatave aus in einem von Malgaschen und deren Kindern überquellenden Zug bei brütender Hitze erreichten. Unglaublich, mit welcher Gelassenheit ohne ein einziges Schimpfwort diese braunen Menschen dichtgedrängt in den Gängen standen oder auf ihren Habseligkeiten saßen, da sie keinen Sitzplatz mehr bekommen hatten!

Eugen hatte uns zugesagt, er werde uns in Perinets Wäldern die Indris zeigen, die einzige schwanzlose Lemurenart Madagaskars, die eben dadurch unverkennbar ist. Es machte ihm einige Mühe, sie zu finden, doch schließlich holte er uns an eine Urwaldstelle nach, an der wir ein ganzes Rudel dieser gesellig lebenden Lemuren zu sehen bekamen. Eine volle Stunde lang haben wir sie, nachdem sie aus ihrer Urwaldhöhe weiter heruntergekommen waren, bestaunt. Sie aber staunten nicht weniger über unsere Anwesenheit, schienen uns jedoch zu dulden und entfernten sich zuletzt unter mehrstimmigem klagenden Geschrei. Voller Zufriedenheit verließ Eugen mit uns den Wald, war es doch nach Ansicht der Kenner nicht leicht, diese Tiere aufzustöbern.

Der vierten und letzten Woche nun hatte Eugen den Teil Madagaskars vorbehalten, der für dieses Land und die ganze Erde einzigartig ist, den äußersten Süden; denn nicht nur bestimmte Lemurenarten, auch ganz bestimmte Pflanzen kommen nur hier vor, sonst nirgends mehr auf der Welt.

Von Fort Dauphin im Südosten Madagaskars fuhren wir nach Amboasary, um uns von Eugen in ein madagassisches Hoteli zum Mittagessen führen zu lassen. Hier gab es keine Weißen mehr, nur noch Malgaschen. Solche Hotelis findet man überall draußen auf dem Lande. Das unsere bestand aus einem nicht gerade sauberen kleinen Raum und war ausgestattet mit einem Tisch, zwei lehnenlosen Holzbänken und einer weiteren sogar gepolsterten Sitz- und wohl auch Schlafgelegenheit für die „Hotelbesitzer". Das Mahl ist überall dasselbe: Zebugulasch mit Reis, dazu als Getränk den einheimischen Tee, der in madagassischer Sprache Voafotsy heißt und Wufuz gesprochen wird. Wir haben diese strauchige oder baumförmige Pflanze auch in der Natur gefunden; sie trägt den botanischen Namen Aphloia theaeformis. Obwohl das teils blecherne teils keramische Geschirr sauber war, konnten Eugen, seine Frau und ich meine Frau nicht dazu bewegen, etwas zu essen, während es uns dreien recht gut schmeckte. Zu dieser Abstinenz meiner Frau mag zusätzlich beigetragen haben, daß ein junger Mann, vollkommen in ein Laken eingehüllt, unter unserem Eßtisch lag und dort entweder schlief oder vielleicht auch kränkelte. Jedenfalls nahmen weder die Malgaschen, die uns zusahen und uns bedienten, noch der junge Mann selbst an solchem Verhalten Anstoß, so daß wir uns dieser Gepflogenheit ebenfalls anschlossen.
So gestärkt nahmen wir Abschied von unserem Hoteli Gasy, wie es hieß, und steuerten dem eigentlichen Tagesziel, dem Park des französischen Sisalfarmers de Gideau, zu. Dort erreichte Eugen wieder für uns die Genehmigung des Eigentümers, uns im Park aufhalten zu dürfen. Er kannte diesen Mann ja bereits von seinen früheren Reisen.
Kaum befanden wir uns mitten in dem herrlichen Baumbestand, da bewegten sich auch schon die Sifakas, eine weiße Lemurenart, spielerisch auf dem Boden vor uns her, deretwegen wir ja hierher gekommen waren. Flugs verschwanden sie auf den Bäumen, sobald wir ihnen zu nahe kamen. Wir sahen sie aber bald wieder, als sie sich in gewagten Sprüngen von Ast zu Ast und von Baum zu Baum schwangen, immer einer dem anderen nach, immer die gleichen Äste benützend, die sie für die nachfolgenden mit ihrer Duftdrüse markiert hatten. Nun darf man sich nicht vorstellen, dieser Park sei etwa eingezäunt. Nein, die Halbaffen leben dort völlig frei und

werden auch nicht gefüttert. Sie können den Park verlassen, wann und wo sie wollen und finden im Blattwerk der Bäume genügend Nahrung.
Die zweite dort lebende Art von Halbaffen zeigte sich uns nicht so mühelos. Erst nach längerem Suchen entdeckte Eugen mit seinem geschulten Blick die Katta-Lemuren, braune Tiere mit einem langen, weiß geringelten Schwanz, der sie mit keiner anderen Lemurenart verwechseln läßt. Nicht lange hielten sie in dem sehr dichten Baumbestand still. Sie verschwanden bald, für uns unsichtbar, im blattreichen Gezweig. Schon schickten wir uns an, den Park wieder zu verlassen, da fiel unser Blick auf ein ganzes Rudel von Kattas auf dem Dach einer Hütte. Unruhig liefen sie hin und her, bis sie schließlich nacheinander in graziösen Sprüngen mit dem Schwanz als Steuer vom Dach auf den Boden hüpften. Noch einmal kamen wir nahe an sie heran, bis ihrer 10 bis 15 auf einem Parkweg unseren Blicken entschwanden.
Wir hatten diese Tiere alle schon unter Eugens Führung im Tsimbazaza, dem Tierpark Madagaskars in dessen Hauptstadt Tananarive, gesehen. Wie sie aber in freier Wildbahn sich bewegen, ist ein ganz anderes Erlebnis, das keinen Vergleich mit einer Zoo-Schau aushalten kann.
Von den herrlichen Bäumen dieses Parks bei Amboasary ist uns ein etwas isoliert stehender riesiger Tamarindenbaum in Erinnerung geblieben, der soeben seine zierlich weißroten Blütentrauben zu entfalten begann. Er mag wohl an die 20 bis 25 Meter hoch gewesen sein und spendete mit seinen weit ausladenden Ästen reichlichen Schatten.
Nach den heutigen zoologischen Eindrücken erwartete uns auf der Rückfahrt, auf der wir uns Zeit lassen konnten, noch ein botanischer Leckerbissen. Die Fahrt führte uns nämlich durch ein viele Kilometer langes Trockengebiet, in dem eine sukkulente, also wasserspeichernde Pflanzenfamilie vorkommt, die es auf der ganzen Welt nur hier im Süden und Südwesten Madagaskars gibt. Die Botaniker nennen sie Didiereaceen. Sie stehen den Kakteen nahe, bilden aber im Gegensatz zu ihnen während der Regenzeit kleine Blätter aus, die sie zu Beginn der Trockenzeit wieder abwerfen, so daß sie dann, mit Dornen übersät, große Ähnlichkeit mit den Kakteen haben. Vor allem die Gattung Alluaudia war hier vertreten.

In engen Spiralen winden sich die Dornenreihen um den Stamm nach oben. Und unser Staunen war groß, als uns Eugen dazu erklärte, daß die Sifakas, die wir soeben gesehen hatten, auch hier leben und, ohne sich zu verletzen, von einem dornigen Stamm zum andern springen, um die Blättchen abzuweiden. Es ist einfach nicht zu fassen, daß diesen Tieren solch präzise Sprünge möglich sind. Tief befriedigt kehrten wir am Abend dieses ereignisreichen 8. Januar 1971 nach Fort Dauphin zurück. Niemand von uns konnte ahnen, daß auf den Tag genau zwei Jahre später das Leben Eugen Schuhmachers zu Ende gehen sollte. Madagaskar freilich wird uns eine dankbare und unauslöschliche Erinnerung an ihn bleiben.

ILSE MÜLLER

Reise in die Camargue

Eugen Schuhmacher hatte Mitte Mai 1965 beim World Wildlife Fund in Morges am Genfer See eine Besprechung. Mein Mann und ich wollten uns dort mit ihm in einem Hotel treffen.
Am nächsten Morgen, nachdem Eugen Schuhmacher seine erwähnte Verabredung erledigt hatte, starteten wir mit ihm und seiner Frau gemeinsam Richtung Genf, wo wir nach dem Lunch einen kleinen Stadtbummel machten. Bei dieser Gelegenheit kamen wir an einem indischen Exportgeschäft vorbei, in dessen Auslagen alles Schöne und Begehrenswerte lag, was Frauenherzen höher schlagen läßt. Vor allem lockten dort wunderschöne Saris und Stolen zum Kauf. Schuhmacher merkte natürlich sofort, wie sehr ich und wie wenig mein Mann von einem Erwerb dieser Dinge angetan waren, und pfiffig wie er nun einmal war, mit verschmitztem Lächeln und einem Augenzwinkern zu mir, machte er meinen Mann auf die bildhübsche Verkäuferin aufmerksam und meinte, daß sie allein es schon wert sei, in den Laden hineinzugehen und sich dort ein bißchen umzuschauen. Man müßte ja nicht unbedingt etwas kaufen. So sorgten Eugen Schuhmacher und last not least die charmante Genferin, die sofort ihre Kollektion vor uns ausbreitete, daß ich in den Besitz einer golddurchwirkten Stola kam.
Die Reise ging weiter nach Frankreich über Aix-les-Bains, Avignon, Aix-en-Provence, Arles durch die Camargue nach Saintes Maries de la Mer, wo gerade das alljährliche Treffen der Zigeuner stattgefunden hatte. Wir sahen jedoch nur noch die letzten Abreisenden, die mit ihren luxuriösen Wohnwagen, Cadillacs und Lincolns die Stätte ihres rauschenden Festes verließen. Die weniger Begüterten waren auch bereits auf ihren Lagerplätzen für die Heimfahrt gerüstet. Wir übernachteten in der Ortschaft und trennten uns am nächsten Morgen von Schuhmachers, die nun auf Suche nach brütenden Flamingos gingen, um einige Zeit später die Reise nach Spanien fortzusetzen.

Hier noch eine kleine Anekdote, die den kräftigen Humor Schuhmachers zeigt:
Zwischen Aix-en-Provence und Avignon erreichten wir eines Mittags ein kleines Städtchen, und da wir nicht im Restaurant essen wollten, kauften wir uns zwei Poulets, zwei Flaschen Wein aus dem Rhônetal, eine Stange Weißbrot und beschlossen, an einem idyllischen Plätzchen Picknick zu machen. Schuhmachers hatten schnell Tisch und Stühle aus ihrem Wagen geholt und nun sollte der Schmaus beginnen. Wir hatten aber beim Kauf der Hühner vergessen, sie tranchieren zu lassen und damit kam ein Problem auf uns zu, das wieder einmal auf Schuhmachersche Art gelöst wurde. Er holte aus seiner Hosentasche ein wenig vertrauenerwekkendes Klappmesser gewaltigen Formates, das mit mehreren Abteilungen für Büchsenöffner und Korkenzieher versehen war, und begann nun, mit grimmigem Lächeln und diesem unmöglichen Instrument den Hühnern zu Leibe zu gehen, und sie zu zerlegen. Dabei schielte er mich von der Seite an. Als er merkte, wie mir bei dieser Prozedur zumute war, sagte er nur ganz trocken: „Da denken Sie sich nichts dabei, das Messer ist in Ordnung, hat mir schon gute Dienste auf all meinen Expeditionen erwiesen, damit hab' ich schon im Urwald Schlangen tranchiert." Sprach's und schnitt seelenruhig weiter. Wir haben dann die Hühner trotzdem mit gutem Appetit verspeist.

ELISABETH MÜLLER-SCHEESSEL

Ein Abendausflug nach Island

Das Telefon klingelte. Ich nahm den Hörer ab.
„Grüß Gott, Frau Müller-Scheessel! Hier ist Eugen Schuhmacher. Sind sie heute abend zu Hause? Ich möchte Ihnen nämlich Ihr Boot zurückbringen."
„Natürlich", rief ich erfreut, denn Eugen Schuhmacher war uns stets ein willkommener Gast.
„Ich rufe von Dänemark an. Also bis heute abend!"
„Ja, auf Wiedersehen", sagte ich. Da war leider die Verbindung schon beendet.
Ich war nicht mehr dazu gekommen, zu sagen, daß mein Mann in der Klinik lag. Er war vor einer Woche mit Schuhmacher noch auf Island gewesen und hatte sich infiziert.
Ich hatte also bei dem Besuch Eugen Schuhmacher einmal für mich allein.
Es wurde ein herzliches und interessantes Wiedersehen. Leider war die Islandexpedition wegen des unwirtlichen Wetters nicht so verlaufen, wie man es erhofft hatte. Im Mai und Juni konnte es dort nämlich noch recht ungemütlich sein – Schnee, Kälte, Regen, Sturm! Das alles wäre freilich zu ertragen gewesen, aber die schlechten Lichtverhältnisse hatten zeitweise das Filmen unmöglich gemacht. Selbst die Vögel waren in Deckung gegangen.
Dabei ist Island eine Insel mit vielen überaus seltenen Vogelarten. Schuhmacher erzählte zuerst vom Gerfalken, einem hochinteressanten Vogel, der nur auf dieser Insel noch in wenigen Brutpaaren vorkam, während er in Nordrußland und in Skandinavien ausgestorben war. Auch auf Island gab es Jahre, in denen der Gerfalke mit der Brut aussetzte; dann suchte man ihn vergeblich.
„Das war nun der wertvollste Vogel, den ich vor die Kamera bekommen wollte", erzählte Schuhmacher. „Ihr Mann und ich haben gesucht und gesucht. Nicht eine besetzte Klippe. Es war zum Verzweifeln. Einmal sahen wir von weitem einen Altvogel, freisitzend

auf einem Steinbrocken im welligen Gelände, aber er ließ uns nicht nahe genug herankommen, sondern strich ab. Erst in den letzten Tagen hatte ich etwas mehr Glück."

Und dann ereiferte sich der Naturschützer darüber, daß überall in der Welt tödliche Gifte ausgestreut würden, die wertvolle Vogelarten aussterben ließen.

Er erzählte weiter vom Eistaucher, diesem bei den Isländern besonders beliebten Vogel mit dem Prachtgefieder und der ausdrucksvollen Stimme.

„Welche seltenen Möwen brüten eigentlich auf Island", fragte ich.

„Die Dreizehenmöwe zum Beispiel, sie ist weiß und hat einen blaugrauen Rücken. Sie brütet an kahlen Felsen in den verwitterten ausgewaschenen Nischen, während die Mantelmöwe, die größte des Nordpolmeeres, mehr in den Flußniederungen auf die Gras- und Seggenflächen ihre Eier legt. Aber auch auf die vielen Inselchen der Binnenseen. Die Eismöwe hat mich auch interessiert. Sie kommt verhältnismäßig selten auf Island vor. Ihr Gefieder ist schneeweiß, während die Heringsmöwe, die englische Rasse, einen taubenblauen Rücken hat und häufiger anzutreffen ist."

„Haben Sie auch Schnepfenvögel gesehen?" fragte ich.

„Ja, Goldregenpfeifer, Uferschnepfe, Alpenstrandläufer, Rotschenkel und Bekassinen. Aber die findet man ja auch in Deutschland und in anderen nahegelegenen Ländern. Viel mehr fesselte uns das Alpenschneehuhn. Ein attraktiver Vogel!"

„Das Alpenschneehuhn ist doch sicher auf Island jagdbar", fragte ich interessiert, denn ich hatte bei nordischen Freunden einmal eines gegessen.

„Ja, es wird sogar sehr stark bejagt und ist ein Exportartikel geworden. Die Alpenschneehühner kommen meistens nach Frankreich und England. Sagen Sie, wie hat es Ihnen geschmeckt?"

„Der Braten war delikat! Etwa im Geschmack unseres Rebhuhnes, nur noch würziger, fand ich."

„Kann ich mir denken. Das wird von den herben Kräutern, von Beerenfrüchten und Moosen kommen. Wir haben auch Gelege gefunden. Es kann aus sechs bis zu zwölf Eiern bestehen, ähnlich wie beim Fasan und beim Birkhuhn."

„Sie sprachen vorhin vom Eistaucher, Herr Schuhmacher. Mein Mann erzählte mir auch vom Sterntaucher."

„Ja, den Sterntaucher haben wir auch oft gesehen. Der ist stark verbreitet. Genau wie auf Spitzbergen, in Norwegen und in Schweden. An seinem leicht aufwärts gebogenen Schnabel kann man ihn sofort erkennen. Sein Sommergefieder ist schöner als das vom Winter. Die Punkte verschwinden nämlich, dafür tritt eine aschgraue Färbung ein. Besonders schön ist die leuchtend rotbraune Kropf- und Halsfärbung."

„Mein Mann sprach auch noch vom Ohrentaucher."

„Ja, das stimmt! Aber das ist kein Seetaucher. Er steht unserem Schwarzhalstaucher sehr nahe. Er ist nicht besonders scheu und legt seine Eier wenige Meter vom Ufer entfernt, oft auch in der Nähe menschlicher Siedlungen."

„Und die Gänse? Wo findet man die? Als Brutvögel meine ich."

„Na, zunächst einmal die Graugans, die man überall an den Flußdeltas antrifft. Aber besonders auch in den großen Grasniederungen der Südküste. Das ist nichts Besonderes. Interessanter ist da schon die Kurzschnabelgans, die vorwiegend ihre Brutplätze im Innern des Landes hat. An die 20 000 Paare sind dort anzutreffen."

„Also, lieber Herr Schuhmacher, mir schwirrt der Kopf von den vielen Vogelschwingen. Ich wäre dafür, daß wir erst einmal ein kleines Menü zu uns nehmen. Sie haben doch sicher heute nichts Warmes bekommen."

„Stimmt! Mein Magen hat schon zweimal heraufgefunkt."

Diese überaus natürliche Art war typisch für Eugen Schuhmacher. Trotz seiner großen Leistungen gebärdete er sich nicht als Star. Man konnte so richtig gemütlich mit ihm reden. Wir stärkten uns also und saßen dann wieder bei einem guten Tropfen zusammen, ohne auf die Uhr zu schauen. Erwartungsvoll sah ich unseren Gast an.

Schuhmacher erzählte eine Weile von den Raubmöwen, dann schwieg er eine Zeitlang. Er saß im Halbdunkel. Sein breitflächiges Gesicht sah so richtig nach Wind und Wetter aus. Meine Fragen bewogen ihn aber, in seinem Bericht über die isländische Vogelwelt fortzufahren. Er sagte: „Da fällt mir ein, daß ich verschiedene Enten am Myvatn, dem Mückensee, noch nicht erwähnte. Dieser See ist einmalig. Auch was die Mücken anbelangt! Die können nämlich selbst einem Mann zu schaffen machen, der mit Leidenschaft Filme dreht. Milliarden Mücken gibt es dort, nicht unsere Stechmücken, sondern viele andere Arten. Das Wasser des Sees ist verhältnismäßig warm und so vermehren sich diese Quälgeister gewaltig. Aber jedes Ding auf Erden hat halt seine zwei Seiten: Den Enten kommen die Mücken wieder zugute. Bergenten trafen wir dort an, ebenso Trauer- und Spatelenten."

Wir unterbrachen unser Fachgespräch, langten zum Glas und stärkten uns.

„Die Tafelenten", fuhr Schuhmacher dann fort, „gibt es auch in wenigen Exemplaren neben den Pfeifenten, hin und wieder auch Spieß- und Krickenten und seltener Löffelenten. Das wäre nun so ein Überblick über die isländische Vogelwelt."

Eine Weile war es wieder still. Dann aber war es Zeit schlafen zu gehen. Die Uhr zeigte weit nach Mitternacht.

„Es ist eine lange Reise gewesen", sagte ich mit Nachdruck.

„Ja, für Sie aber etwas bequemer als für Ihren Mann und mich."

Am nächsten Morgen verschmähte Eugen Schuhmacher sowohl unseren guten Bremer Kaffee als auch einen würzigen Assamtee. Ich mußte ihm ein Nierengebräu aufgießen und schüttelte mich. Aber damals wußte man noch nichts vom Keim der Krankheit, die ihn später uns allen nehmen sollte ...

Abends darauf klingelte das Telefon. Ich nahm den Hörer ab.

„Grüß Gott, Frau Müller-Scheessel", ertönte die bekannte Stimme. „Stellen Sie sich bitte vor: Ihr Schlauchboot ist mit nach München gegangen. Vor lauter guten Gesprächen haben wir es total vergessen. Nun kommt es per Bahn zu Ihnen. Meine Frau läßt grüßen. Wir danken Ihnen für Ihre Gastfreundschaft und wünschen Ihrem lieben Mann gute Besserung!"

OSCAR NEUMANN

Mein Bär in Tananarive

Mein Wohnsitz ist in Tananarive. Hier lernte ich vor vielen Jahren Eugen Schuhmacher kennen, wie er auf einer seiner Fotoreisen nach Madagaskar unterwegs war. Seither wurde er von mir immer der „Bär" genannt. Seine Aufgabe war es damals, seltenere Tierarten in ihrem freien Leben auf der Wildbahn zu filmen und zu fotografieren. Es waren jedesmal für mich freudevolle Stunden, wenn Schuhmacher bei mir erschien.

Froh gestimmt erwartete ich wieder einmal Ende 1970 meinen Freund. Es war seine letzte Reise nach Madagaskar. Für mich war es eine besondere Weihnachtsfreude, als Eugen mit seiner Frau und zwei weiteren Münchner Familien hier ankam. Bei unseren gemeinsamen Spaziergängen in der weiteren Umgebung von Tananarive sah ich immer wieder die Herzensgüte meines Bären, insbesondere mit den schwarzen Eingeborenenkindern der armen Landbevölkerung.

Namentlich e i n Erlebnis, das mir so recht die menschliche Güte von Eugen Schuhmacher vor Augen führte, ist mir unvergeßlich. Eines Abends saßen wir gemütlich in einem chinesischen Restaurant. Draußen regnete es in Strömen. Verängstigt trat plötzlich ein junges Malgache-Mädchen in den Speisesaal. Die Kleine fürchtete, von dem Restaurantbesitzer hinausgewiesen zu werden. Sie wollte, indem sie sich schüchtern an die Gäste wandte, etwas verkaufen. Vergebliche Bemühungen! Bis Eugen sie an unseren Tisch rief.

Das Mädchen, das kaum einige Brocken Französisch sprach, bot uns eine mit schlechtem Leder überzogene Flasche zum Kauf an. Der nicht gerade niedere Preis – Handeln gehört hier zur Landessitte – und die wirklich primitive Ausführung des nicht einmal besonders originellen Gegenstandes lockten kaum zum Kauf. Wir unterbrachen unsere lustige Unterhaltung nicht. Nur unser „Bärchen" beobachtete gütig lächelnd das scheue Kind in seiner Traurigkeit und gab ihm den geforderten Kaufpreis in voller Höhe.

Ich bin sicher, daß in jener Nacht das arme Wesen von dem großen weißen Mann geträumt hat. Wahre Herzensgüte gibt es ja so selten, obwohl wir doch alle Brüder auf dieser Erde sind. Meinem Bären möchte ich noch diese Zeilen widmen:

Alle deine Tugenden sind nichtig,
nur Herzensgüte ist so wichtig.
Und darum liebe ich so sehr
meinen unvergeßlichen Bär.

b. 59 *Im Gespräch mit Prof. Bernhard Grzimek*

b. 60 *Im „Nationalpark Bayerischer Wald" treffen sich 1969 (von links): Bernhard Grzimek,*
bert Weinzierl, Frau Traudl Lang, Eugen Schuhmacher

Abb. 61 Mit Walter Rentsch (links) in Kanada beim Präparieren eines Vogels für eine na wissenschaftliche Sammlung

MARIA OHLI

Auf der Spur der Pelikane

Eine Urlaubsreise im Juni 1969 führte mich und meinen Mann nach Rumänien in das Donau-Delta.
Nach großen Strapazen kamen wir dort mißmutig an. Denn unterwegs war unser Auto, vor einem Motel stehend, aufgebrochen und innerhalb kürzester Zeit total ausgeraubt worden. Nur was wir am Leib trugen, blieb uns übrig. Die halbe Nacht verbrachten wir, bis endlich die Polizei erschien, alles untersuchte und aufnahm.
Dazu kam jetzt noch eine Erkrankung: wir lagen mit Fieber und Brechdurchfall im Bett. Es sah schlimm aus für uns, und so wie die Dinge standen, wäre es am vernünftigsten gewesen, den eben begonnenen Urlaub einfach abzubrechen, um auf dem kürzesten Weg nach Hause zu fahren. Wir ließen uns aber schließlich doch nicht entmutigen und dachten: „Nach Regen folgt wieder Sonne".
Als es uns nach einigen Tagen besser ging, fuhren wir mit unseren Freunden, die ihre Kleidung und Wäsche mit uns geteilt hatten, an unser Ziel.
Die Zollbeamten an der rumänischen Grenze wunderten sich sehr, als sie unser Gepäck kontrollieren wollten und ihnen beim Öffnen des Kofferraumes nur eine Leere entgegengähnte. Anhand unserer polizeilichen Bestätigung wurde ihnen klar, was uns passiert war.
Endlich waren wir in Murighiol im Donau-Delta. Es sah immer noch nicht erfolgversprechend aus; denn die großen Überschwemmungen, die es im Delta gab, vermiesten das Angeln, auf das sich unsere Männer schon so gefreut hatten. Deprimiert saßen wir vor unseren Zelten, als uns eine Männerstimme ein fröhliches „Guten Morgen" zurief. Es war Eugen Schuhmacher, den wir bisher nur vom Bildschirm kannten.
Er war mit einem kleinen Team in das Donau-Delta gekommen, um Filmaufnahmen im Pelikan-Reservat zu machen. Wir waren freudig überrascht über die unerwartete Begegnung, die uns unvergeßliche Stunden bringen sollte.

Der bis jetzt so unglücklich verlaufene Urlaub bekam eine plötzliche Wendung. Nun hatten wir oft Gelegenheit, Eugen Schuhmacher beim Filmen zuzusehen, dabei war er stets bereit, die vielen Fragen, die wir stellten, zu beantworten. Als er einmal von einer großen Kinderschar in Dunavat beim Filmen der Bienenfresser umlagert wurde, die seine Kameraausrüstung bestaunte, wunderten wir uns sehr, daß er den Kleinen soviel Geduld entgegenbrachte. Er hatte großes Verständnis für diese Neugierde.
Wenn wir dann abends bei einem Glas Wein im Zelt zusammensaßen, Eugen Schuhmacher sein ständig ihn begleitendes Pfeifchen in Brand setzte, erzählte er von seinen Reisen und Abenteuern aus aller Welt. In seiner ihm eigenen, heiteren Art entführte er uns in das Reich der Tiere, zu den Bären nach Kanada, den Lemuren auf Madagaskar, zu den Löwen nach Afrika, den Pinguinen in die Antarktis, den Koala-Bären nach Australien. Es war unbeschreiblich schön, mit diesem „Großen Mann" in einem Zelt zu sitzen und seinen Worten zu lauschen.
Die niedergebrannten Kerzen erinnerten uns dann jedesmal, daß es schon wieder sehr spät geworden war und daß am nächsten Tag die Filmarbeit auf Eugen Schuhmacher wartete.
Da Schuhmacher dort im Deltagebiet nicht motorisiert war und es auch manchmal technische Schwierigkeiten gab, nahm er unser Angebot, ihn in die Stadt nach Tulcea zu bringen, gerne an.
Nach Erledigung aller Geschäfte lud Eugen Schuhmacher uns zum Mittagessen ein. Wir ließen uns in einem Lokal häuslich nieder und bestellten. Nach einer Weile kam die Bedienung und eröffnete uns, daß es heute kein Bier gab. Als sie zum zweitenmal kam, sagte sie, daß es auch keinen Salat gab. Beim drittenmal wagte sie kaum mehr an unseren Tisch zu kommen, denn sie mußte sagen, daß auch kein Fleisch im Haus war. Schmunzelnd zogen wir ab und suchten das nächste Lokal. Dort wurden wir dann satt.
Eugen Schuhmacher merkte sofort, daß wir sehr naturverbunden sind, so lud er uns ein, mit ihm zu den Brutstätten der Pelikane zu fahren, die in einem einsamen Schilfwald nahe der russischen Grenze lagen. Dort wollte er eine ganze Woche mit seinem Team verbringen. Über diese Einladung haben wir uns sehr gefreut.
Im Morgengrauen kam das Boot, ein kleiner Schlepper, aus Tulcea an und wir stiegen in Murighiol zu. Mit Ruderbooten wurden das

Filmmaterial, die Verpflegung und wir selbst mit dem Schuhmacher-Team (vier Mann und ein Hund) zur Schaluppe, wie sie Eugen Schuhmacher nannte, gebracht.

Langsam ging die Sonne auf und die Natur erwachte zu neuem Leben. Wir fuhren durch den schmalen Uzlina-Kanal und über den Uzlina-See; weiter bis zum Sulina-Kanal, den wir nach einigen Stunden erreichten. Von dort aus ging es stromaufwärts bis zur Meile 23. Die Meile 23 ist ein wichtiger Treffpunkt für die wenigen Menschen, die in dieser Einsamkeit leben. Man unterhält sich, spielt Karten und wartet neugierig auf irgendetwas, was Abwechslung bringt.

Hier gab es auch für uns eine Pause; denn Eugen Schuhmacher wollte sich noch mit Proviant eindecken. Aber außer Speiseeis und Maiskörnern gab es nicht viel zu kaufen. Wir hatten noch einen halben Laib Brot und ein paar Dosen Bier, was wir gerne zur Verfügung stellten. Schuhmacher freute sich darüber.

Von der Meile 23 fuhren wir noch einige Stunden durch die großartige Einsamkeit, vorbei an Seerosenfeldern und schwimmenden Inseln. Reiher, Wasserenten und Sichler flogen vor uns auf, Pelikane und Fischadler kreisten über uns. Eugen Schuhmacher war voll beschäftigt mit Filmen.

Wir näherten uns immer mehr den Brutstätten der Pelikane. Es war unbedingte Ruhe geboten. Auch die Schaluppe durfte nicht mehr weiterfahren. Also war die Endstation für uns gekommen. Wir halfen der kleinen Expedition, das Gepäck auszuladen und verabschiedeten uns anschließend herzlich. Wir versprachen, Frau Schuhmacher in München zu grüßen und bedauerten sehr, daß unser Urlaub zu Ende war. Sehr gerne wären wir bei den Filmarbeiten in den Brutstätten dabeigewesen, die nur mit Genehmigung der Naturschutzbehörde zugänglich sind.

Als wir mit der Besatzung des Bootes allein nach Tulcea zurückfuhren, kam langsam die Nacht herein. Wir fühlten uns großartig entschädigt für all das, was uns am Anfang des Urlaubs widerfahren war.

Gerne folgten wir der Einladung Eugen Schuhmachers in München in sein Haus. Dort sahen wir auch die erste Aufführung des noch ungeschnittenen Filmes, dessen Entstehung wir im Donaudelta miterlebt hatten.

WILHELM SCHACHT

Der Gartenfreund

Unsere Bekanntschaft begann, als Eugen Schuhmacher von einer Expedition aus dem Karakorum zurückkam, ich am Botanischen Garten München-Nymphenburg tätig war und er mir einige Fotos von Pflanzen zeigte, deren Namen er gerne gewußt hätte. Eugen war erfreut über die Bestimmung und kam öfter mit ähnlichen Anliegen nach Nymphenburg, um mich und auch seinen alten Freund, den Fotografen Ernst Krause (Illustrator von „Der Berg blüht") aufzusuchen.

Und so entwickelte sich, zumal ich auch Tierliebhaber bin, aus der Bekanntschaft bald eine herzliche Freundschaft. Wenn er zu neuen Expeditionen aufbrach, bat ich ihn, Samen von interessanten Pflanzen mitzubringen, so zum Beispiel aus Kanada einige Zapfen der dortigen charakteristischen, schlankwüchsigen Weißfichte (Picea alba). Natürlich brachte er Samen davon mit, die wir im Glashaus aussäten, wo sie rasch keimten. Wir zogen dann die Jungpflänzchen im Freien weiter, bis sie nach einigen Jahren etwa 30 cm hoch waren. Dann teilten wir den „Schatz". Eugen wollte nur drei Stück, der reichliche Rest blieb im Botanischen Garten. Im Arboretum ausgepflanzt, sind diese Kanadafichten jetzt schon weit über mannshoch und schmücken sich bereits alljährlich mit einer Menge hübscher, hellbrauner Zapfen. Eugen wollte wissen, wohin er in seinem Garten die kleinen Fichtenbäumchen setzen sollte, und bat uns, nach Grünwald zu kommen. So lernten wir sein schönes Heim, Haus und Garten, und natürlich auch seine liebe Frau und Helferin, Maria, kennen.

Unvergeßlich die Stunden, die wir dann im Laufe der Jahre im gastlichen Heim in Grünwald verbrachten! Immer gab es reichlichen Gesprächsstoff, schon allein beim Betrachten der vielen mannigfaltigen Mitbringsel aus fernen Ländern, oder wenn Eugen neue Farbdias und Filmstreifen von seinen letzten Reisen zeigte.

Aber dann ging es in den Garten, in dem mächtige Buchen, die er über alles liebte, dominieren, schlanke Birken im Rasen stehen und Omorikafichten über das Hausdach emporgipfeln. In einer Ecke hatte er ein kleines Naturgartenmotiv geschaffen mit Wacholder, Seidelbast und bodendeckender Schneeheide, aus der im Spätsommer der Schwalbwurzenzian herausblüht. Dort vorgelagert im Rasen und halb eingerahmt von vielerlei Grün und Bunt, von Waldmeister, Maiglöckchen und asiatischen Primeln, liegt ein Wasserbecken mit Sumpfpflanzen und einigen Goldfischen. Und hinter diesem Idyll ein lauschiger, baumüberschatteter Sitzplatz, einladend zum beschaulichen Ausruhen, zum geselligen Plaudern und Schnabulieren.

Doch fast hätte ich vergessen, die dunkelgrüne Kulisse dieses Gartenteils, die Rhododendren, zu erwähnen. Vor Jahren, bald nachdem sie gepflanzt wurden, begannen sie zu kränkeln — ein Zeichen, daß ihnen der kalkreiche oberbayerische Boden mit Humuszusatz nicht behagte. Auf Anraten nahm Eugen die „gelbsüchtig" gewordenen Pflanzen wieder heraus, hub breite und tiefe Pflanzgruben aus, ließ Torfmull in ausreichender Menge herbeischaffen und setzte eigenhändig die Erholungsbedürftigen in das neue Beet. Der Erfolg war verblüffend, das Laub ergrünte wieder, die Büsche wuchsen in die Höhe und in die Breite und sind jahrein-jahraus, besonders aber im Mai, wenn sie blühen, jetzt ein Glanzpunkt des Gartens.

Eugen als naturverbundener Mensch war allem Gekünstelten abhold. Er liebte das Einfache, Natürliche, so auch in seinem Garten. Eine Wiese mit Gänseblümchen, Schlüsselblumen und Margeriten war ihm lieber als ein glattgeschorener Rasenteppich, eine Wildrose lieber als eine hochgezüchtete Edelrose. So gehörten auch zu seinen Lieblingsblumen zum Beispiel die kleinen, einfachen, goldgelben Sterne der Sonnenblumen der nordamerikanischen Prärien. Auf gemeinsamen Reisen, auf Sizilien und Teneriffa, erfreuten wir uns, zusammen mit anderen lieben Freunden, an all dem, was die Natur an Pflanzen und Getier darbot. Wenn Eugens Augen auch viel lieber die Eidechsen und Geckos suchten und diese auch eher entdeckten als wir anderen manch' seltene, kleine Orchidee in der Macchia, so teilten wir doch die gemeinsame Freude an Fauna und Flora. Staunend standen wir in Icod neben den urigen Drachenbäumen, und in Orotava ließ uns Eugen erstmals eine Avocato

kosten. Damals war bei uns die birnenförmige, runzelige, grüne Frucht jenes Lorbeergewächses aus Südamerika noch völlig unbekannt.
Gerne besuchten wir auch den Alpengarten auf dem Schachen oberhalb von Garmisch-Partenkirchen, der zum Botanischen Garten München-Nymphenburg gehört und in dem Gebirgspflanzen aus aller Welt wachsen und blühen. Als Eugen uns einst mit seinem Landrover dort hinauffuhr und wir auf der Wettersteinalm rasteten, entdeckte er im Bachbett einen von Wind und Wasser im Laufe der Zeit mannigfaltig gezeichneten, bemoosten Felsbrocken aus Wettersteinkalk. Eugen: „Herrgott — ist der Stein schön, der wäre was für meinen Garten!" Wir: „Unmöglich, viel zu schwer, den können wir nie derkraften." Sinnend nahmen wir Abschied von diesem Brocken und fuhren weiter zum Schachen hinauf. Und all die Tage, die wir dort oben verbrachten, trotz der Bergblumenpracht, der Tannenhäher, die ab und zu zu den Arven flogen, um Zirbelnüsse zu holen, hatte Eugen immer wieder den Stein „im Kopf". Und als wir talwärts fuhren, „lupften" wir — kaum zu glauben — bei der Wettersteinalm tatsächlich den gewichtigen Brocken in den Wagen, brachten ihn nach Grünwald und legten ihn recht malerisch neben einen Wacholder. Und dort liegt er noch heute und ist jetzt für alle, die mit dabei waren, ein Erinnerungsstück an unseren lieben Freund.

MARIA SCHUHMACHER

Der Herr und sein Hund

An einem grauen Novemberabend kam mein Mann schmunzelnd zur Tür herein. Er öffnete ein wenig seinen Lodenmantel. Aus der Innentasche lugte ein ungewisses Etwas hervor. Ich traute meinen Augen kaum. Kam da nun vollends ein ganz kleines, ein paar Wochen altes Rauhhaardackelchen, schwarz mit braunen Augenfleckchen, mit weiteren Flecken an Brust und unterm Schwänzchen sowie braunen Pfötchen zum Vorschein. Es stand ganz wackelig auf seinen Beinen, war aber sofort ganz zutraulich und hinterließ auch gleich ein Wässerlein auf dem Teppich. Seiner Sache nicht ganz sicher, beeilte sich mein Mann zu sagen, daß er das Hundle natürlich wieder zurückgeben könne. Im Gegensatz zu meinem Mann hatte ich noch nie Umgang mit Hunden, doch der kleine Kerl ward sogleich ins Herz geschlossen, und so waren wir plötzlich stolze Hundebesitzer. Einig waren wir uns auch sogleich, daß so ein Dackel einen bayerischen Namen bekommen mußte, und er bekam ihn, den Namen „Wasti".

Mein Mann liebte ja die bayerische Sprache. Wie andere Menschen Altertümer sammeln, so hatte er seine helle Freude, wenn er von alten Münchnern echte bayerische Ausdrücke zu hören bekam. Er hatte eine gute Begabung, sich das alles zu merken und manchmal zu verwenden. Er war ja überhaupt glücklich, in Bayern und München leben zu können. Nach jeder längeren Reise ins Ausland versicherte er, „daheim ist's am schönsten", was natürlich nicht ausschloß, daß es ihn nach kurzer Zeit wieder hinauszog in die Ferne.

Der Herr und sein Wasti waren nun unzertrennlich. Wasti durfte überall mit, zu Fuß, im Auto, zum Filmen ins Versteck, in die Stadt, ins Ausland. Sogar ins Kopierwerk! Obwohl da Hunde nichts verloren hatten, und es eigentlich verboten war, wurde bei Herrn Schuhmacher ein Auge zugedrückt, „da er dann wohl auch nicht gekommen wäre". Wasti kannte sich aus in den langen

Gängen und den vielen Türen, er wußte, vor welcher Schublade es sich rentierte, Männchen machend zu warten. Und natürlich nie umsonst. Es war ihm anscheinend die bequemste Haltung, auf den Hinterpfoten mit dem Schwanz als Stütze zu sitzen, die Vorderpfoten artig an die Brust gelegt und mit dem schiefgehaltenen Köpfchen umherblickend. Oder im Auto, sich noch mit einer Pfote am Fenster abstützend, um nach Hunden und Kühen Ausschau zu halten, sich dann aus sicherem Hinterhalt fürchterlich wild zu gebärden und zu bellen. Angefeuert vom Herrchen durch die Bemerkung: „Ja so ein Frecher!" Da waren sie dann ein Herz und eine Seele.

Ebenso wild benahm Wasti sich beim Ertönen der Hausglocke, um dann beim Öffnen in ein Freudengeheul auszubrechen, auch wenn da ein Einbrecher gestanden hätte.

Wurde ein Koffer gepackt, verzog Wasti sich in sein Körbchen; denn die Erfahrung hatte ihn gelehrt, daß Herrchen wahrscheinlich auf längere Zeit verschwand. Aber dann, wenn es hieß, „das Herrle kommt", ging er nicht mehr von den Fersen. Wenn er dann am Flughafen sein Herrchen erblickte, vielleicht noch im Zoll, übertönte das Freudengeheul jede Ansage, und die Zöllner bedeuteten dann meinem Mann, mit Wasti samt unkontrolliertem Gepäck so schnell wie möglich zu verschwinden.

Diese große Liebe seines Hundes zum Herrn und umgekehrt ist ja wahrscheinlich einigermaßen natürlich — aber ich möchte sagen: bei diesen beiden war's schon noch ein wenig mehr.

So gingen beide nicht ohne einander in den Garten. Immer am Morgen und Abend machten sie die Runde und dann waren sie Aug' und Ohr! Hier ein Mausloch, das aufgegraben wurde! Vom Herrchen wurde dann das Mäulchen wieder von der Erde befreit. Dort ein Igel oder eine Blindschleiche, die verbellt werden mußten, oder gar eine Katze, die sich auf den Baum flüchtete. Es war lustig anzusehen, wie Wasti nie den Versuch unterließ, auch den Baum zu erklettern oder eine Amsel zu fangen, vielleicht dem Herrchen zuliebe, der es nicht lassen konnte, ihn anzustiften. Dann ging's unterm Zaun hindurch, hinaus auf die Felder, um alle Mäuselöcher zu inspizieren. Er suchte die ihm gemäße Beute, sah aber jeden Moment auf, ob das Herrchen noch geduldig wartend hinterm Zaun stand, um dann beim ersten Pfiff zurückzukommen.

Der Stolz des Herrn auf seinen folgsamen Hund war immens. Besonders auch, wenn Jagdfreund Karl den Wasti aufforderte, die Spur von Wildsauen aufzunehmen. Die beiden Hunde des Jägers gingen durch, während Wasti wieder zurückkam.
Dabei war Wasti kaum zu halten, wenn es zum Wochenende in den Forst ging. Er kannte das genau an der Kleidung, und insbesondere der Mantel des Herrle war auch seiner. Er hatte ihn zum Fressen gern in des Wortes wahrster Bedeutung. Das Fraule mußte die ausgebissenen Stücke wieder ausbessern, keiner der beiden konnte diesen Mantel entbehren. Sooft ich diesen Lodenmantel auch verschwinden ließ (ich getraute mich sowieso nicht, ihn wegzuwerfen), mußte ich dieses wichtige, seltene Museumsstück wieder herausrücken. Für beide Kumpel war er Decke, Unterlage im Versteck, im Zelt, auf dem Hochsitz und lieber fror das Herrle, wenn auch Wasti oft bei kalter Morgendämmerung mit ihm im Versteck vor scheuem Wild lauerte. Er wußte, worauf es ankam, und machte keinen Mucksер, auch wenn sich z. B. balzende Trappen noch so erregt gebärdeten, oder wenn Rehe vorbeizogen und Hasen umherhoppelten, nur durch die dünne Zeltleinwand getrennt. Es bedurfte keiner Ermahnung und keines Wortes, Herr und Hund waren eines Sinnes.
An einem sonnigen Sommertag, vormittags zehn Uhr, stand plötzlich mitten im Garten vor der Terrasse ein abgerissener Handwerksbursche. Auf die Frage, wieso er da hereinkäme, war die Antwort, daß er drüben unter den Rhododendronbüschen genächtigt hätte. Zwei Stunden davor waren Herr und Hund zwei Meter davon entfernt vorbeigegangen und Wasti hatte nichts bemerkt. Das war ja nun eine Niederlage, die der Herr von seinem Hochgeschätzten hinnehmen mußte. Aber auch das konnte seiner großen Liebe zu seinem Hund keinen Abbruch tun.
Alte und neue Freunde und Bekannte, die zu Besuch kamen, mußten das Thema „Wasti" über sich ergehen lassen, ob sie es hören wollten oder nicht. Und Wasti saß dann dabei auf seinem Hintergestell, seine klugen Äuglein wanderten von einem zum andern, und er merkte wohl, daß da sein Herrle seine Ruhmestaten pries, und war sich seiner Wichtigkeit bewußt.
Es war auch nötig, daß er auf gleicher Ebene mit uns am Eßtisch saß, und so mußte eine Eckbank her. Wenn dann das Wort

„Essen" ertönte, lief Wasti sofort in den Arbeitsraum, ums Herrle, notfalls einige Male mit Gebell, aufzufordern, nun doch endlich zu kommen und um dann neben ihm am Tisch zu sitzen. Zwei Pfötchen am Tischrand, sog er genüßlich alle Gerüche ein, die da aus den Schüsseln aufstiegen. Zu Wastis und seines Herrn Ehre muß gesagt werden, daß der Kleine bei Tisch kein Bettler war. Auch wenn ihm ein Happen vor die Nase gelegt wurde, nahm er hier nichts. Er drehte den Kopf weg. Erst durch überzeugendes Zureden „das ißt das Herrle, das ißt das Fraule, das kann der Wasti auch essen", war dann seine Geste, „na dann tu's halt her" und nahm's behutsam von der Hand des Herrle, und dem schwoll die Brust ob seines enormen Einflusses. Es war schwer, mit beiden nicht glücklich zu sein.

Seinen Futternapf verteidigte Wasti allerdings gegen jedermann. Es war gut, ihm den Napf nicht wieder wegzunehmen, ehe er leer war. Übriggebliebene Knochen brachte er sofort in Sicherheit und vergrub sie im Garten. Sah er sich dabei beobachtet, grub er den Knochen wieder aus, um ihn anderswo zu verstecken. Ging man ahnungslos vorbei, wo er gerade seine Beute, etwa gar einen Pfannkuchen, seine Lieblingsspeise, versteckt hatte, so konnte er vor Aufregung selbst das Herrle ins Bein zwicken. Da hatte er dann allerdings ein sehr schlechtes Gewissen und verzog sich. Verwöhnt wie ein Einzelkind, gönnte er sogar seinem Hundefreund Rexi sein Futter nur, wenn es ihm garnicht schmecken wollte. Obwohl der ihn von klein auf gegen die großen Hunde verteidigte.

Wasti konnte es nicht lassen, große Hunde anzukläffen, und das bekam ihm ein paarmal ganz schlecht. Bis er sich umsah, hingen ihm zwei Zähne blutend heraus. Ein andermal wurde ihm die linke Flanke aufgerissen und er mußte genäht werden, was sehr schlimm war. Besonders dann mit den Arztbesuchen. Fünfhundert Meter vom Haus des Tierarztes entfernt machte er immer schon kehrt und es bedurfte aller List, ihn hineinzubringen. Wie gut, daß das Herrle diese Geschichte nicht miterlebte, da er gerade verreist war. Die Sache hätte ihm womöglich noch mehr zugesetzt als dem Betroffenen. Dennoch konnte der Herr seinen Hund dann immer daran erinnern: er tippte an die verletzte Stelle und sagte „Niederlage erlitten", worauf Wasti prompt knurrte. Der kleine

Bursche hielt eben mit seiner Meinung nie hinter dem Berg, er war genau wie sein Herrle, was auch seltenere Besucher, wie sein Freund aus Zürich, spontan feststellten.

Direkt glücklich war mein Mann, wenn ich Wasti ein wenig verwöhnte. So, wenn ich auf dem Sofa lag und Wasti am Boden vor mir saß und bettelte, auch heraufkommen zu dürfen. Wasti maunzte: „mm mm" — „nein" — nach 5 Minuten wieder — „mm — mm" — „nein". Mein Mann: „Wie kannst du nur so herzlos sein?" Wieder „mm" — dann öffnete ich den Arm — und schon war Wasti hineingeschlüpft — und kurz darauf schnarchten beide. Wenigstens stellte dies mein Mann hinterher befriedigt fest.

Wasti versuchte auch immer wieder, wenn ich die Schlafzimmertüre öffnete, sich hineinzudrücken und ins Bett zu gelangen, was jedoch am energischen Widerstand meinerseits, nicht etwa des Herrle, scheiterte. So kam halt Wasti alle paar Stunden des Nachts an die Türe und sog an einer Türecke mit furchtbar lautem, schnurrendem Geräusch die Luft an, um sich zu vergewissern, ob wir ihm während seines Schlafes nicht entwischt wären. Die bewußte Türecke war häufig schwarz von seiner nicht immer sauberen Hundenase.

Wasser schätzte er nicht, und so machte er ums Herrle ausnahmsweise einen großen Bogen, wenn er sich wieder einmal in einer für ihn duftenden Materie gewälzt hatte und er von der vertrauten Hand mit Wasser und Bürste bearbeitet worden war. Beleidigt für eine Weile, verzog er sich in sein Körbi. Dieses war ja sein ureigenstes Territorium, das all sein Eigentum wie Ball, Knochen, alte Wollappen, die letzten Reste einer ganzen Decke, die er aufgearbeitet hatte, sowie Herrlis Hausschuhe barg.

Bei Regenwetter verspürte er nicht die geringste Lust, mal draußen ein Bein zu heben. Herrli packte ihn dann wohl oder übel, schweren Herzens, um ihn hinaus zu stellen in den Regen, hatte aber vollstes Verständnis, wenn er ihm zwischen den Beinen schon wieder bei der Haustür hereinwischte.

Nur einmal stürzte Wasti sich todesmutig vom Ufer des Sees ins Wasser, als Herrli vom Kahn aus ins Nasse tauchte. Er glaubte wohl, ihn retten zu müssen. Späterhin hatte er diese Angst nicht mehr, da ihm von seinem Herrle jedesmal versichert wurde, daß er bestimmt wieder zu ihm zurückkäme. Wasti beschränkte sich dann auf unentwegte Beobachtung der Seinen im Wasser. Meistens verzichtete auch das Herrle auf das kalte Naß in unseren Breiten — es ging ihm wie seinem Hundle.

Es war immer belustigend, die Eifersucht von beiden zu beobachten. Trennten sich unterwegs unsere Wege, so war Wasti oft im Dilemma, wohin er sich wenden sollte. Aber er war sich dann schon immer bewußt, was er seinem Herrle schuldig war.

Da war in Passau ein zahmer Gockel, der sich von meinem Mann streicheln ließ und das Körnerfutter aus seiner Hand nahm. Das war zuviel für Wasti, er verdrängte das Gockelvieh und fraß das Körnerfutter selber. Auch wenn Opa Schuhmacher sich mit seinen Enkelkindern am Boden balgte, war Wasti immer sofort da, bohrte sich dazwischen oder schnappte sich den Ball beim Spiel mit den Kindern und trug ihn in sein Körbchen — Schluß! Er duldete eben keine fremden Götter neben sich. Das Herrle gehörte nur ihm und umgekehrt möchte ich fast meinen, war es genauso.

Und darum war es auch unglaublich traurig anzusehen, wie mein Mann darunter litt, als Wasti ernstlich krank wurde. Während mein Mann noch in die Apotheke eilte, um für ihn eine lindernde Medizin zu holen, verkroch Wasti sich mit letzter Kraft unter Herrlis Schreibtisch und starb. Er war fast dreizehn Jahre alt geworden.

THOMAS SCHULTZE-WESTRUM

Leierschwänze, Paradiesvögel und Wildziegen

Ich lernte Eugen Schuhmacher 1949 bei einer ornithologischen Exkursion des Bundes Naturschutz in Bayern am Speichersee bei München kennen. Ich war gerade 12 Jahre alt geworden und hatte kurz zuvor entdeckt, daß es außer den von mir geradezu verschlungenen Bücherzoologen Brehm und Löns auch Zoologen in der Gegenwart gab: durch einen Zufall war ich zu einer ähnlichen Exkursion in den Nymphenburger Schloßpark gestoßen, die der langjährige Mitarbeiter des Bundes Naturschutz Dr. Philip Lehrs führte. Ich plagte diesen so sehr mit Fragen, daß er sich meiner annahm und mich mit Eugen Schuhmacher bekannt machte. Beide arbeiteten schon zur damaligen Zeit viel gemeinsam an Naturschutzproblemen, etwa an der Erhaltung der Donauleiten unterhalb von Passau und des Steinadlers in den Nordalpen. Ich durfte dann Eugen Schuhmacher mehrmals besuchen. Er wohnte noch in Sendling. Die vielen exotischen Gegenstände, die von den Reisen mit Professor Hans Krieg nach Südamerika stammten, beeindruckten mich natürlich sehr: da waren die ausgestopften Arapapageien, ein Lederlasso der Gauchos, Schmuckketten mit bunten Samen. Eugen wurde für mich zur zentralen Figur meiner Interessen an Tieren und fernen Ländern. Seine Erzählungen und die herzliche Art mir gegenüber vermittelten eine tiefe Bindung. Es stand schon zu der Zeit fest, daß ich Zoologe werden würde, und natürlich war meine Vorstellung von diesem Beruf geprägt durch sein Schaffen und seinen Wirkungskreis. 1952 entstand dann Eugen Schuhmachers klassischer Naturschutzfilm „Natur in Gefahr".

Einige Jahre vergingen. Eugen unternahm ausgedehnte Reisen in den Himalaja und nach Kanada, die je einen abendfüllenden Film erbrachten. Ich begann mein Studium an der Uni und machte zusammen mit meinem Freund Wilfried Weigand Reisepläne. Zunächst hatten wir uns auf zoologisch bisher unerforschte Inseln im

Mittelmeer konzentriert — erstaunlich, daß es so etwas noch vor wenigen Jahren gab. Von einer dieser Fahrten brachten wir einige Geckos mit, die dann jahrelang frei in Eugens Arbeitszimmer in Grünwald lebten und mit Mehlwürmern aus hauseigener Zucht versorgt wurden. 1957 begannen Wilfried Weigand und ich mit den Vorbereitungen zu einer Reise nach der zweitgrößten Insel der Erde, nach Neuguinea. Wir ließen uns von Hapag Lloyd Kostenaufstellungen schicken, merkten aber bald, daß wir es vorerst finanziell nicht schaffen würden.

Die große Wende für mich kam, als Eugen Schuhmacher seine wichtigste Lebensaufgabe in Angriff nahm, die letzten großen Tierparadiese der Welt in einem Film zusammenzufassen. Nur wenige vermögen sich klarzumachen, welch ungeheuerer Pioniergeist, welche physische Arbeitskraft und Zähigkeit erforderlich waren, ein solches Vorhaben zu verwirklichen, trotz der gewährten Unterstützung durch internationale Naturschutzorganisationen, die ja nur abstrakter Natur sein konnten. Wir alle wissen, daß es Eugen Schuhmacher geschafft hat, diese Pläne unbeirrt und im wesentlichen auf sich selbst gestellt in jahrelangen Reisen durch alle Erdteile in die Tat umzusetzen. Der erste Abschnitt des Unternehmens sollte Australien, Neuseeland und auch Neuguinea umfassen.

Zwei Tage vor Weihnachten 1958 rief mich Eugen an, ob ich nicht Lust hätte, ihn und seine Frau auf dieser ersten Etappe zu begleiten. Das Angebot war so aufregend, daß ich von da an nurmehr an die Expedition denken konnte, und als durch Zuwendungen meiner Mutter und der Studienstiftung des deutschen Volkes die Finanzierung gesichert war, begannen die endgültigen Vorbereitungen. Von den Verhältnissen in fremdartigen Ländern wie Neuguinea kann man sich so schwer eine Vorstellung machen, daß die Auswahl der richtigen Ausrüstung nicht einfach ist. Am 28. April 1959 war es dann soweit: Eugen und Maria Schuhmacher und ich fuhren mit der Bahn nach Genua, wo uns die ersten Schwierigkeiten mit der Zollabfertigung erwarteten, bis wir dann an Bord des holländischen Passagierdampfers „Oranje" gehen konnten. Während der nächsten vier Wochen hatten wir genug Gelegenheit, um uns Stufe für Stufe an tropisches Klima zu gewöhnen. Doch nach dem Passieren der Tropenzone mit den Sta-

tionen Colombo, Penang, Singapore und Djakarta kamen wir wieder in rauhere Klimabereiche, als die „Oranje" im großen Bogen um West- und Südaustralien nach Melbourne steuerte.
Wenige Tage später gingen wir in Sydney an Land und waren froh, wieder festen Boden unter den Füßen zu haben. Unsere gesammelten Kräfte konnten wir jedoch nicht, wie vorgesehen, sogleich für Filmaufnahmen der Leierschwanzbalz in einem Nationalpark nahe der Stadt verwenden. Sie waren voll erforderlich, um erst einmal die Ausrüstung aus dem australischen Zollgewahrsam herauszubekommen. Mehr als zehn Tage, unter Assistenz eines sehr geschickten Speditionsagenten, mußten wir um die Freigabe der Kameras, Filmrollen und anderer Gegenstände kämpfen. Die deutsche Agfa-Vertretung in Sydney stand uns ebenfalls hilfreich zur Seite und so konnten wir schließlich doch noch zu den Leierschwänzen aufbrechen. Es war nun Anfang Juni und herbstliches Wetter bestimmte die Eukalyptus- und Baumfarnwälder, wo die Leierschwanzmännchen auf freigekratzten Balzplätzen ihre Federpracht entfalteten. Eugen und ich hausten im Zelt und Maria wohnte in einem Rasthaus am Rande des Nationalparks, von wo sie fast täglich den langen Fußmarsch zu uns zurücklegte. Leider waren die Geländeverhältnisse hier zu ungünstig, um gute Aufnahmen von der Balz zu bekommen und so blieb die erste Ausbeute unbefriedigend. Erst Jahre später gelang es Eugen Schuhmacher zusammen mit Helmut Barth, bei Melbourne bessere Aufnahmen zu machen. Unmittelbar vor der Abreise nach Neuguinea erreichte uns die Nachricht, daß Wilfried Weigand, mit dem ich die Reise ursprünglich geplant hatte, tödlich verunglückt sei.
Der Nachtflug von Sydney nach dem australisch verwalteten Teil der Insel Neuguinea dauerte acht Stunden. In der Morgendämmerung tauchte aus tiefhängenden, rötlich getönten Wolkenfeldern ein Streifen Korallensee auf, dann erschien die graugrüne Eukalyptussavanne, aus der Rauchsäulen aufstiegen. Als nach der Landung die Tür der Maschine geöffnet wurde, schlug den aus der herbstlichen Kühle kommenden Passagieren trotz des frühen Morgens eine Welle feuchtheißer Tropenluft entgegen. Neuguinea trug damals noch die Züge eines echten Pionierlandes und man brauchte spezielle Papiere, um überhaupt einreisen zu dürfen. Ausgedehnte

Gebiete waren von der australischen Administration als sogenannte „restricted areas" völlig jedem Fremden verschlossen, damit die dort lebenden Papuas möglichst behutsam von Regierungsbeamten an die Außenwelt angepaßt werden konnten. Heute steht diese östliche Hälfte der Rieseninsel an der Schwelle zur politischen Selbständigkeit, und es ist kaum vorstellbar, welcher Wandel sich in diesen vierzehn Jahren im Lande vollzogen hat.
Es war von tieferer Bedeutung, daß Eugen sein großes Filmwerk gerade hier intensiv begann: Neuguinea ist das am spätesten erschlossene Gebiet unserer Erde und seine tropischen Regenwälder, Bergwälder, Savannen, Sümpfe, Ströme und Seen gehören zu den kostbarsten und unberührtesten Naturlandschaften überhaupt, mit einer Tierwelt, die reich ist an sonderbaren Beuteltieren und den farbenprächtigsten Vögeln — von denen die Paradiesvögel nur die bekanntesten sind. Für Schuhmacher stand schon damals fest, als niemand im Lande selbst an eine Bedrohung dieses natürlichen Reichtums dachte, daß eines Tages auch diese heile Welt aktiv zu beschützen sein wird. Um dafür in den zivilisierten Ländern wirksam eintreten zu können, war es unumgänglich, diese Landschaft, diese Tierwelt und besonders die Paradiesvögel im Filmbild festzuhalten.
Es war äußerst schwierig, Filmaufnahmen von freilebenden Paradiesvögeln zu machen, denn die Männchen der Gattung *Paradisaea* führen ihre gemeinschaftlichen Balzspiele meist in der ersten Morgendämmerung, wenn das Licht noch nicht ausreicht, in den höchsten Baumwipfeln auf. Im zentralen Hochland half uns Fred Shaw Mayer, sicherlich der beste Kenner dieser Vögel, indem er uns Papuas als Führer mitgab und viele Einzelheiten aus dem Verhalten der verschiedenen Arten berichtete. Auch Missionare der deutschen Lutherischen Mission in Neuguinea gaben uns sehr wertvolle Unterstützung und wir fanden auf ihren Stationen gastliche Aufnahme. So gelang es Eugen, von mehreren Arten der im Hochland heimischen Paradiesvögel ganz hervorragende Aufnahmen zu drehen, teilweise aus hoch in Bäumen gebauten Verstecken heraus. Maria Schuhmacher begleitete ihren Mann mehrere Monate lang im Busch. Leider konnte ich nicht überall mit dabei sein, da mich eine schwere Malaria tropica zwang, ins Hospital zu gehen. Anschließend machte ich meine von der Studienstiftung un-

Abb. 62 Pelikane an der Küste von Chile

Abb. 63 Einer der wenigen Kraniche in Deutschland

Abb. 64 Ein stolzer Marabu

Abb. 65 Biberspuren im Schnee an der Gründlach bei Nürnberg

Abb. 66 Koala-Bär auf einem Eukalyptus-Baum in Australien

terstützten zoologischen Untersuchungen an der Südküste und traf mich mit Eugen erst wieder auf dem Rückflug nach Australien. Hier half ich ihm, Schnabeltiere und Ameisenigel zu filmen. Maria war direkt von Neuguinea nach Hause geflogen.
Daheim nahm mich das Studium von nun an zu sehr in Anspruch, um noch weiter aktiv an dem Projekt „Die letzten Paradiese" mitwirken zu können. Später unternahm ich drei weitere Reisen nach Neuguinea, das meine wissenschaftliche Arbeit bis heute bestimmt hat. Doch in Griechenland wollten wir noch ein Projekt gemeinsam durchführen: Auf Kreta leben die letzten echten Wildziegen Europas in ihrem natürlichen Lebensraum, selbst von der Fachwelt kaum beachtet und vorher noch nie in Farbe gefilmt. Für die Fernsehreihe „Auf den Spuren seltener Tiere" und für den abendfüllenden Kinofilm „Europas Paradiese" wollte Eugen mit mir im Herbst 1969 zu den Wildziegen fahren. Ich kannte die Tiere von früheren Reisen her sehr gut und freute mich schon auf diese Arbeit. Da aber erkrankte Eugen ernstlich und mußte seine Pläne verschieben. Freimut Kalden übernahm die schwierige Aufgabe, in den Weißen Bergen die Filmaufnahmen für ihn zu drehen. Wir planten aber für später doch noch eine gemeinsame Fahrt nach Kreta. Leider wurde daraus nichts mehr. Unsere letzten Gespräche kamen immer wieder auf Neuguinea zurück, das Eugen so gerne nochmals mit seiner Frau besucht hätte, da es am Anfang seines größten Lebenswerkes stand.

ADOLF SCHUSTER

Bei Missionaren in der Südsee

Neuguinea faszinierte mich! Im November 1957 war ich als junger evangelischer Missionar nach Neuguinea gekommen und hatte meine Einführungszeit auf der fruchtbaren Vulkaninsel Karkar verbracht. Die tropische Vegetation der Küstenstriche, die steilen Berghänge und tiefen Schluchten mit den herrlichen Wasserfällen, sowie die Tier- und Pflanzenwelt hatte ich bereits auf vielen Reisen kennengelernt. Noch interessanter jedoch waren für mich die Menschen dieser zweitgrößten Insel der Welt. Im Jahre 1958 war ich an die zentrale Missionsschule Baitabag nahe der Hafenstadt Madang gekommen und hatte bald guten Kontakt zu den Schülern und einheimischen Lehrern. Darunter waren auch zwei junge Burschen aus dem Hochland. Schon oft hatte ich vom Hochland Neuguineas gehört, das sich von der Küste in so vielem unterscheiden sollte. In den Gesprächen mit meiner Braut, die damals noch im Missionshospital Yagaum tätig war, ergab es sich fast von selbst, daß wir unsere Hochzeitsreise im Juli/August 1959 ins Hochland machen würden. Nie werde ich die erste Woche im westlichen Hochland vergessen, wo uns auf Schritt und Tritt die mit ihren Federbüschen wippenden Hagenleute umgaben, bekleidet mit Rindengürteln und Schweineschwanz-Schürzen, oder auch mit langen, herunterhängenden, von Dreck starrenden Netzschürzen. Nach einer Woche kamen wir nach Ogelbeng auf die Station von Missionar H. Strauß, einem der besten Kenner der Medlpasprache und der Kultur dieses Stammes. Wir wollten viel erfragen in der kurzen Zeit unseres Aufenthaltes.

Es war am 5. August 1959, wir wurden in die Stube gebeten und einem Besuch vorgestellt, Herrn und Frau Schuhmacher aus München. Herr Schuhmacher, so wurde uns gesagt, wolle Filme über Neuguinea drehen. Es dauerte nur wenige Minuten, bis wir in ein lebhaftes Gespräch verwickelt waren. Wir diskutierten über Sitten und Gebräuche der Menschen, über die Aufgaben der Mission und die Haltung der Regierung. Sehr bald wurde mir klar, hier war ich einem Mann begegnet, der Neuguinea mit offenen Augen und ganzem Herzen erlebte. Er erzählte von dem gelben Paradiesvogel im Jimital, der nur in einer Höhe von etwa 1500 Metern lebt, und den Hagenäxten, die von den Leuten mit viel Geschick im Fluß geschliffen werden. Immer wieder lobte er seinen Gastgeber, Missionar H. Strauß, der keine Mühe gescheut hatte, ihn zum richtigen Platz zu bringen. „Da merkt man erst, wie wichtig der Kontakt zu Menschen ist", sagte Eugen Schuhmacher, „Herr Strauß hat ihn, die Leute des Landes vertrauen ihm und akzeptieren mich, weil ich mit ihm gekommen bin." Dazwischen ließ Eugen Schuhmacher sein Tonband laufen und wir spürten, wie glücklich er über diese Aufnahmen war, die Gesänge der Hagenleute, diese urwüchsigen Rufe. Plötzlich hörten wir Schnalzen und Vogelstimmen, da war Eugen Schuhmacher nicht mehr zu halten. Er erzählte begeistert von der Paradieselster, diesem bis zu 80 cm langen Vogel mit seinem schwarzen Schwanz und weißer Spitze. Er erzählte von den Stunden geduldigen Wartens und der Belohnung dafür! Eugen Schuhmacher war so erfüllt von allem, daß wir gegen Mitternacht das Gespräch abbrachen. Erst beim Auslöschen der Petroleum-Lampen bemerkten wir die vielen Insekten und Nachtfalter, die sich an den Fenstern gegen das Licht drückten.

Am nächsten Tag schmiedeten wir gemeinsam Pläne für Madang. Vier Wochen später waren Schuhmachers die ersten Gäste in unserem kleinen Wellblechhaus in Baitabag. Wir begrüßten uns wie alte Bekannte und waren bald über der Planung der nächsten Tage. Drei Ziele wurden gesetzt, zwei Tage konnte ich mir dazu freinehmen. Im Hinterland von Baitabag gibt es den seltenen „Ugel", die Krontaube, die größte Taube der Welt, mit ihrem blaugrau gemaserten Gefieder. Einige meiner Schüler hatten solch eine Krontaube am Vortag beobachtet. Eugen Schuhmacher scheute keine Mühe und keinen Weg, um an diesen Vogel heranzukommen. Völlig durchschwitzt, gepeinigt von Moskitos und Ameisen, mußten wir am Ende des Tages die Suche aufgeben, die Krontaube hatte sich im Dschungel verborgen. Auf dem Heimweg kamen wir durch die Schülergärten, in denen neben Taros, Jams und Hülsenfrüchten auch Bananen und Zuckerrohr standen. Einer der Jungen hieb ein Stück Zuckerrohr ab und gab es Eugen Schuhmacher, in-

dem er zu mir sagte: „Der Mann hat viel Schweiß und Kraft verloren, das Zuckerrohr wird ihm guttun!" Obwohl das Buschmesser nicht gerade sauber war, machte sich Eugen Schuhmacher erfreut an den herrlichen Saft.
In der Nähe unseres Hauses stand ein großer Baum, auf dem unzählige Webervögel genistet hatten. Das Filmen dieser Vögel war das nächste Ziel. Sabai, einer der Schulpräfekten, hatte sich anerboten zu helfen. Nach vier Stunden Aufnahmearbeit sagte Sabai: „Dieser Schuhmacher hat mehr Geduld als die Todesotter!" (Das ist eine Giftschlange, die mit ihrem dünnen Schwanz Tiere anlockt.) Wenn wir später dem lustigen Treiben der Webervögel vor unserem Haus zuschauten, mußten wir immer wieder an Eugen Schuhmacher denken. Auch Pflanzen filmte unser Gast. Sabai half ihm, die schweren Geräte zu tragen. Die Süßkartoffeln, chinesische Taros mit ihren riesengroßen Blättern, die oft als Schattenschirme von den Schülern getragen werden, Tapioka und ganz besonders die Kapokbäume erregten das Interesse des filmenden und meist von Schweiß triefenden Eugen Schuhmacher. Nie werde ich den Nachmittag vergessen, an dem wir die letzten Aufnahmen am Rande der Station im dichten Urwald machten. Schuhmacher kämpfte mit den Moskitos, die ihn in Schwärmen umlagerten, mit den Ameisen, die sich zu Hunderten an seinen Hosen emporarbeiteten, und er kämpfte mit dem weichen Boden, der immer wieder nachgab. Dabei redete er auf uns ein und war dauernd bestrebt, sein Objekt aus einem besseren Winkel heraus zu fotografieren. Ich konnte ja alles verstehen, was er uns zurief, aber Sabai, den er ebenso intensiv ins Gespräch verwickeln wollte, hatte sicher seine Not mit dem Mann, der ihm erzählte, dann wieder Anweisungen gab in einer Sprache, von der Sabai nur einige Brocken verstand, weil sein Vater als Junge bei der deutschen Kolonialregierung gedient hatte. Dennoch nickte Sabai eifrig, brachte Eugen Schuhmacher einen bestimmten Stock oder bog eine Liane aus dem Blickwinkel, ganz so als würde Sabai genau verstehen. Erst nach geraumer Zeit drehte sich Schuhmacher verwundert um und fragte: „Habe ich nun tatsächlich deutsch zu dem Jungen gesprochen?" „Ein, swei, drei" zählte Sabai zur Antwort und wir brachen alle in ein verstehendes, frohes Lachen aus.
Am letzten Morgen machten wir noch eine Kanufahrt durch die

Lagunen und die weitverzweigte Flußmündung des Meiro. Weit hingen die Mangroven ins Wasser. An den Sagopalmen tauchten viele Eidechsen auf, die aber schnell wieder verschwanden, wenn wir näher kamen. Beeindruckt zeigte sich unser Gast von der Behutsamkeit, mit der unsere Schüler das Kanu steuerten und durch weiches Eintauchen der Paddel ruhig über das Wasser gleiten ließen. Jondik, der Steuermann, sagte mir später: „Sein (Schuhmachers) Innerstes war ganz von der Umwelt gefangen, da wollten wir ihn nicht stören." Als sie dann doch an einem unter dem Wasser liegenden Zweig angestoßen waren, wäre Jondik beinahe aus dem Kanu gesprungen, um so die Last zu verringern und das Boot ohne große Erschütterung für den filmenden Mann zu manövrieren.

Beim Abschied lud uns Eugen Schuhmacher nach München ein mit den Worten: „Wir haben zwar kein so herrlich blaues Meer vor der Tür und auch nicht den Blick auf die Inseln und das aus dem Meer aufsteigende Finisterre-Gebirge mit seinen fast 4000 Meter hohen Gipfeln, aber ich kann Sie viele Schönheiten Neuguineas und anderer Länder in Bildern und Filmen erleben lassen."

Nur einige Male war es uns vergönnt, Gäste von Schuhmachers zu sein. Zu meinen Lichtbildervorträgen im Oktober 1965 und Januar 1972 in München war er zugegen und erfreute die Zuhörer mit netten, humorvollen Erinnerungen aus Neuguinea. Als ich das letzte Mal zu Vorträgen nach München kam, wurde Eugen Schuhmacher zu Grabe getragen.

Wir haben in den 14 Jahren in Neuguinea viele Gäste bewirtet, unzählige Stunden geplaudert und die, die es wünschten, viel von unserer Umwelt, unserer Arbeit und unserem Leben dort miterleben lassen. Meist waren unsere Gäste völlig erschöpft, wenn ich sie durch den Busch, die Schulanlagen oder zu den Gemeinden mitnahm. Nur drei Besucher hatten nicht genug und scheuten keine Mühe, um noch mehr mitzubekommen. Eugen Schuhmacher war einer von ihnen.

ANNELIESE SCHWEND

Liebe zu Elchen

„Wenn Elche zu sehen waren, habe ich alles andere beiseite geschoben, bin ich ihnen nachgegangen. Nur einmal mußte ich vor einem brunftigen Elch ausweichen. Er war nicht gewillt, vor mir umzukehren, als wir uns plötzlich begegneten. Es waren aufregende Minuten." — So schrieb Schuhmacher in seinem Buch „Ich filmte 1000 Tiere" und in diesem Zusammenhang fällt mir jene Elch-Geschichte ein, die in mir große persönliche Achtung vor dem Tierfilmer wachrief.

Wir warteten seit Tagen auf die Ankunft des ersten Elchkalbes aus Schweden, das später einmal über unser Eingewöhnungsgehege zu Neustadt an der Donau in den Nationalpark Bayerischer Wald übersiedeln sollte. Schuhmacher, der sich ausnahmsweise gerade auf heimatlichem Boden befand, wollte die Gelegenheit wahrnehmen und diesmal auf bequemere und ungefährliche Weise unser Elchbaby filmen.

Eines Tages war es dann soweit; unser heißersehnter Zögling traf an einem kühlen Regentag ein und der telefonisch benachrichtigte Schuhmacher saß alsbald in seinem Auto und sauste von München nach Neustadt, um ja nicht den ersten Schritt von „Thomas" — so tauften wir das Elchkalb — auf bayerischem Boden zu versäumen. Die schwere Kiste mit „Thomas" hatten unsere Helfer bereits ins Gehege geschafft und alle standen gespannt um sie herum und schauten ungeduldig nach Schuhmacher aus — aber der ließ ganz schön auf sich warten. Er kam nicht und kam nicht, da mußten wir das Elchbaby leider ohne ihn aus seinem Gefängnis befreien, denn nach einer so langen anstrengenden Reise war das Tier doch recht erschöpft und hungrig.

Während wir dann alle möglichen Methoden ausprobierten, von einer normalen Babymilchflasche bis zur Kälbertränke, um „Thomas" seine Milch zu verabreichen, tauchte unvermittelt, vollbepackt mit Kameras und Stativen Eugen Schuhmacher auf. Wir hatten ehrlich gesagt mit seinem Kommen nicht mehr gerechnet und schrieben das dem schlechten, zum Filmen abträglichen Wetter zu. Doch er hielt sich nicht mit langen Reden auf, murmelte etwas Unverständliches von einem kleinen Malheur mit seinem Auto wegen der miserablen Verkehrsverhältnisse und in der nächsten Minute streichelte er schon „Thomas", sprach mit ihm, als wären sie seit eh und je enge Freunde.

Das Elchkalb stellte seine übergroßen samtweich behaarten Ohren auf, schaute den Mann mit seinen großen, verstörten Augen an und wurde immer ruhiger und zutraulicher. Ja, es hatte bald sogar nichts mehr gegen die ihm angebotene Milch einzuwenden, und Schuhmacher filmte, während „Thomas" gründlich seinen neuen Lebensraum inspizierte.

Erst am späten Nachmittag, nach stundenlanger anstrengender Arbeit, verabschiedete sich Schuhmacher wieder, belud sich mit seinen ganzen Arbeitsutensilien und strebte, nachdem er jede Hilfeleistung abgelehnt hatte, seinem verbeulten Auto zu.

Am nächsten Tag erfuhren wir: Eugen Schuhmacher hatte bei seiner Fahrt zu uns nach Neustadt einen Unfall gehabt – daher die verspätete Ankunft. Er zog sich dabei starke Prellungen zu ...

GERTRUD SIMMERDING

Wasti-Quasti im Fernsehstudio

Als ich Eugen Schuhmacher das erste Mal gegenüberstand, verspürte ich sehr rasch, daß man diesem Menschen mit der rauhen Schale um seines empfindsamen Kerns willen zugetan sein mußte. Schon beim ersten Gespräch merkten wir, daß wir zwar die gleiche Sprache sprachen, aber das Eis brach nicht sogleich. Für ihn zerfiel die Welt in zwei Hälften, in Menschen, die die Natur liebten, und solche, die es nicht taten. Letztere schieden aus seiner Interessensphäre freilich aus. Aber die Natur besteht ja nicht nur aus Himmel und Erde, Wasser und Land, sondern auch aus Tieren und Pflanzen. So ging das Teilen weiter, bis sich langsam die Spreu vom Weizen trennte und wir im Gespräch bei den Vielen anlangten, die sich zwar für Tierfreunde halten, aber nicht auch zu der Familie der Hundehalter und -freunde gehören. Auch sie wurden nur in Ausnahmefällen akzeptiert. Wirkliche Geltung kam nach Eugen Schuhmachers Ausleseverfahren jenen Hundenarren zu, deren Glück und Welt sich in den Augen eines Rauhhaardackels spiegelt.
Denn ein solcher stand neben dem großen, vergnügten und gemütlichen Mann mit der Pfeife im Mund, Wasti-Quasti, der Liebling seines Herrn. Und nun waren wir zwei Menschen bei unserer ersten Begegnung plötzlich ganz unwichtig, denn wir wußten beide, daß das weitere Geschehen nicht mehr von uns beiden abhing, sondern von ihm, dem schönsten, besten und gescheitesten aller Dackelhunde. Wie würde er sich verhalten? — Bellen, beißen? Wasti kam, beschnupperte mich eingehend, sprang an mir hoch und begrüßte mich wie einen alten Freund. Je intensiver Wasti an mir hochsprang, desto vergnügter wurde seines Herrchens Gesicht. Das Eis schmolz. Wir wußten, daß wir miteinander reden konnten, und so ist es während der achtzehn Jahre unserer Zusammenarbeit — lang hinaus über das kleine Hundeleben — auch geblieben.

Eugen Schuhmacher war einer der ersten Mitarbeiter des Familienprogramms im Fernsehen des Bayerischen Rundfunks. So wie Paul Eipper hatte er seine regelmäßig wiederkehrenden Sendereihen. Mit seinem herrlichen Filmmaterial, seinen gemütvoll schwäbelnden Kommentaren gewann er das Herz und die Zustimmung der vielen hunderttausend Zuschauer, die bald zu seiner beständigen Sehergemeinde wurden.
Eine „feste Einrichtung" im Studio wurde auch Eugen Schuhmachers steter Begleiter Wasti-Quasti, auch wenn er zunächst nicht auf dem Fernsehschirm erschien. Er bekam sein Platzerl am Rand der Dekoration, und unter den gestrengen Blicken seines Herrchens blieb er tatsächlich, wenn auch etwas vorwurfsvoll, ruhig dort liegen. Alle waren damit zufrieden. Ich auch. Nur schlich die Sorge immer öfter durch mein Gemüt, daß auch der edelste, beste und gescheiteste aller Hunde während der Sendung vielleicht eines Tages doch nicht ganz so brav liegen bleiben würde. Was dann?
1956 waren alle Sendungen des Familienprogramms Live-Sendungen. Es gab also kein Geräusch, keinen Laut im Studio, den nicht im selben Augenblick auch der Zuschauer wahrnehmen konnte. Nichts war korrigierbar, nichts, wie in den späteren Jahren, durch einen glatten Ampexschnitt einfach ungesehen zu machen. Was geschah erst, wenn Wasti-Quasti ganz und gar fehl am Platz Laut geben würde? Und was geschah, wenn der edelste, beste und gescheiteste aller Hunde während der Sendung einem inneren Drang folgend einen Baum zum Haxerlheben brauchte? Mir wurde immer bänger. Nichts dergleichen focht Eugen Schuhmacher an. Er war seines Hundes so sicher, daß ihm diese Gedanken vollkommen fern waren. Sein Hund folgte auf's Wort, nein, sogar auf jeden Blick, und somit war er beruhigt. Außerdem wurde Wasti-Quasti, bevor sich die großen Studiotüren schlossen, Gassi geführt, so konnte ja nichts passieren.
Aber wenn er vielleicht Hunger bekommen würde? Hier wenigstens konnte ich sein Bedürfnis steuern, auch wenn des Herrchens Protest mich davon abhalten wollte. Ich kaufte eine Rolle Keks und näherte mich Wasti-Quasti. Wir verstanden uns sofort; ein freundlicher Hundeblick besiegelte unsere Bundesgenossenschaft. Und der standhafteste aller Rauhhaardackel zeigte mir, daß man nicht erst hungrig zu sein brauchte, um sich vor der Zwangs-

ruhepause mit Butterkeks bestechen zu lassen. So wurde es mir zur Gewohnheit, wenn Minuten vor der Sendung das Herrchen beim Maskenbildner gepudert und getönt wurde, mich mit Wasti-Quasti in einem stillen Eckerl zu einem keksigen Bestechungsessen zu treffen. Wastis Liebe zu mir wurde immer stürmischer und leidenschaftlicher. Wir waren wie zwei Liebende mit einem wohlgehüteten Geheimnis. Kaum wurde Wasti meiner ansichtig, begann ein Jubelgebell. War dann sein Herrchen außer Sichtweite, saß er vor mir, machte Männchen, als ob er eine Stange verschluckt hätte. Jeder Reiter hätte ob dieser perfekten Rückenhaltung olympische Pluspunkte kassiert. Sobald Eugen Schuhmacher wieder aus den Händen des Regisseurs, Beleuchters, Toningenieurs, Aufnahmeleiters und aller sonst am Gelingen der Sendung Beteiligten entlassen war, lag sein Hund brav, ohne sich zu mucksen, mit einer Rolle Keks im Bauch auf seinem Platzerl. Sein Herrchen trübte nicht der leiseste Verdacht. Ein Dackelblick, der seine halbe Pupille himmelwärts versinken ließ, zeigte mir das völlige Einverständnis mit unserer Komplizenschaft. Dieser Bund überlebte ohne Anflug der geringsten Gefährdung auch die Beteuerung Eugen Schuhmachers, daß Wasti-Quasti so vorzüglich erzogen sei, daß er keinerlei Süßigkeiten annehme — nie und nirgends. Oh, hätte Eugen Schuhmacher nur geahnt, wie oft sein Hund und ich diese Feststellung in ihren Grundfesten erschüttert haben!
Er, der die seltene Gabe besaß, dem Wesen der Dinge nahezukommen und in die Natur hineinzuhorchen, war überzeugt, daß sein Wasti der edelste, beste, gescheiteste und auch folgsamste aller Dackelhunde war, solange bis ... Nun ja, um es gleich vorwegzunehmen, es war meine alleinige Schuld. Nach den zeremoniösen Vorbereitungen einer Sendung begann das Rotlicht aufzuflackern, das Studio wurde gesperrt. Ich ging auf Eugen Schuhmacher zu, stellte mich auf die Zehenspitzen, um ihm toi, toi, toi zu wünschen, eine Sentimentalität, die ihm trotz eines gequälten und mitleidigen Lächelns immer fremd blieb. Wasti lag auf seinem Platzerl, die Kameras waren auf sein Herrchen gerichtet, die Sendung hatte begonnen, wir waren — wie man so schön zu sagen pflegt — „in der Luft". Alles funktionierte bestens, Eugen Schuhmacher war „auf den Spuren seltener Tiere". In seiner ruhigen, gemütlichen und doch so engagierten Art erzählte er den Men-

schen in den engen Städten von der Freiheit und Weite der Natur, von dem Leben der bedrohten Tierwelt in ihren letzten Paradiesen. Im Regieraum hätte man eine Nadel fallen hören können, so konzentriert folgten alle seinem Bericht. Doch mich ritt der Teufel: Eben weil alles so vorzüglich klappte, wollte ich ins Studio schauen. Ich schlich auf den Zehenspitzen, unhörbar, bis ich ins Blickfeld von Wasti-Quasti kam. Kaum meiner ansichtig, sauste er zu mir, sprang an mir hoch, begrüßte mich, als ob wir uns lange, lange Zeit nicht gesehen hätten. Alle Kekse, vor wenigen Minuten verzehrt, waren vergessen. Während sich lähmendes Entsetzen auf alle Anwesenden legte, ging Wasti in Bettelposition und demonstrierte heftigen Kekshunger. Auf Eugen Schuhmacher blieben unbarmherzig die Kameraobjektive gerichtet. Mit drohenden Seitenblicken auf seinen Hund und dem verbindlichen Lächeln, das die Unruhe nicht zu verstehen schien, kämpfte er sich tapfer durch seinen Text, um nur ja nicht den Faden zu verlieren. Aber es war ein vergeblicher Kampf, der Faden wurde immer dünner und dünner, bis er riß und Eugen Schuhmacher kapitulierend seinen Platz verließ. Hunderttausende sahen ein Fernsehbild, dem der Hauptdarsteller fehlte. Ein leeres Zimmer, einen verlassenen Raum. Inzwischen packte Eugen Schuhmacher seinen Wasti mit geübtem Griff und nahm ihn in den Arm. Wenige Sekunden später sah man ihn wieder im Bild, immer vergnügter werdend, wie er die bellende Ursache seiner Flucht aus dem Blickfeld der Kamera vorstellte. Wasti-Quasti in Großaufnahme war von einer so hinreißenden Hundeunschuld, daß ihm keiner bös sein konnte. Alle, die wir um die Sendung noch kurz vorher gezittert hatten, freuten uns über das Gespann von Herrchen und Hund, die von diesem Zeitpunkt an bis zum Tod von Wasti-Quasti bei jeder Sendung gemeinsam im Bild waren. Unsere geheime Verschwörung bestand aber unverändert weiter, und ganz entgegen der heimlichen Liebe, die so oft in einer Tragödie endet, blieb unsere verschont von allen Versuchungen und Erschütterungen — und obgleich von da an Eugen Schuhmacher seinen Hund mit vor die Kamera nahm, fanden sich doch immer Mittel und Wege, vor der Sendung meine Kekse an den Hund zu bringen.

Trotz dieses glücklichen Ausgangs wich das Trauma der verpatzten Live-Sendung nicht von mir. Es war, als ob ich das Schicksal herausgefordert hätte. Einmal, zur Nachweihnachtszeit, als ich mit meinen Vorbereitungen für das vergangene Fest einige Tage im Verzug war, nahm ich meine Handarbeit, ein verspätetes Geschenk, mit ins Studio und versuchte, gegen die Nervosität anzustricken. Leise, leise natürlich, das dünne Scharren der Stricknadeln mit der Hand dämpfend. Gebannt durch die einzigartigen Filmaufnahmen aus Neuguinea, die Eugen Schuhmacher mit der Begeisterung eines stolzen Vaters präsentierte, sah ich zum Monitor. Daß mir dabei eine Stricknadel entglitt, merkte ich erst, als sie klirrend am Boden aufschlug. Eugen Schuhmacher faßte sich schneller: „... und so hat der Balzruf dieser Paradiesvögel einen eigenartigen metallischen Klang", fuhr er fort. — Hier siegte der bewährte Kamerad über den engagierten Wissenschaftler, hier siegte das Verständnis für die Komik einer Situation über den Anspruch des Vortragenden auf Disziplin aller Beteiligten. Noch während ich die Stricknadel aufhob, läutete das Telefon im Regieraum, und der Herr Fernsehdirektor persönlich wollte wissen, welcher Lärm im Studio ihn beim Genuß dieser Sendung gestört hatte. Eugen Schuhmacher aber übersah diese Panne souverän und galant.

Auch privat war das Zusammensein mit Eugen Schuhmacher Freude und Gewinn. Ich erinnere mich so gerne an meinen Besuch bei ihm aus Anlaß seines 65. Geburtstags. Wohl ausgerüstet mit Blumengebinde und Gedicht für den offiziellen Teil der Gratulation und einer ins Bschoadtüchl eingebundenen Weißwurstbrotzeit für die inoffizielle Feier rückten wir an. Im Schuhmacherhaus hatten gerade die Handwerker das Kommando übernommen. Alle Zimmer waren aus- und umgeräumt, einige Fensterstöcke herausgebrochen, es zog fürchterlich, und die Besitzer des Hauses hatten sich in der nur noch bedingt funktionsfähigen Küche ein bescheidenes Existenzeckerl geschaffen. Wir wurden von ihnen wie Weihnachtsengel empfangen, die mit der mitgebrachten Brotzeit den ärgsten Hunger stillen konnten. Zunächst machten wir uns in vertrautem Geplauder über die Würste her, und erst hinterher fand ich mühsam zum offiziellen Teil des Besuchs mit Blumenkorb und vorbereitetem Hymnus. Wir gingen zusammen durch den Garten, wie immer in angeregter Unterhaltung, und doch zeigten sich damals die ersten Beschwerden und eine bisher noch nicht beobachtete Bedrücktheit. Wir sprachen – wohl um uns gegenseitig unbewußt zu beschwichtigen – von früheren Zeiten und künftigen Vorhaben und davon, wie wir seinen siebzigsten, fünfundsiebzigsten und achtzigsten Geburtstag feiern wollten – und ahnten schmerzlich, daß es wohl diese Festtage nicht mehr geben würde.

HANS SPONHOLZ

Um uns blühen Blumen, singen Vögel

Wir schrieben das Jahr 1949. Die Währungsreform lag erst wenige Monate zurück. Kein Wunder, daß die Menschen bestrebt waren, zunächst einmal den großen Nachholbedarf zu decken. Begreiflich, daß Idealismus niedrig im Kurs stand. Er war zu lange und zu arg mißbraucht worden, so daß niemand Lust verspürte, ihn zu praktizieren. Dennoch, im tiefsten Herzen regte sich so etwas wie Besinnung auf das, was der Zerstörung widerstanden hatte, die Natur und ihre Geschöpfe! Mit ungläubigem Staunen sahen die Menschen, wie über den Trümmern Blumen erblühten. Es gab doch noch Wunderbares trotz allem Elend und allem Leid! Eugen Schuhmacher wurde zu seinem Verkünder.

Als er vom Tierschutzverein in einen Marktflecken nahe München gerufen wurde, war er augenblicklich zur Stelle. Der Kinosaal war voll besetzt. Die anfängliche Unruhe legte sich sehr schnell; es wurde mucksmäuschenstill im Raum, als die ersten Bilder auf der Leinwand erschienen. In seiner ihm eigenen schlichten und volkstümlichen Art plauderte er von Pflanzen und Tieren und ließ seine Zuhörer teilhaben an seinen Entdeckungen. Die Menschen, die allesamt, der eine mehr, der andere weniger, unter dem furchtbaren Krieg und der bitteren Nachkriegszeit gelitten hatten, fühlten sich in eine Welt des Schönen und Erhabenen versetzt, in eine heile, tief beglückende Welt. Jedes Pathos war Eugen Schuhmacher fremd, er schätzte nicht die großen Worte. „Leben", so sagte er, „hat im Kriege wenig gegolten, aber jedes Leben ist heilig, nicht nur das der Menschen, sondern auch jenes der Pflanzen und Tiere; denn nicht nur wir, auch sie sind aus der Hand der Schöpfung hervorgegangen. Trotz aller Verwüstung rings um uns erblühen Blumen, singen Vögel. An uns ist es, daß sie uns erhalten bleiben. Wer an ihnen schlecht handelt, handelt leicht auch an seinen Mitmenschen schlecht." Als Schuhmacher, dem seine Tochter assistiert hatte, endete, saßen die Menschen wie verzaubert noch minutenlang schweigend, ergriffen von dem, was sie gehört und gesehen hatten.

Anfang 1965. Gegen Ende des vorausgegangenen Jahres waren Pläne bekannt geworden, den größten Wald des bundesdeutschen Flachlandes, den Ebersberger Forst östlich von München, für den Bau des „größten Protonenbeschleunigers der Welt" freizugeben. Er sollte an Umfang die „große Maschine" von Cern bei Genf um das Zehnfache übertreffen. Das Projekt hatte energische Befürworter in den höchsten Regierungsstellen. Spontan aber bildete sich eine Schutzgemeinschaft aus Tausenden von Bürgern, um der Zerstörung dieses noch von keiner Siedlung unterbrochenen Waldgebietes entgegenzuwirken. Platzte die nahe Landeshauptstadt nicht aus allen Nähten? Würden ihre Einwohner nicht glücklich sein, einmal der Großstadt entrinnen zu können? Vier Jahre zuvor war der Forst unter Landschaftsschutz gestellt worden, weil ihm damals ein Flughafenprojekt drohte. Eugen Schuhmacher war einer der allerersten, der sich zur Verfügung stellte, um das drohende Unheil abzuwehren, dies, obwohl er sehr gut wußte, daß er sich mit seinem Verhalten die Sympathien höchster Stellen verscherzen könnte. „Das muß man eben in Kauf nehmen", erklärte er mir, „die Regierenden kommen und gehen, aber der Wald bleibt. Die Münchner werden einmal froh sein, sich in ihm von den Abgasen, dem Lärm und der Unrast erholen zu können." Daß der Kampf der Bevölkerung Erfolg hatte, ist nicht zuletzt Eugen Schuhmacher zu verdanken.

Ende 1967, das Weihnachtsfest stand vor der Tür. Als Naturschutzbeauftragter und Vorsitzender der Schutzgemeinschaft Ebersberger Forst hatte ich Schuhmacher gebeten, mit seinem Film „Natur in Gefahr" die Krisen aufzuzeigen, die sich durch die Zersiedlung der Landschaft immer deutlicher abzeichneten. Trotz vieler Verpflichtungen kam er, weil er wußte, wie bitter nötig es war, die Menschen zur Besinnung aufzurufen und sie an die Verpflichtung gegenüber der Natur zu erinnern, mit der in so schändlicher Weise Raubbau getrieben wurde. „Wir sind drauf und dran, Unersetzbares und nicht Vermehrbares zu verschleudern, oft nur des schnöden Mammons willen, den Profitgeier und Spekulanten begehren. Die Natur gehört aber nicht ihnen allein, sondern uns allen. Die Welt, in der wir leben, ist krank geworden durch unsere

Schuld. Wir vergaßen, daß wir Kinder der Natur sind, die wir skrupellos zerstören." Vor der Veranstaltung trug sich Schuhmacher in das „Goldene Buch" der Kreisstadt ein. Es bedurfte erst langen Zuredens. In seiner angeborenen Bescheidenheit erschien ihm diese Ehrung nicht angebracht, ging es ihm doch allein um die Sache, nicht um seine Person.

Im Anschluß an den Filmvortrag saßen wir noch ein Stündchen beisammen. Ich bedauerte, daß der Saal Lücken aufgewiesen hatte. Schuhmacher wehrte ab: „Mir sind hundert Besucher, die mitgehen und sich einsetzen, lieber, als fünfhundert, die nur kommen, weil Naturschutz salonfähig geworden ist und sie sich zum Besuch verpflichtet fühlen."

Im Laufe des Gesprächs beklagte ich es, daß es mir nicht vergönnt sei, gleich ihm auf Fotosafari zu gehen. Er tröstete mich: „Sie fangen das Kleine mit der Kamera ein, jenes Kleine, an dem die meisten Menschen achtlos vorübergehen, weil sie den Blick dafür verloren haben. Seien Sie glücklich, wenn Sie auf Ihre Weise den Menschen die Augen öffnen können!"

Damals strotzte Eugen Schuhmacher noch von Gesundheit. Nichts deutete auch nur im entferntesten darauf hin, daß er uns schon so bald verlassen würde. Wenige Monate vor seinem Tode schrieb er mir, daß er gern wieder in Ebersberg sprechen würde, „aber leider geht es mir gesundheitlich nicht so gut, daß ich viel reisen kann. Hoffentlich bessert sich dieser Zustand bald . . ."

Das Schicksal hat es anders gewollt. Sterbliches mußte von hinnen, Unsterbliches wurde gewonnen. Sein letztes Werk „Europas Paradiese — letzte Chancen eines gefährdeten Kontinents" möge uns verpflichtendes Vermächtnis sein!

HANS VENZL

Die erste Leica

Als ich 1928 der „Ornithologischen Gesellschaft" in Bayern beitrat, lernte ich dort Eugen Schuhmacher kennen, der damals in der Zoologischen Staatssammlung tätig war. Es war „Liebe auf den ersten Blick". Schnell erkannten wir, daß wir die gleichen Interessen, die gleiche Liebe zur Natur und ihren Geschöpfen hatten. Auf unseren gemeinsamen Fahrten – damals noch mit dem Fahrrad – bewunderte ich immer wieder den scharfen Blick Schuhmachers für alles, nichts entging ihm, kein Käfer am Boden, kein Vogel in der Luft.

Sein schon damals sehnlichster Wunsch, die Welt mit den Augen eines Forschers kennenlernen und erleben zu dürfen, sollte bald in Erfüllung gehen. Er durfte an den mehrfachen Expeditionen seines damaligen Chefs, Prof. Krieg, nach Südamerika teilnehmen. Schuhmacher bat mich damals, ihm einige Tips im Fotografieren zu geben, da er hierin vollkommen unerfahren war. Das erste gemeinsame Foto-Unternehmen ist mir heute noch in guter Erinnerung. Wir fuhren zu einem nördlich von München gelegenen Tertiärhügel, dem sogenannten Maisteig, an dessen Wänden größere Brutkolonien der Uferschwalben waren.

Schuhmacher packte aus seinem Rucksack eine 9/12 Kamera aus (für Packfilm), das Gehäuse war aus Tropenholz, wie er mir voller Stolz erklärte. Das Resultat der Bilder (schwarz-weiß), die vom An- und Abflug der Brutvögel gemacht wurden, war natürlich eine Riesenenttäuschung.

Schließlich bekam die Südamerika-Expedition dann im letzten Augenblick eine „Leica" gespendet, die in ihrer damaligen Ausführung wohl auch noch Mängel zeigte. Aber der Anfang war gemacht, und aus einem blutigen Anfänger in der Tierfotografie wurde nach und nach der weltbekannte Eugen Schuhmacher.

Trotz seiner Erfolge blieb er bis zuletzt der liebe und bescheidene Mensch, der er von jeher war. Er wurde nie stolz und überheblich, freute sich wohl über die Anerkennungen, sprach aber nie darüber. Für Zureden seiner Familie und seiner Freunde, doch einmal eine größere Pause zu machen, zeigte er bei seinem großen Ehrgeiz keinerlei Verständnis. Mir antwortete er auf meine Mahnung anläßlich seines 65. Geburtstages, in der Folge „nun kürzer zu treten": „Hans, das kann ich nicht, ich habe noch viel zu viel vor." Selbst im Krankenbett befaßte er sich noch mit Plänen. Deshalb konnten wir, seine Freunde, es einfach nicht fassen, als uns die Todesnachricht erreichte.

KOLOMAN VOLLATH

Entdecke die Welt der Tiere

Wer ist nicht von Eugen Schuhmachers Büchern, Dias und Filmen fasziniert! Wie kein zweiter konnte er die Natur und die Welt der Tiere mit der Kamera einfangen. Meine erste Begegnung mit Eugen Schuhmacher war an einem Abend zusammen mit Heinrich Harrer. Seine Persönlichkeit machte einen starken Eindruck auf mich.

Wochen später stellten wir gemeinsam einen Bericht für die Jugendzeitschrift „Der goldene Pfennig" zusammen, die in Schulen als Lesestoff eingesetzt wird. In der Folgezeit hielt Eugen Schuhmacher Vorträge in Schulen, vor Lehrern und im Tukankreis in München, die ich organisierte.

Den Höhepunkt unserer Zusammenarbeit bildete der große internationale Raiffeisen-Jugendwettbewerb „Entdecke die Welt der Tiere — J'aime les animaux". Seinen Wünschen gemäß sollte diese Aktion als Mahnung dienen, nicht nur die Tiere in ihrer Umgebung zu erkennen, sondern sie auch zu schützen. Ein Anliegen, das sein Denken und Handeln, sein ganzes Leben ausrichtete und ihn zum wahren Vorkämpfer für das moderne Wort „Umweltschutz" machte. Seine Bücher, Filme und Diaserien dokumentieren das im reichen Maße. Unvergeßlich sind die Stunden, die ich an seinem Krankenbett verbrachte, wenn ihn trotz Schmerzen ein Bangen um das Gleichgewicht in der Natur in Europa und deren Schutz erfüllte. Mit Sorge beobachtete er, wie der Wohlstandsmüll unüberwindliche Berge wachsen ließ, wie Abgase von Fabriken, Autos und Wohnstätten den Lebensraum beeinträchtigen. Wachsende Sorge erfüllte ihn auch darüber, wie der Mensch nicht nur seinen eigenen, sondern auch den Lebensraum überhaupt zerstörte. Oft sagte er, „wenn es so weitergeht, können wir nurmehr einige Jahrzehnte überleben". Auch sagte er oft, „die Jugend Europas muß aufgerufen werden, um ihre Umwelt zu erhalten. Naturschutz ist Menschenschutz!"

So entstand nach den Ideen Eugen Schuhmachers wohl die größte Jugendaktion, die es bisher um den Tier- und Naturschutz gab. Mit Unterstützung der Kultusministerien, Schulen, Direktoren von Tier- und Naturschutzparks und vielen anderen wurde ein europäischer Jugendwettbewerb über 25 000 Banken im Herbst 1972 in Belgien, Frankreich, Luxemburg, Niederlande, Österreich, Schweiz und in der Bundesrepublik gestartet. Prinz Bernhard der Niederlande, Präsident des WWF — World Wildlife Fund — übernahm den Ehrenschutz dieser Aktion. Neben Eugen Schuhmacher halfen bekannte Forscher, wie Prof. Grzimek, Prof. Koenig aus Wien, Prof. Lorenz und sogar Jean Richard aus Frankreich mit, daß die Aktion mit größtem Interesse aufgenommen worden ist. In Schulen wurden Eugen Schuhmachers Bücher und Bilder verteilt sowie seine Filme eingesetzt. Als Plakat warb an vielen Orten dieser Länder das leuchtende Schuhmacher-Motiv, der Wisent, das auch sein Buch „Europas Paradiese" ziert.
Über 20 Millionen Jugendliche wurden mit der Idee Schuhmachers „Naturschutz ist Menschenschutz" angesprochen. Von fast drei Millionen Einsendungen zu dem Gestaltungs- und Ideenwettbewerb kamen 50 000 Aufsätze mit Ideen, wie schon junge Leute die Umwelt schützen können, und vielen Anregungen für Erwachsene zu diesem Thema. Fast 350 000 Arbeiten im Gestaltungswettbewerb zeigten Tiere in ihrer natürlichen und aufgezwungenen Umgebung.
Leider war es Eugen Schuhmacher nicht mehr vergönnt, an den Festveranstaltungen im Februar 1973 in Amsterdam und in der Akademie der Wissenschaften in München teilzunehmen. Er selbst wollte die Sieger ehren und das Wort ergreifen. Für ihn sprachen Prof. Koenig und sein Freund, der Direktor im Tierpark Hellabrunn, Alfred Zoll. Beim Festakt in München konnte nicht mehr der Mensch, sondern nur noch das Werk Eugen Schuhmachers gewürdigt werden. Für Hunderttausende aber werden seine Bücher und Filme bleibende Schönheit und zugleich bleibende Mahnung sein.

Abb. 67 Riesenschildkröte auf den Galapagos-Inseln

Abb. 68 Südamerikanischer kleiner Ameisenbär in Verteidigungsstellung

Abb. 69 Auf der Atlantik-Insel „Isla de Lobos" (Südamerika) wacht der Seelöwenbulle wie ein Pascha über die Herde

Abb. 70 Mähnenlöwen in Ostafrika suchen unter einer Schirmakazie Schatten

FRITZ WALTER

Die Brotzeit im Studio

Den aufrechten, den eigenwilligen und den unbedingt zuverlässigen Eugen Schuhmacher kennen sicher viele – und manche werden wohl darüber in diesem Buch berichten.
So habe auch ich ihn kennengelernt in den vielen Jahren unserer Zusammenarbeit im Fernseh-Studio – angefangen hat es in gegenseitiger Achtung, um auf freundschaftlichen Wegen leider viel zu früh zu enden. Eugen Schuhmacher zählt zu der kleinen Minderheit von Menschen, die bei aller Verschiedenheit ihrer Mentalität eines gemeinsam haben, sich mit „ihrer Sache" zu identifizieren, ja hinter sie zurückzutreten, um ihr zu dienen. Und es bestätigt sich, je bedeutender der einzelne war, um so bescheidener die Aussage über seine eigene Leistung.
Und in diesem Sinne zähle ich Eugen Schuhmacher in die Reihe eines Prof. Theodor Heuss, Prof. Otto Hahn, eines Prof. Karl von Frisch, eines Prof. Karl Friedrich von Weizsäcker und weniger anderer, denen ich durch meinen Beruf als Fernseh-Regisseur begegnet bin.
Es ging Eugen Schuhmacher nie um seine eigene Person, aber immer um „seine" Sache – in aller Selbstverständlichkeit und kämpferischer Bescheidenheit – und das in ganz besonderem Maße.
Wer um den Ernst und das Bemühen um seine Lebensaufgabe weiß, der vermutet nicht so leicht, daß beides durch einen „heiteren" Eugen Schuhmacher abgerundet wurde. An ihm hatte ich meine besondere Freude und ich möchte deswegen gern eine kleine Begebenheit mit und um ihn erzählen.
Da ist ein Chef-Kameramann, mit Namen Justus, ein sehr tüchtiger Mann in seinem Fach, der uns eines Tages zu einer Aufzeichnung von „Auf den Spuren seltener Tiere" mit echten Münchner Weißwürsten überraschte. Und wie es sich gehört, mit Brezen, süßem Senf und einem schönen Weißbier dazu. Von allen akzeptiert, wurde diese Brotzeit zu einer ständigen Einrichtung.

War Eugen Schuhmacher im Studio, dann auch die Weißwürste. Anfangs hatte ich unseren Justus in Verdacht, er sei heimlich Teilhaber an einer Weißwurstfabrik geworden, doch verdienen konnte er eigentlich nichts dabei. Und weil ich nicht dahinter kam, warum Justus das machte, fragte ich ihn. Er beteuerte — wegen der guten Stimmung bei der Arbeit. Seitdem halte ich ihn für einen Menschenfreund.

Wir drei — Eugen Schuhmacher, sein Gesprächspartner Ernst Emrich und ich, wurden Stammkunden. In der einen Hand das Eßbare, in der anderen das Trinkbare, so zogen wir zum Studio, in unsere Dekoration zurück. Doch bei jedem „Prost" hatte ich ein leises Unbehagen.

Ich muß gestehen, ich bin allergisch gegen volle und leere Bierflaschen und Biergläser im Studio; seit einmal in meiner Theaterzeit auf den Stufen des Throns von König Philipp im „Don Carlos" eine einsame Bierflasche stehengeblieben war und den Marquis Posa völlig aus der Fassung gebracht hatte, ist meine Abneigung vielleicht verständlich!

Ich bin für pünktlichen Probenbeginn — und so trugen wir drei rechtzeitig und friedlich unsere Reste auf die Seite.

Manchmal — um das Ganze zu beschleunigen — nahm ich, allerdings unter Protest, den beiden Gesprächspartnern die trinkbereiten Gläser vom Mund.

Das wurde eine Zeitlang akzeptiert, bis ich merkte, daß Eugen — ich darf ihn wohl so nennen — heimlich sich das Glas zurückgeholt hatte, um nach der Kommentierung seines Filmes — bei der er unsichtbar blieb — kurz einen Schluck zu nehmen, und wenn ich kam, wieder zu verstecken.

Das ist ihm eines Tages meisterlich gelungen. Denn wer beschreibt meinen Schreck, als ich mir abends die Sendung ansah und in einer Großaufnahme neben dem Charakterkopf von Eugen — zwar ziemlich unscharf und kaum wahrzunehmen, aber für mich noch feststellbar, ein hochgeformtes Bierglas mit goldener Flüssigkeit entdeckte.

Irgendein Umstand muß mich davon abgehalten haben, während der Aufzeichnung auf den Monitor zu sehen und bei der Kontrolle — Eugen Schuhmacher saß neben mir — geschah das ebenfalls. Bei der Ausstrahlung war ihm das Verhängnis — wie auch mir — aufgefallen (den Zuschauern anscheinend nicht; es kam keine einzige Zuschrift).

Seine Reaktion war folgende: Bei der nächsten Aufzeichnung kam ich erst kurz vor Probenbeginn aus meinem Büro ins Studio. Freund Emrich und Eugen saßen noch bei ihrer „Spezialität".

Ich hatte allerhand auf dem Herzen!

Aber ehe ich noch loslegen konnte, stand Eugen Schuhmacher auf, nahm sein Glas, trug es an mir vorbei und sagte zu Ernst Emrich: „Damit unser Regisseur nicht nochmal eine Werbefernsehsendung veranstaltet!" – um anschließend so beiläufig zu fragen: „Wieviel er wohl von der Brauerei bekommen hat?" Dabei grinste er mir unverschämt und strahlend ins Gesicht.

Natürlich brachen wir in schallendes Gelächter aus.

Solche Geschichten am Rande passierten unter uns immer wieder und man darf sie wohl als Beispiel einer guten Arbeitsatmosphäre und des gegenseitigen Verstehens werten. Und sie waren Begleiterscheinungen bei einer intensiven und sehr konzentrierten Arbeit, wie sie anders bei Eugen Schuhmacher nicht möglich war.

Bei meinem letzten Besuch im Krankenhaus erinnerten wir uns an Vergangenes – es war eine Viertelstunde voll „unbeschwerter Fröhlichkeit", bis Eugen Schuhmacher sich erschöpft zurücklegte und einschlief.

So will ich ihn in Erinnerung behalten.

Ein liebenswerter Mensch, für den sein Leben und Werk selber sprechen.

HUBERT WEINZIERL

Der Nationalpark im Bayerischen Wald

Viele beglückende Erinnerungen verbinden mich mit unserem Freund Eugen Schuhmacher; die menschlichste unter diesen ist jene überzeugende Geradheit, mit der er sich für unser gemeinsames Anliegen, den Naturschutz, einsetzte. Dabei war er so ehrlich, daß er selbst seine Freunde nicht selten mit kräftigen Worten bedachte, wenn sie – wie ich etwa als Vorsitzender des Bundes Naturschutz in Bayern mit verbandspolitischer Diplomatie agierend – nach seiner Meinung zu milde und vorsichtig mit den Widersachern umgingen! „Man kann Natur nicht heftig genug schützen" und „wir haben keine Zeit mehr, wenn wir ein paar Fleckerl Heimatnatur und ein paar Tiere retten wollen", waren seine wiederkehrenden, von dauernder Unruhe gezeichneten Redewendungen.

Als wir Mitte der sechziger Jahre die letzten Uhuhorste im Altmühltal zu bewachen begannen, als wir im Unteren Bayerischen Wald eine Aktion zur Rettung der letzten Fischotter einleiteten und die ersten europäischen Biber nach einem Jahrhundert der Ausrottung wieder nach Niederbayern an die Donau, Abens und die Ilm zurückholten – immer war Eugen Schuhmacher mit von der Partie. Nicht nur mit der Kamera, sondern auch mit Ratschlag und mit seinen Händen, die manche Kiste mit schleppen halfen.

In unserer „Kampffreundschaft" brachten uns insbesondere die Auseinandersetzungen um die Schaffung des ersten Nationalparkes im Bayerischen Wald sehr eng zusammen, den Eugen Schuhmacher von der ersten Stunde an mit uns schuf. Viele Abende lang zogen wir durch die Lande mit Bildern, Filmen und Reden und meisterhaft verstand es gerade Schuhmacher in Diskussionen, die oft bis spät nach Mitternacht andauerten und mit reichlich Bärwurzschnaps gewürzt waren, Bauern ebenso wie Politiker für unsere Ideen zu gewinnen.

Wenn Schuhmacher von seinen Weltreisen zurückkam, trafen wir uns meistens zum Schmieden weiterer Pläne auf meinem Bauernhof in Heiligenstadt, wo das alte Holzbankerl unter einem Kirschbaum zu seiner Erinnerung noch heute Schuhmachers Namen trägt. Dort gab es dann sein Lieblingsgericht nach dem „ausländischen Gefreß“, wie er sagte, Brezen, bayerische Weißwürste und dunkles Bier.

Bei unserem letzten Treffen in Heiligenstadt anläßlich der Gründung der „Gruppe Ökologie“, die er mit uns schuf, träumte er nochmals von seiner Lieblingsidee: „Wir müssen schleunigst Luchse und später einmal sogar ein paar Bären wieder im Bayerischen Wald oder im künftigen Nationalpark am Königssee laufen lassen ...“

KARL WEINZIERL

Hausbau in Grünwald

Im Jahr 1953 ging Eugen Schuhmacher daran, sich in Grünwald bei München ein Eigenheim bauen zu lassen. Ich wurde als Architekt mit der Planung beauftragt. Im Erdgeschoß hatte ich Wohn- und Arbeitszimmer mit Küche unterzubringen, im ersten Stock das Elternschlafzimmer, das Schlafzimmer für die Tochter und einen weiteren kleinen Raum sowie Bad. Während des Baues beriet ich mich hauptsächlich mit Frau Schuhmacher, da ihr Mann damals in Südamerika weilte. Es war mir bei der Errichtung dieses Einfamilienhauses mitten in einem schönen Garten eine besondere Befriedigung, daß mir der zukünftige Hausherr trotz seiner Abwesenheit Vertrauen entgegenbrachte. Er schrieb mir im Juni 1953 während seiner Expedition aus dem bolivianischen Santa Cruz:
„Endlich möchte ich Ihnen selbst auch einmal herzlich danken für all die Mühe und Arbeit, für die Hilfe und wohlwollende Beratung, die Sie meiner Frau bezüglich unseres geplanten Hausbaues angedeihen lassen. Sie haben uns ja manchen Tip gegeben, ohne den wir wahrscheinlich noch lange nicht so weit gekommen wären ... Was die Planung und Einteilung des Hauses betrifft, gefällt es mir gut. Meine persönlichen kleinen Wünsche wird Ihnen meine Frau ja inzwischen mitgeteilt haben. Im übrigen richte ich mich gerne und verständnisvoll nach Ihren und meiner Frau Vorschlägen. Wenn es tatsächlich heuer noch zum Einzug in das neue Heim käme, wäre mir dies natürlich ebenso lieb und angenehm wie meiner Frau. Ein lange Zeit gehegter Wunsch ginge uns damit in Erfüllung!"
Es war dann für Eugen Schuhmacher eine große Freude, daß er bald nach seiner Rückkehr mit Frau Maria und Tochter Annemarie sein neues Heim nahe dem Wald beziehen konnte.

KURZBIOGRAPHIEN DER AUTOREN

Reiner AICHELE, Nürnberg
Architekt; Mitglied der Vertreterversammlung, des Städtebauausschusses und des Schlichtungsausschusses der Bayerischen Architektenkammer; Gründungsmitglied der Deutschen Kunststiftung der Wirtschaft e. V.; Vorstandsmitglied der Arbeitsgemeinschaft Deutscher Tierschutz e. V., des Landesverbandes Bayerischer Tierschutzvereine im Deutschen Tierschutzbund e. V, des Tierschutzvereins Nürnberg-Fürth und Umgebung e. V. und des Vereins der Tiergartenfreunde Nürnberg e. V.

Helmut BARTH, Sulmingen
Kulturfilmregisseur; Gestaltung und Produktion biologischer Kultur- und Lehrfilme — Forschungsfilme — Dokumentation — Bildarchiv; Mitglied des Verbandes „Deutscher Film- und AV-Produzenten". Von 1960—1965 ständiger Assistent und Kameramann von Eugen Schuhmacher für die beiden abendfüllenden Filme „Die letzten Paradiese" und „Europas Paradiese" sowie der Fernsehserie „Auf den Spuren seltener Tiere". Gewinner zahlreicher nationaler und internationaler Filmpreise.

Wolfgang BELL, Seeheim
Industriekaufmann; elf Jahre in Ostafrika, dort hauptsächlich für AGFA tätig; zuletzt Geschäftsführer der Firma Jos. Hansen & Söhne (Tansania), Ltd. in Daressalam; heute Prokurist bei der Firma Goldwell GmbH in Darmstadt.

Hanns BELSTLER, München
Geboren 1893 in Stepperg bei Neuburg an der Donau; 1919—1949 Lehrer und Rektor an Volksschulen in München; 1949—1966 Referent und Abteilungsleiter am Institut für Film und Bild in München; ab 1966 freier Mitarbeiter für redaktionelle Arbeiten im Schulfernsehen des Bayerischen Rundfunks, München.

Hans-Joachim BOPST, München
Geboren 1912; Studium des Bauing.-Wesens; aktiver Offizier; jetzt Inhaber der Atlantik-Luft-Reederei in München, ein Luftreisebüro mit internationaler Lizenz der IATA; Vorstandsmitglied der Internationalen Liga für Luftverkehr; Vizepräsident des Ambassador-Club Deutschland (ACD). Besondere Hobbys: Filmen und Malen. Gibt zweimal im Jahr als Instruktor auf dem Nürburgring Unterricht für sicheres Fahren im Rahmen der Scuderia Hanseat. Mitglied des Bundes Naturschutz und des WWF (World Wildlife Fund).

Dr. Heinz BRÜLL, Kembs
Geboren 1907 in Hamburg; Studium der Medizin und Biologie; 1936 Promotion als Schüler Jakob v. Uexkülls, danach biologischer Sachbearbeiter im Naturschutzgebiet Darss/Vorpommern; 1939—1945 Wehrdienst; nach dem Krieg wissenschaftlicher Assistent am Institut für Umweltforschung der Universität Hamburg; 1952—1972 Leiter der Forschungsstation Wild, Wald und Flur; jetzt Geschäftsführer des Deutschen Wildgehege e. V.

Wolfgang E. BURHENNE, Bonn
Der Geschäftsführer der Interparlamentarischen Arbeitsgemeinschaft Bonn ist ehrenamtlich als Vorsitzender des Komitees für Umweltrecht der International Union for Conservation of Nature and Natural Resources (IUCN), Gouverneur des International Council for Environmental Law (ICEL) und Vorstandsmitglied der Stiftung WWF-Deutschland tätig. Er ist außerdem Herausgeber u. a. der Loseblatt-Sammlung „Umweltrecht" und der Schriftenreihe „Beiträge zur Umweltgestaltung" sowie Autor zahlreicher Beiträge zum Thema Umweltpolitik.

Hertha CLOUTH, München
Journalistin; Beirats- und Ehrenmitglied des Tierschutzvereins München e. V.; 2. Vorsitzende und Geschäftsführerin der Hauptgruppe München im „Deutschen Sozialwerk"; schriftstellerische Tätigkeit im Bereich des Tierschutzes in in- und ausländischen Tierzeitschriften, wie auch journalistische Beiträge für soziale Belange.

Dr. Gerd DIESSELHORST, München
Oberkonservator an der Zoologischen Staatssammlung München.

Liselotte DORFMÜLLER-LAUBMANN, Grünwald
Geboren 1921; Ausbildung als medizinisch-technische Assistentin; 1942—1945 Mitarbeiterin der biologischen Kulturfilm-Abteilung der Bavaria-Filmkunst, München-Geiselgasteig; dann als selbständige naturwissenschaftliche Fotografin in München tätig; verheiratet; zwei Söhne.

Veronika EIPPER, Gräfelfing
Frau des 1964 verstorbenen naturforschenden Schriftstellers Paul Eipper. Aus seinem Nachlaß bisher zwei Bücher herausgegeben: „Wiedersehen mit meinen Tieren" und „Paul Eipper — Ateliergespräche mit Liebermann und Corinth".

Dr. Ernst EMRICH, Gilching bei München
Geboren 1930 in Mainz; seit 1959 beim Fernsehen des Bayerischen Rundfunks, Gesprächspartner Schuhmachers in der Sendereihe „Auf den Spuren seltener Tiere"; seit Februar 1973 Leiter der Hauptabteilung Erziehung und Gesellschaft im Bayerischen Rundfunk; Veröffentlichungen: Artikel, Buchbeiträge und Bücher, überwiegend zu pädagogischen Themen.

Prof. Dr. Wolfgang ENGELHARDT, München
Generaldirektor der Staatlichen Naturwissenschaftlichen Sammlungen Bayerns; Präsident des Deutschen Naturschutzringes e. V.

Bruno ERATH, München
49 Jahre; seit 1947 Redakteur und Reporter am Bayerischen Rundfunk; Hobbys: Bergsteigen, Skifahren, Reisen, Filmen und Fotografieren; in diesem Zusammenhang, seit mehr als 20 Jahren, verantwortlicher Redakteur der Sendungen für Bergsteiger, Wanderer, Skifahrer und Naturfreunde am Bayerischen Rundfunk; daneben auch Autor und Produzent einschlägiger Hörfunk-Features bzw. monografischer Hörbilder nicht nur aus dem alpinen Bereich, sondern auch über einige der interessantesten Gebirgs- und Urlandschaften in Afrika, Asien, Nord- und Südamerika.

Hans Frieder und Ursula EYCHMÜLLER, Ulm
Architekt in Ulm (hat unter anderem vor einigen Jahren eine Art Exotarium gebaut für Wassertiere, Reptilien, Vögel und Affen); jetzt 59 Jahre alt; seine Frau Ursula ist ursprünglich Bildhauerin, hat sich aber seit langer Zeit auf das Fotografieren von Tieren und Pflanzen spezialisiert; beide beobachten und filmen in der Freizeit gerne, schnorchelnderweise, Korallenfische.

Dr. Doris FISCHER, Grünwald
Geboren 1913 in München; in Grünwald bei München als Ärztin tätig; war verheiratet mit dem Arzt Dr. Friedrich Fischer, geboren 1900 in Würzburg, gestorben 1964 in St. Ulrich am Pillersee.

Pater Gundekar FLIERL, München
Geboren 1901 in der Oberpfalz; seit 1920 im bayerischen Kapuzinerorden; 15 Jahre als Missionar im Indianerland Araukanien tätig; fast 17 Jahre dem Missionswerk in der Heimat verpflichtet und doch stets treu verbunden der Missionsarbeit in der Dritten Welt.

Eric FLIPSE, Rozendaal/Holland
Studium der Biologie; Durchführung mehrerer Expeditionen, vor allem nach Spitzbergen und in die Arktis; Veröffentlichungen in Zeitungen und Zeitschriften.

Wilhelm FUGMANN, Neuendettelsau
Jahrgang 1909; Direktor im Ruhestand; 1933—1972 in Australien und Neuguinea; Gründer und Leiter einer Entwicklungsgesellschaft, der Namasu, Hauptaufgabe: Gemeinsamer Einkauf und Verkauf einheimischer Erzeugnisse; kehrte 1972 nach Deutschland zurück; Träger des Bundesverdienstkreuzes 1. Klasse.

Ion E. FUHN, Bukarest
Geboren 1916; am Institut für Biologische Wissenschaften, Bukarest (Rumänien); Zoologie (Lurche, Kriechtiere, Spinnen); korresp. Mitglied Senckenbergische naturforschende Gesellschaft, Frankfurt/Main. Veröffentlichungen: Drei Bände „Fauna Rumäniens": „Amphibia", „Reptilia", „Lycosidae"; Forscher.

Dr. Hermann GERSTNER, Grünwald
Schriftsteller; Studium: Germanistik, Geschichte, Geographie; mehrere Jahre in Berlin als Lehrer und Theaterkritiker; dann Bibliotheksrat an der Staatsbibliothek München; 1939—1945 Soldat; über fünfzig Buchveröffentlichungen, u. a. Romane: „Vor Anker", „Musikanten spielen unter jedem Himmel", „Camille Desmoulins"; Erzählungen: „Gondelfahrt", „Biblische Legenden"; Jugendbücher: „Lorenzo entdeckt die Etrusker", „Überfall auf Mallorca", „Das Mädchen Martinique"; Biographien: „Die Brüder Grimm", „Franz von Assisi".

Prof. Dr. Dr. h. c. Bernhard GRZIMEK, Frankfurt/Main
Zoologe; geboren 1909 in Neiße; nach dem Studium Ausübung einer tierärztlichen Praxis; anschließend Sachbearbeiter im Reichsernährungsministerium; Betreibung wissenschaftlicher Verhaltensforschung an verschiedenen Tierarten; 1939—45 Soldat; 1945 Übernahme der Leitung des Frankfurter Zoologischen Gartens; Durchführung zahlreicher Forschungsreisen; 1956 Herstellung des Spielfilms „Kein Platz für wilde Tiere", 1958 des Farbfilms „Serengeti darf nicht sterben", zusammen mit seinem Sohn Michael, der bei wissenschaftlichen Arbeiten 1959 tödlich abstürzte; 1960 Ernennung zum Professor an der Universität Gießen und Ehrendoktor der Berliner Universität; fünf Jahre Präsident des „Deutschen Naturschutzringes"; 1969—1973 „Beauftragter der Bundesregierung für den Naturschutz"; Träger zahlreicher hoher Auszeichnungen, darunter „Oskar"-Award; Buch- und Fernsehautor; Chefredakteur der Monatszeitschrift „Das Tier".

Prof. Heinrich HARRER, Kitzbühel
Geboren 1912 in Kärnten; 1936 Teilnehmer an den Olympischen Spielen und akademischer Weltmeister im Abfahrtslauf; 1938 Erstbesteigung der Eiger-Nordwand mit Anderl Heckmair; 1939 Teilnahme an der Nanga-Parbat-Expedition; 1944—1951 Lehrer und Berater des Dalai Lama; 1962 Durchquerung der Tropeninsel Neuguinea; Durchführung von 15 Expeditionen; Autor zahlreicher Bücher.

Josef HAUSNER, Ottobrunn
Als Filmtechniker tätig; geboren 1907.

Anderl HECKMAIR, Oberstdorf
Berg- und Skiführer; Vorsitzender des Verbandes Deutscher Berg- und Skiführer e. V.; hauptamtlich: Alpiner Berater und Betreuer im Deutschen Jugendherbergswerk; Autor zahlreicher Bücher, u. a. „Mein Leben als Bergsteiger" (1972 Nymphenburger Verlagshandlung).

Gretl HÖSER, Bayerisch Gmain
Geboren 1907 in Augsburg; als Hausfrau tätig; Mutter von Peter Höser.

Peter HÖSER, Bayerisch Gmain
Geboren 1936 in Augsburg; seit rund 20 Jahren wohnhaft im Berchtesgadener Land; Mitglied des Deutschen Alpenvereins und der Bergwacht; Bergsteiger in- und außereuropäisch; verschiedene Vortragsreisen; Mitarbeiter Eugen Schuhmachers bei vielen Filmvorhaben in Europa und Afrika („Die letzten Paradiese", „Europas Paradiese").

Freimut KALDEN, Geretsried
Filmhersteller; geboren 1924 in Dresden; mit nationalen und internationalen Filmpreisen und Prämien bedacht; dem Informations-, Dokumentar- und Lehrfilm zugehörig; seit 1954 entstanden auf diesem Gebiet etwa 55 Filme.

Karl KARGUS, Pöcking
Dipl.-Ingenieur; geboren 1904; vier Jahrzehnte beim Bayerischen Rundfunk tätig, zuerst als Tonmeister, dann als Leiter des Übertragungsdienstes; Bau und Beschaffung von Übertragungswagen und der ersten batteriebetriebenen Aufnahmegeräte für Reportagen auf Tonband; Erprobung dieser Geräte im Freien; dabei sind unzählige Tierstimmenaufnahmen gemacht worden, die vielfach Verwendung in Hörfunksendungen gefunden haben.

Hans KÖGEL, Hinterstein/Allgäu
Wildmeister

Otto KOENIG, Wien
Direktor des Institutes für Vergleichende Verhaltensforschung der Österreichischen Akademie der Wissenschaften; Fernsehreihe: „Rendezvous mit Tier und Mensch" im Österreichischen Fernsehen seit 1956; Bücher: „Wunderland der wilden Vögel", „Briefe aus dem Süden", „Weg ins Schilf", „Auf sonnigen Straßen", „Das Buch vom Neusiedlersee", „Kif-Kif", „Rendezvous mit Tieren", „Führer rund um den Neusiedlersee", „Paradies vor unserer Tür"; umfangreiche wissenschaftliche Publikationen; Aktionssystem der Rallen und Bartmeisen; biologische Grundlagen des Symbolbegriffes, Ökologie und Verhalten des Neusiedlersee-Schilfgürtels, Individualität und Persönlichkeitsbildung bei Reihern; Kultur- und Verhaltensforschung; Urmotiv Auge.

Werner KOEP, Berg bei Altenahr
Journalist; Herausgeber der Pressedienste DIANA, „Mensch in der Natur", „Wald+Wild+Freizeit"; Redakteur der Pressedienste „umweltpress aktuell" und „Deutsche Wildstraße"; Pressereferent des WWF-Deutschland, Stiftung für die Gestaltung und den Schutz der natürlichen Umwelt; Mitglied des Gutachterausschusses beim WWF-Deutschland und der Arbeitsgemeinschaft für Umweltfragen; Buch: „Landschaft mit verbauter Zukunft?"

Leo KOPATSCH, Lippstadt
Tier-Import, -Export; freiberuflicher Kameramann und Tierfotograf.

Franz Xaver KRAUS, Dingolfing
1916 in Dingolfing geboren; Volksschule, Mittelschule, Berufsschule; kaufmännische Lehre in Landshut, kaufmännische Gehilfenprüfung 1933 in Passau; im Lebensmittelgroßhandel bis 1937; dann im Arbeitsdienst; 1938—1945 Soldat, zuletzt Unteroffizier, nach kurzer amerikanischer Gefangenschaft 1945 geheiratet und das elterliche Lebensmittelgeschäft in Dingolfing übernommen.

Prof. Dr. Otto KRAUS, Bad Tölz
Geboren 1905 in Nürnberg; Professor für Mineralogie sowie Naturschutz an der Universität München; Ehrenmitglied in- und ausländischer Naturschutzorganisationen; ehemaliger Landesbeauftragter für Naturschutz in Bayern; Van-Tienhoven-Preis 1961; Bayerischer Verdienstorden und andere Auszeichnungen; Bücher: „Zerstörung der Natur — Unser Schicksal von morgen?" (Glock+Lutz, Nürnberg 1966), „Bis zum letzten Wildwasser?" (Aachen 1960); mehrere Naturfilme ökologischer Richtung.

Enid LAFFEY, Wanganui (Neuseeland)
Leiterin von Schwestern in der Krankenpflege.

Else LEHNER, Grünwald
Ausbildung bei der Bavaria-Filmgesellschaft als Negativ-Filmschneiderin und von 1946—1954 dort tätig. Bekanntschaft mit Eugen Schuhmacher durch dessen Kulturfilme und Mitarbeit an seinen Filmen bei der Bearbeitung des Negativschnitts.

Ulrich LINK, München
Geboren 1911 in Essen, seit fast 40 Jahren Journalist in München; Redakteur beim „Münchner Merkur"; besonderes Arbeitsgebiet Alpines, alpine Natur, Bergsteigen; Kenner des Natur- und Bergfilms des In- und Auslandes; Redakteur der Text/Bildbände „Goldenes Buch der Alpen", „Alpentäler — Alpenflüsse" (Bruckmann); Mitarbeiter bei einschlägigen Zeitschriften wie „Der Bergsteiger" und „Alpinismus".

Karl LÜBENAU, Kempten-St. Mang
Geboren 1914 in München; seit 1967 pensionierter Bundesbahnbeamter; wegen Interesse an Pflanzen und Tieren langjähriges Mitglied der Bayerischen Botanischen Gesellschaft, der Regensburgischen Botanischen Gesellschaft und einiger Naturschutz-Organisationen und -bünde; Mitglied der Bryologisch-lichenologischen Arbeitsgemeinschaft für Mitteleuropa, Berlin; seit 1950 Gründungsmitglied und Schriftführer des Naturwissenschaftlichen Arbeitskreises der Volkshochschule Kempten und Herausgeber der „Mitteilungen" dieses Arbeitskreises.

Michael MAIRGÜNTHER, München
Kriminalbeamter i. R.; Begleiter von Eugen Schuhmacher bei verschiedenen Filmexpeditionen.

Dr. Gisela MAUERMAYER, München
Leiterin der Bibliothek der Zoologischen Staatssammlung München; Mitglied des Nationalen Olympischen Komitees.

Dolf MEYER, Denkendorf
Filmproduzent, Bergsteiger, Expeditionen in alle Teile der Welt.

Hans MIEDANER, München
Kaufmann (75), selbständiger Handelsvertreter; Mitglied der Bürger-Sänger-Zunft München e. V.

Dr. Hermann und Elisabeth MÜLLER, München
Pneumologe, geboren 1911 und Ehefrau Elisabeth

Ilse MÜLLER, München
Mitinhaberin der Globus-Film Fritz Müller; im Verleih eine Anzahl Eugen-Schuhmacher-Filme mit Premiere-Aufführungen sowie abendfüllende Kultur- und Dokumentar-Farbfilme.

Elisabeth MÜLLER-SCHEESSEL, Rotenburg/Wümme
Sportlehrerin; aufgewachsen in Jäger- und Hegerhaus; verheiratet mit passioniertem Vogelschützer (Schwarzstörche, Greifvögel, Schellenten- und Schleiereulenaktionen); seit 14 Jahren freie Mitarbeiterin einiger Jagd- und Jugendverlage; Kochbuch: Wild und Fisch.

Oscar NEUMANN, Tananarive/Madagaskar
Als Lehrer tätig.

Maria OHLI, München
Sekretärin beim Bezirksleiter der IG-Metall; ehrenamtliche Richterin beim Verwaltungsgericht München; bisher Schöffin beim Landgericht München; Mitarbeit bei wirtschaftlichen Organisationen und völkerverbindenden Gesellschaften; Hobby: Reisen und Filmen.

Wilhelm SCHACHT, München
Geboren 1903 in München; war Leiter der Kgl. Gärten in Bulgarien und des Botanischen Gartens München-Nymphenburg; Verfasser von Garten- und Pflanzenbüchern; Mitglied zahlreicher gärtnerischer und naturwissenschaftlicher Vereine und Naturschutzverbände.

Maria SCHUHMACHER, Grünwald
Frau von Eugen Schuhmacher; begleitete ihren Mann auf vielen Reisen; Liebhaberei: Botanik und Gartenpflege.

Dr. Thomas SCHULTZE-WESTRUM, Assenhausen
Freiberuflich tätig; geboren 1937 in Berlin; Naturwissenschaftliches Studium Universität München; Arbeitsgebiete: Sozialphysiologie von Wirbeltieren und des Menschen; Naturschutz und Kulturerhaltung in Bayern und im Ausland; Buchveröffentlichungen: „Neuguinea"-Untertitel „Papua-Urwelt im Aufbruch" (BLV 1972); „Biologie des Friedens" (Kindler 1974).

Adolf SCHUSTER, Neuendettelsau
Seit 1957 Missionar in Neuguinea im Auftrag des Ev.-Luth. Missionswerkes in Bayern; zuerst auf der Insel Karkar tätig; seit 1958 an der Missionsoberschule in Baitabag und von 1961—1964 deren Leiter; Heimaturlaub und Studium an der Universität London 1964—1965; von 1965 bis 1971 wieder in Neuguinea, zuerst weiter an der Schule; seit Ende 1966 als Stadtmissionar in Madang.

Anneliese SCHWEND, Neustadt
Sekretärin, geboren 1943, Mitarbeiterin von Hubert Weinzierl, dem Vorsitzenden des Bundes Naturschutz in Bayern; Veröffentlichungen in Tierzeitschriften.

Dr. Gertrud SIMMERDING, München
Diplom-Psychologin; geboren 1919 in Wien; Studium in München; seit 1954 Leiterin des Familienprogramms beim Bayerischen Rundfunk/ Fernsehen und seit 1964 mit Aufbau und Leitung des Schulfernsehens in Bayern beauftragt; Programmbereichsleiter Schule und Familie; Veröffentlichungen: Diverse Abhandlungen über Kind und Fernsehen, Schulfernsehen.

Hans SPONHOLZ, Ebersberg
Redakteur; Naturschutzbeauftragter Landkreis Ebersberg; Beiratsmitglied Bund Naturschutz in Bayern; u. a. folgende Bücher: „Paradies der Lachmöwen", „Schöne Heimat Ebersberg", „Tierphotographie", „Blumenphotographie", „Farbig photographieren", „Landschaftsphotographie", „Besser photographieren", „Die schönsten Sagen aus dem Münchner Osten".

Hans VENZL, München
Städtischer Verwaltungsinspektor i. R.; geboren 1892 in München.

Koloman VOLLATH, München
Leiter der Public-Relations- und Werbezentrale der Bayerischen Raiffeisenbanken; Mitglied des Internationalen PR- und Werbeausschusses der europäischen Raiffeisenbanken; Mitglied: Tukankreis, Presseklub, Journalistenverband; im Vorstand der Bayerisch-Österreichischen Gesellschaft; verschiedene Filmdrehbücher; Veröffentlichungen von Fachbeiträgen; Autor mehrerer Bücher; Chefredakteur der Jugendzeitschrift „Der goldene Pfennig"; freier Mitarbeiter von Zeitschriften und der Tagespresse.

Fritz WALTER, München-Baldham
Regisseur des Familienprogramms im Bayerischen Rundfunk, München; machte mit Eugen Schuhmacher alle Fernsehsendungen, etwa 100 an der Zahl.

Hubert WEINZIERL, Ingolstadt
Dipl.-Forstwirt; geboren 1935 in Ingolstadt; Präsident des Bundes Naturschutz in Bayern e. V.; Verfasser der Bücher: „Kiesgrube und Landschaft", „Natur in Not", „Reviergestaltung", „Die große Wende", „Nationalpark Bayerischer Wald", „Das große Sterben".

Karl WEINZIERL, Lochham
Architekt

FOTONACHWEIS

Die in Klammern angegebenen Zahlen bezeichnen die Bildnummern

Helmut Barth, Sulmingen (16)
Bayer. Staatskanzlei – Pressestelle München, Foto Fritz Kuhn, München (56)
Wolfgang Bell, Seeheim (46)
Bund Naturschutz Bayern e. V., München – Archivfoto (60)
Liselotte Dorfmüller-Laubmann, Grünwald (19, 20)
Veronika Eipper, Gräfelfing (54)
Bruno Engler, Banff (53)
Max Ernst, Grünwald (57)
Ursula Eychmüller, Ulm (Bild Schutzumschlag, Vorderseite und 1)
Allen Gill (31)
Peter Höser, Bayerisch Gmain (36)
Karl Kargus, Pöcking (24)
Barbara Koep, Berg bei Altenahr (18)
Fred Lindinger, Eichenau bei München, Erlenstraße (9, 11)
Peter Link, Nürnberg (65)
Karl Lübenau, Kempten-Sankt Mang – überlassenes Privatfoto (47)
Foto-Paulini, München, Dachauer Straße (13, 15, 58)
Anton Schuhmacher [Vater von E. Schuhmacher] (5, 8)
Maria Schuhmacher, Grünwald (4, 12, 14, 27, 43)
Hans Schürer, Fotomeister, München, Hirschgartenallee 49 (17)
Fotohaus Paul Sessner, Dachau, Münchener Straße (Bild Schutzumschlag, Rückseite)
Koloman Vollath, München (48)

Die weiteren Aufnahmen stammen von Eugen Schuhmacher, seinem Assistenten Helmut Barth und seinen Reisegefährten. Eventuelle Ergänzungen zum Fotonachweis erbeten an das Hohenloher Druck- und Verlagshaus, Gerabronn/Württ.